Essential Interviewing

A Programmed Approach to Effective Communication

9th Edition

CENGAGE Learning

心理会谈的基本技巧

有效沟通的程序式学习方法

（第九版）

[加] 戴维·R. 伊凡斯 David R. Evans

玛格丽特·T. 哈恩 Margaret T. Hearn

麦克斯·R. 乌尔曼 Max R. Uhleman

[美] 艾伦·E. 艾维 Allen E. Ivey 著

白雪 王怡 译

上海社会科学院出版社
SHANGHAI ACADEMY OF SOCIAL SCIENCES PRESS

前　言

本书是《心理会谈的基本技巧》的第九版。回顾以前的版本，我们既惊又喜：此书历经多年，一直走到了今天。正如最近一位评论家所言，“(这是)一本伟大的书，一本我期待了十年的书。”我们也很高兴地了解到，尽管很多读者年龄不同、专业不同，但都从本书以前的版本中有所收获。与以前的版本相同，这一版的主要目标是更新内容，保持新颖性。就像一位同事所说，“这本书的内容不是静止不变的，而是包含了最新的理论概念思考和实证研究结果”。他总结说：“……在过去的 36 年里，本书的作者们抓住难得的机遇，精心制作了一份礼物。”

在这一版本以及以前的版本中，个体沟通技巧一直是核心内容。掌握一些基本的沟通技巧对任何一种工作会谈都至关重要，不管该工作是咨询、护理、社工、人事、公共事业服务还是信息采集，都是如此。《心理会谈的基本技巧》对这些基本的沟通技巧进行了定义，并展示了在多种不同的会谈情境中如何有效地使用这些技巧。

本书采用程序式衍枝结构，关注单项技巧。在培训新手和专业工作人员掌握沟通技巧方面，这种模式的有效性已经得到证明。有些人刚开始时对程序式学习模式是否有用持怀疑态度，但是逐渐地就重视起这个模式的效率。程序式学习模式能帮助会谈者做好准备，在多种面对面交流的情境中进行有效的沟通。

不管培训方向或者培训程度是否一样，称职的会谈者都会发现，他们和来访者关系的基础是沟通交流。为了(让来访者)做出有益的改变，下列人士需要知道如何沟通，包括：内科医生、护士、牧师、执法人员及公共事业服务人员、教师、心理学家、咨询师、专业人士(经常和他人打交道)、专业辅助人士(从危机处理工作人员到社区志愿者)等。家长在运用了本书中所讨论的技巧后发现亲子关系得到了改善；夫妻可以利用本书提供的材料来改善彼此之间的关系。本书提供的技巧对于进行人事会谈、组织商务会议以及培养和谐的工作关系都很重要。

如果你是为了从事专业工作或志愿者工作而接受培训的学生，本书将指导并帮助你完成最初的几次会谈。如果你已经有了会谈经验，本书将帮助你复习心理会谈技巧，并将它们更加系统地运用于会谈情境之中。我们希望，不管你的会谈水平处于哪一个阶段，本书将促使你去思考心理会谈的基本技巧，并思考成为高效会谈者所需要重点关注的事情。

第九版的新内容

本书第九版对我们同事在使用以前版本时所做的持续反馈进行了回应。本书第一章内容已经更新并且重新组织，以反映当前的思考。本书展示了如何运用会谈技巧应对多元文化背景的来访者，并对这部分进行了审核和更新。作为对审读要求的回应，本书从第二章到第十四章，每章增加了"伦理考量"部分，讨论了会谈者在工作中所要面对的主要伦理问题。第十四章新增了"对青少年进行心理会谈的技巧"。和以往的版本一样，本书对教学框架有清楚的说明。

因为《心理会谈的基本技巧》强调的是培养专项技能，本书可以用于自学或者用作课程和工作坊的基础教材。掌握任何一项技巧都需要练习。因此，每一章的结尾有活动单元，包括会谈练习检查表，以便促进沟通技巧的培养和综合运用。第一章对本书所呈现的培养技巧的主要原则和方法进行了概述，同时增加了一个简要的部分，让读者了解神经科学和心理会谈的发展领域。第二章到第六章主要论述了培养倾听技巧和探索技巧，它们是有效沟通的基础性技巧。第七章到第十章为澄清问题和建立会谈目标而剖析了相应的具体技巧。第十一章到第十三章主要论述如何将目标转化成行动。最后一章帮助读者综合运用探索、澄清和行动三个阶段的会谈技巧。在本书结尾的"补充资源"部分列出了其他可以用于补充本书内容的成果。

本书的补充材料

在线测试题库　这些灵活的在线测试题库可以让你迅速管理考试内容并编制多份试题。你可以从你们学校的学习管理系统、教室或者你想要的任何地方发送这些测试。

在线教师手册　教师手册包含了一系列的资源，可以帮助教师按照个人偏好与课程需要进行备课、授课。教师手册为每一章内容提供了建议和资源，以便加强并促进学生的学习。

在线 PPT　在每一章中，生动的教学 PPT 通过直接使用课本中的图片、数字、表格等内容来讲解概念，帮助教师授课。

Mind Tap 学习平台　Mind Tap 的咨询学习平台让学生能够一直取得最佳学习效果。通过将课程材料和录像、活动、应用程序以及其他更多的内容进行无缝连接，Mind Tap 创造了一个独特的学习通道，帮助学生增强理解能力，提高学习效率。

对于学生，Mind Tap：

- 提供的活动和任务与真实世界相关，帮助学生培养批判性思维能力和分析能力，让学生能将这些能力迁移到其他课程以及他们的职业生涯之中。
- 能帮助学生系统有效地保持一个学习目标，这个学习目标反映了教师的教学重点，同时还能帮助学生使用需要的工具以掌握学习的内容。
- 显示学生全部时段的学习进展信息来激励学生，既有个人学习进展信息，也有和班级里成绩最好的同学进行比较的信息。

此外，Mind Tap 能让教师：

- 控制学生看到的内容以及什么时候看到这些内容，确保学生的学习路径和你的课程大纲完全吻合。
- 以相关阅读和多媒体活动创造独特学习路径，促进学生的学习按照学习分类系统从较低层次向较高层次发展，即从基本知识和理解能力等较低层次向分析、应用和批判性思维能力等较高层次发展。
- 使用你自己的文档或者其他如 RSS feeds、YouTube 视频、网站、GoogleDocs 等资源，将你自己的内容整合到 Mind Tap Reader 之中。
- 通过有力的分析和报告，提供班级进度、课程时间、参与程度和学习进度的简报。

除了这些优点之外，Mind Tap 还提供：

- 视频短片，与每章的学习结果和内容密切相关。
- 大量活动，向学生介绍每章的核心概念，并让学生参与其中。
- 互动练习和在线平台问题讨论，让各种不同学习风格的学生能直接亲身体验。
- 复习和反思活动，展示在学习课程的过程中学生的成长以及学生掌握技巧的程度。

致　谢

我们对下列评审人员表示感谢，他们提供了学生的反馈以及改进本书的建议。这些人员包括：克里斯托弗·帕罗拉（锡拉丘茨大学）、詹妮弗·库克斯（罗蓝县社区大学)、凯丽 · 瓦彻 · 莫里斯(普渡大学)、贝兹 · 冯珂(佐治亚州雅典城的佐治亚大学)、威利 · 艾略特(北肯塔基大学)、乔纳森 · 冷特(马歇尔大学)、黑森 · 特拉帕(得克萨斯大学圣安东尼奥校区)。

我们也想对我们各自社区里过去和现在给我们提供合作支持的同事和学生表示感谢。

戴维 · R.伊凡斯

玛格丽特 · T.哈恩

麦克斯 · R.乌尔曼

艾伦 · E.艾维

目　　录

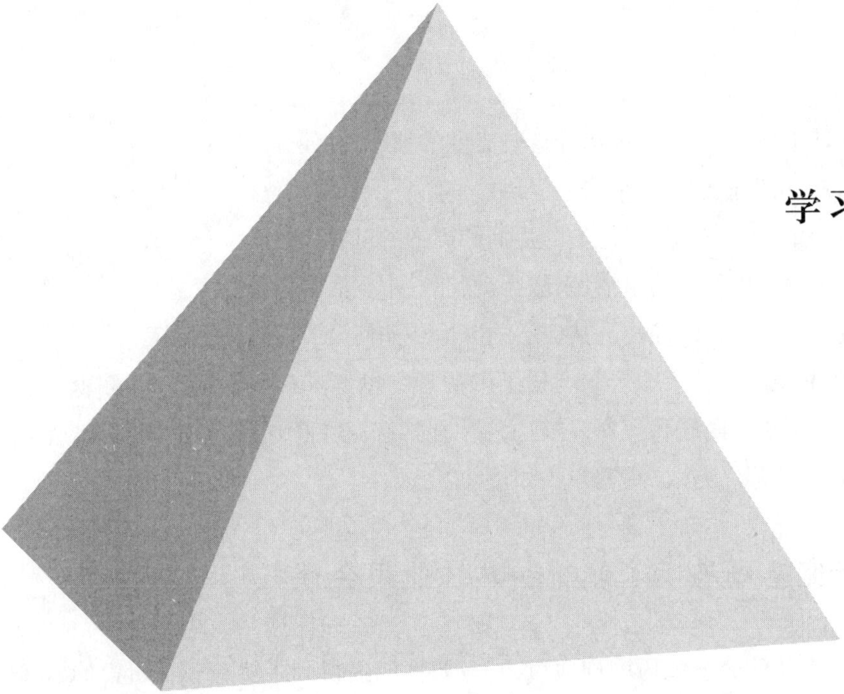

第一章

学习基础准备

每天我们都会和别人交谈，交谈时我们比较随意，也很平等，想谈什么就谈什么。 1
日常交谈和会谈的区别在于会谈是有目的的，如收集信息、设定目标，并且/或者解决问题以及解决争议。会谈关注的是来访者的经历、需要和目标。作为会谈者，我们的任务是倾听，仔细地倾听。我们要尽量控制自己谈话的时间，以便让来访者有更多的时间探索他或她的问题。

会谈者要记住本次会谈的目的，倾听（来访者），不要毫无成效地从一个话题转移到另一个话题。在本书中，你将学习了解到，来访者的需求和目的会因人、因地而异。有效的会谈需要大量日常对话中不常使用的技巧。

来我们这里做会谈时，来访者有很多的经历和故事。他们会讲述并分享他们关心的事情或者问题，如经济问题、人际冲突、取得的成就以及内心深处的压力。本书内容是关于如何引导来访者讲出他们的经历，并倾听他们的诉说。有人倾听当然是很大的安慰。

倾听(Listening)并帮助来访者表达他们对生活经历的想法和感受，会为他们的
改变打下基础。当我们进行有效倾听时，我们能帮助来访者在他们的经历中发现新 2
的意义，甚至可能对过去的事情做出新的解释。

最后，来访者需要行动。理解个人的经历可以提供一个基础，但行动也是必要的。作为一名会谈者、咨询师、保健师或者公共事业服务从业人员，你的任务通常是既要帮助来访者找到新的思考方式和感觉方式，也要帮助他们习得新的行为方式和

应对技巧。

《心理会谈的基本技巧》将帮助你培养这些必要的技巧，以便你能够：

- 倾听来访者，帮助他们描述个人的经历。
- 帮助来访者用新的方式思考他们的生活和周围的世界。
- 帮助来访者发现需要做的事情，采取行动，在日常生活中做出改变。

你将发现，就了解来访者的经历及其担心的事情是如何形成的这一点而言，本书中的倾听技巧和策略至关重要。一旦你理解了来访者的思考方式和感觉方式，你就更能够做好准备，使用诸如面质和解释等技巧，帮助他们在其经历中找到新的意义，从而帮助他们发现新的思考方式、感觉方式和行动方式。

▶ 本书的研究基础展示了倾听和熟练使用会谈技巧的重要性

微技巧是一个系统的会谈技巧培训项目，其有效性已经得到了450多个研究的证实。微技巧为本书奠定了内容基础，不管你选择哪个领域，都能够让你直接在实践中使用本书中的倾听和行动技巧。这种学习技巧的方法是由本书的作者之一，艾伦·艾维(Allen Ivey,1971)开发的，随后由艾维和扎拉奎特(Ivey, Ivey & Zalaquett, 2014)发展完善，现在已经被翻译成27种语言。在接受倾听和沟通技巧培训的医生、律师和商务人士中，微技巧学习非常重要。你将发现这些技巧在非洲可以用于与难民以及艾滋病患者进行沟通交流，也可以在成瘾咨询、在学校甚至针对中小学生的同辈咨询培训中使用。实际上，倾听技巧的教学现在几乎已经进入了每一种职业。

最近日本的一项研究也传递了丰富的信息。该研究发现，有效使用积极倾听技巧能够激活大脑中的乐观区域。实际上，对来访者的共情性倾听能够强化**抽象奖励系统**(abstract reward system)，增强评估和预测他人情感的能力，并提高理解他人情感经历的能力(Kawamichi et al.,2014)。这些就是倾听技巧能够为来访者所做的事情，而作为会谈者，你也能有相同的获益。

在会谈者这一方，有效的倾听能够帮助你的来访者学会倾听他人。教会来访者倾听技巧已经成为会谈、咨询和心理治疗过程的一部分。此外，以倾听为基础，来访者能够采取更多行动，改变对自己、对他人的看法，并形成新的、更有效的行为。

本书提供了学习倾听和行动技巧最有效的学习方法之一。学习咨询技巧的程序式方法是本书作者玛格丽特·哈恩(Margaret Hearn,1976)开发的，她使用了程序式学习方式，将上述观点融合到一起，形成了一种新的咨询和培训的有效方法。使用程序式学习方法时，首先选取会谈中的单项微技巧，然后将它分解为可操作的教学单元
3

或内容小节。在程序式学习中，每一个教学小节都建立在前一个小节的基础之上，并且为了使用本小节中的每一个微技巧，每个小节都会提供相应的知识和实践练习。

下面你将看到一个程序式学习方法的例子。我们首先将查看如何帮助来访者描述他们的经历以及如何帮助他们学习用新的方式来应对问题和担忧。在你阅读来访者和会谈者之间的对话时，请你特别注意会谈者是如何专注倾听来访者的讲述的。

▶ 在会谈中做出决定

想象一下，你正在为图片中的女士做第一次会谈。在做好前期工作、建立**良好关系**（rapport）之后，她对你说：

1.1

来访者：我来见你是因为我不能跟别人讲这些事。最近我男朋友克里斯看起来非常怪，很冷淡。他看上去非常压抑。我该怎么办呢？

选择你在回应时最可能说的话。

会谈者：最近你的情况有点糟。你在想该怎么办。（请阅读 1.2）

会谈者：克里斯做了哪些特别的事情让你有这种印象呢？（请阅读 1.3）

会谈者：我想我们应该让克里斯一起过来，这样可以更深入地讨论你们的关系。（请阅读 1.4）

1.2　你的回应：

最近你的情况有点糟。你在想该怎么办。

正确。这个反映性的倾听回应向来访者表明：在提供答案前你想听到更多内容。它表明了一种倾听的风格，即在采取行动前，尽力弄清楚来访者正在经历的事情。这种反映性回应也关注到了你面前的来访者。很多时候，如果我们将大部分注意力放在我们面前的来访者身上，会谈会取得最大的效果。

1.3　你的回应：

克里斯做了哪些特别的事情让你有这种印象呢？

这个开放式问题会给你提供更多关于来访者情况的信息和事实，但效果欠佳。你关注的焦点是克里斯而不是面前的来访者。在会谈的前期，要倾听并且聚焦于来访者。这个回应在会谈后期或许有用，在使用问题解决方法帮助来访者时也会有作用，因为那时的会谈目标是为做决定而尽可能收集更多的信息。

1.4　你的回应：

我想我们应该让克里斯一起过来，这样可以更深入地讨论你们的关系。

这个回应立刻将责任放到了会谈者身上。会谈者没有花时间倾听。尽管夫妻/情侣咨询这个想法可能很重要，但是会谈者过早地提供了这个结构化回应。一般而言，最好是“三思而后行”。

4 在上面的例子中，你可以看到，程序式学习的方法能够帮助你非常具体地检查整个咨询过程中会谈者和来访者之间发生的事情。你可能已经注意到，这三个回应各有优点，程序式学习的方法让你能够检查每个回应的长处和不足。在本书中，我们自始至终都一直强调：首先要倾听来访者的经历——然后我们才能接着做来访者理解部分和行动部分的工作。尽管本书不能提供给你应对每个会谈情境的答案，但是它的确为你提供了一些基本指导原则，最终你能将这些原则融合到你自己的会谈风格之中。

技巧熟练的会谈者能够对另一个人的生活产生重大影响。我们不是告诉你去做什么，我们想要你通过应对来访者的叙述、选择合适的回应、练习会谈过程的主要部分来积极参与会谈。你可能期望学习会谈过程的基本知识，让自己在会谈和日常活动中掌握有用的重要技巧。你也可能期望为以后的实践奠定基础，形成自己与他人会谈的独特方式。

尽管本书关注的是来访者，但是会谈者和来访者在有效会谈的过程中都能够获得成长。在阅读并逐步参与本书的程序式学习过程时，你会学习到一些在日常生活中可以尝试使用的观点和技巧，它们能够帮助你更完整地理解他人和你自己。此外，当你培养和别人沟通的能力时，本书的材料将帮助你理解技巧熟练的会谈者会做些什么，这有助于你从他们的会谈方式中选用那些看起来对你有用的元素。

本书提供给你的具体模式和方法在很多咨询情境中都被证明是有效的。然而，任何单一的方法或会谈技巧不可能适用于所有的情境或者所有的人。因此，我们又回到了你这里。作为会谈者，如果你将本书的观念和技巧同你自己的知识和经验结合起来，你将会大有作为。使用本书时，将它作为一个工具：挑战、评价并加工本书材料；在和他人的关系中保持你的真诚与个性。有效地使用会谈工具能够促进另一个人的成长；而糟糕的会谈则具有破坏性。如果本书提供的会谈工具变成了你的学习目的，在实践中你变成了这些工具的奴隶，那么你就不可能成为一个高效的会谈者。

▶ 明确咨询过程的发展进程：心理会谈和心理咨询理论的发展

传统上认为，心理咨询、心理治疗和心理会谈是复杂的活动，近乎神秘，不能进行系统的研究和定义。然而，过去的几十年中出现的几个趋势让会谈的艺术变得更加具体，其定义也更加清楚。下面几段内容将简单地回顾一下历史，这将有助于理解本书中呈现的技巧和概念的背景。

弗洛伊德的遗产 西格蒙德·弗洛伊德是心理治疗的创始人。在他作出杰出的理论概括之前,心理功能(mental functioning)这一基本概念并不存在。弗洛伊德带来了秩序,摆脱了混乱。尽管他的观点仍具争议,但其影响不可否认。另外,弗洛伊 5
德的思想慢慢引入一个观念:对助人者进行教育是可能的。

罗杰斯的革命　现代社会最有影响的心理治疗师卡尔·罗杰斯是记录会谈过程并使这一做法在专业领域普及的第一人。1947 年以前,培训助人者的方式一直没有受到挑战。在 1947 年,布拉克斯马(Blocksma)和帕特(Porter)使用了当时的录音新技术。他们发现人们在会谈中对所作所为的描述并不一定符合他们实际所做的事情。在罗杰斯以及这一突破性研究的影响下,会谈领域发生了永久性的变化。直到现在,罗杰斯的书依然是经典(Rogers,1942,1957,1977)。

罗杰斯的遗产就是倾听。与其他任何人相比,罗杰斯更强调倾听他人故事的重要性。他谈论过共情性倾听。在这种倾听中,会谈者努力像来访者经历其世界一样,理解来访者的世界,并尝试将这种理解传递给来访者。要理解这一点,请想象一下:你穿着来访者的鞋子行走,但是一直意识到它们是来访者的鞋子,而不是你自己的。

记录会谈现在是会谈培训的基本内容。如果可能的话,在本书角色扮演的部分,练习使用每一种技能。现在,你们很多人的电脑或智能手机可以录像。对会谈过程进行录像可能有点挑战,但是在会谈活动中观察你自己和来访者是最好的学习和提高方式。很多培训学习项目有先进的录像设备用于练习,要尽可能多地加以使用。或许最简单的方式是只进行录音,尽管重要的非言语交流会很不同。

认知行为疗法的兴盛　今天,会谈的主流理论是认知行为疗法(CBT)。认知行为疗法的行为部分开始于 B. F. 斯金纳。他关注的重点是可观察的行为,这与弗洛伊德和罗杰斯关注内心和自我反思式的方法有显著的不同。阿尔伯特·艾利斯(Albert Ellis)和阿郎·贝克(Aaron Beck)的认知疗法又回到了关注内心的方式(Beck,1979;Ellis & Dryden,1997)。然而,唐纳德·梅肯鲍姆(Donald Meichenbaum,1997)在可观察的行为和内心认知反思之间进行平衡,把认知和行为完整地“结合”到了一起。到目前为止,梅肯鲍姆的方法受到的研究最多,也是最成功的。阿郎·贝克的女儿朱迪·贝克(Judith Beck,2011)现已成为认知行为疗法主要的支持者,也是态度最明确的支持者。大部分认知行为疗法的权威人士都认可并强调倾听技巧以及罗杰斯咨询关系理论的重要性。

其他两个有用的理论

本书不是心理咨询或心理治疗的理论书籍。我们的重点是心理会谈工作实践,很明显,这方面受到罗杰斯的影响很大。罗杰斯以来访者为中心的疗法,非常重视本书中的倾听技巧。除了倾听技巧这个会谈工作的基础之外，我们还增加了行动技巧。你将发现，虽然倾听本身可以产生有意义的改变，但是更直接、更积极的技巧也是需要的。

一旦你已经掌握了本书中的技巧，你可能会惊讶地发现本书所呈现的技巧通常对于成功有效的会谈而言是充分而且必要的。掌握这些技巧会带来改变和成长。

6 同时我们建议你考虑研究心理咨询和心理治疗理论，这些理论的学习常常在本书的后续课程中进行。上述的认知行为疗法将是本书后续学习中的重要部分。据说，在助人领域有 4 250 个相互竞争的理论，虽然它们中的大部分都给出某些证据来证明其有效性，但支撑这些证据的研究却极少。你会发现，所有这些理论都会使用本书中提到的微技巧，但这些技巧在会谈中的使用方式却各不相同。

随着学习时间的推进，你可能想学习这众多理论中的某几个，但是我们建议你应尽早关注认知行为疗法、短期咨询和叙事疗法，因为它们都是本书中技巧的合理延伸。如果你掌握了本书中的技巧，你就能做好准备，学习使用这些理论。

短期咨询和心理会谈是以“问题解决”为导向的疗法，因其非常实用而具有特殊的优势。对短期会谈的简短讨论如下：

1. 咨询关系和倾听仍然重要，但是**提问**(questioning)变成一个非常重要的技巧。

2. 在短期咨询早期，会谈者的典型做法是试图设置会谈的具体目标，很少会跑题。例如，当开始建立咨询关系时，会谈者会问：“许多人能在短期内取得很大进步。对于我们共同度过的这一个小时，你期待会发生什么？对于今天的会谈，你有什么或哪些具体目标？”这些信息会成为这次会谈的基础，也可能成为会谈是否成功的评价标准。

3. 引导来访者讲出他们的故事和问题仍然很重要，但也要关注过去经历中的积极有效部分。“你能告诉我以前你能够解决问题的那些时刻吗？那时你做哪些事情是有效的，而你对此有何感觉？”

4. 要强调来访者“能做什么”而不是“不能做什么”。因此，会谈者要汲取积极的心理，寻找来访者的长处。我们解决问题靠的不是我们的弱点，而是我们的能力。强调来访者“能做什么”也被称作“潜在能力”陈述。

5. “奇迹问句”也很常用，因为它能够引出更清晰的目标，也有助于识别来访者的长处。“假设你今天晚上睡觉时发生了奇迹，所有你今天带来的问题都解决了，但是因为你睡着了，直到第二天早晨醒来时你才知道。如果奇迹已经发生，那第二天会有何不同？”

6. 一旦目标和能力都确定了，本书的行动技巧就可以发生作用。但很重要的一点是和来访者签署书面约定，要求他们在会谈后将学到的新东西应用于真实世界。太多的会谈者不做技巧应用计划就结束会谈。

关于短期咨询和会谈的内容请参考古特曼(Gutterman,2013)和斯克莱(Sklare,2014)的论著。

叙事疗法会谈是另外一个非常好的方法,它注重引导来访者讲出自己的故事、发现自己的优势。当然,会谈的目标是重新叙述故事,通过新的事实和感受,改变来访者的思考方式和行动方式。你会发现,这种方法拓展了罗杰斯的理论和我们在本书中强调的方法。叙事疗法会谈有一个特别的优点:积极的取向和对**多元文化**(multicultural)问题的意识,这是大部分助人理论所缺失的。如果想了解这个方法的更多信息,请参考麦迪干(Madigan,2011)的论著。

下面我们回到苏珊的案例。在该案例中,你将会看到:心理会谈所需行动技巧得到了更多地强调。

1.5 7

你已经从苏珊的故事里听到了一些线索,现在可能到了为你的会谈进行结构化的时候了。你会对苏珊做出以下哪个回应?下面的每个回应都有助于为会谈后期的"做出决定"阶段提供框架。

苏　珊:嗯,我想我承认这一点。今天早晨克里斯的确扔东西打我。(眼泪汪汪)扔的是面包刀。他感到糟糕透了,我也是。他动不动就朝我大发脾气。这不是第一次了。

会谈者:苏珊,现在发生了很多事情。我们可以一起思考。但是首先我想对克里斯有所了解,也想知道事情的更多细节。我还想知道这些事对你有怎样的影响。搞清楚这些以后,也许我们可以一起努力,弄清楚该怎么办。(请阅读 1.6)

会谈者:现在的重点是我们要决定需要做什么。首先,我们要保证你的安全。然后,我们要看看你对未来的打算。接下来,我们再来弄清楚你可能有哪些感受。(请阅读 1.7)

会谈者:你说的事情,我现在听明白了。但是在我们采取行动之前,我想更清楚地了解你的想法和感受。再给我讲讲这件事对你的影响和你现在的感受。(请阅读 1.8)

1.6　**你的回应:**

苏珊,现在发生了很多事情。我们可以一起思考。但是首先我想对克里斯有所了解,也想知道事情的更多细节。我还想知道这些事对你有怎样的影响。搞清楚这些以后,也许我们可以一起努力,弄清楚该怎么办。

正确。这个回应认识到了本次会谈的复杂性,认识到了此时此地需要更多的信息和行动。尽管来访者需要探索她的情感,但是本次会谈情境可能是一个紧急情况。因此,得到关于克里斯以及他们关系的关键事实是非常重要的,所以,此处我们需要用倾听来获得信息,以便采取相关的行动。这一点可以作为了解苏珊情感的基础。上述方面结合在一起可以为会谈所需要的"做出决定"阶段提供框架。作为"做出决定"阶段的第一步,我们需要对所有的关键信息进行组织,得出来访者故事的意义。

1.7 你的回应： 现在的重点是我们要决定需要做什么。首先，我们要保证你的安全。然后，我们要看看你对未来的打算。接下来，我们再来弄清楚你可能有哪些感受。

这个回应有些部分很好，特别是使用了**平等性**(egalitarian)的词语“我们”，以及对安全性的强调。但同时，会谈者几乎控制和引导了一切，没有留给来访者任何决定的权力。决定计划怎么做几乎是会谈者单方面安排的。此处倾听是缺失的。我们还没有听到足够的叙述，不知道这一决定是否正确。

1.8 你的回应： 你说的事情，我现在听明白了。但是在我们采取行动之前，我想更清楚地了解你的想法和感受。再给我讲讲这件事对你的影响和你现在的感受。

这是个很好的倾听式回应，会让来访者进一步讲述她自己的情况，但是这里忽略了潜在危机的一些重要方面。这个结构化回应可能太有限了，不足以应对可能发生的暴力情况。

8 在上述例子中，程序式学习的方法让我们能够查看在会谈者和来访者之间正在发生的事情。上述三个回应中的每一个都会将会谈引向不同的方向。程序式学习的方法让我们能够检查会谈者不同回应所产生的结果。

正如你所看到的，会谈中会同时发生很多事情。因此，倾听并尝试进入来访者的**观念体系**(frame of reference)是很重要的。同时，你要知道来访者的状况、所处的情境并准备好在适当的时候采取行动，这也是很重要的。如果你行动过早，强度过大，可能会把需要帮助的来访者赶走；而行动过晚可能会让来访者处于遭受伤害的情境。

你面前这个独一无二的人以及他或她与其他人的关系之间的动态变化让上述这些情况更加复杂。尽管受到了虐待或者暴力伤害，结束一段关系对当事人来说仍是很艰难的。当这段关系真的结束时，一般人常常会再尝试回到这种虐待性关系之中，反复几次之后，他们才认识到这种状况是令人绝望的。在有潜在危机的情境中，像在本次会谈中的一样，你会经常受到挑战，要能在倾听和行动之间保持平衡。

会谈案例的设计意图和《心理会谈的基本技巧》程序式学习的方法 设计来访者苏珊的会谈案例是为了向你介绍本书内容是如何组织的。你将逐步学习完典型的案例材料。会谈的具体技巧将会在你学习案例的过程中加以强调，这些案例和你以后可能在真实场景中碰到的案例类似。

这个部分的内容很简短，其目的是提供一些例子，说明你后面的理论学习将如何帮助和指导你做出决定。然而，本书关注的是有效会谈的共性及其需要的素质。在本书会谈技巧的基础上，你将能够做好准备去面对理论，并决定自己如何在社会情境中去帮助他人成长和发展。

来访者的差异很大，需求各异，因此你必须培养一种回应能力，能适应各种情况。一天之内，你可能会面对一位抑郁的 72 岁退休老人、一个寻找工作的青少年，还有一名遭受**歧视**(discrimination)的拉丁裔人士，他们的需求各不相同。

面对这些让人感到很混乱的冲突，面对各种不同的助人理论以及来访者各自不同的需求，你必须选择最合适的干预方案。本书制定了一些入门的基本规则来帮助你完成会谈，并且随着你会谈能力和信心的增强，为你未来的发展奠定基础。

总之，在不同的理论之中，助人技巧既有很多重要的共性，但也有很多重要的差异。你要一直记住，本书中的基本技巧会影响你的来访者对自身问题的思考和解释方式。不管你以后经验多么丰富或技术多么娴熟，你都要在整个职业生涯中寻求咨询和督导。

▶ 本书的使用说明

本书的程序式学习建立在单项技能概念基础之上。本书呈现的会谈行为既有正面例子，也有负面的例子。本书会给你一些信息，如会谈问题或者争议，并要求你对 9
来访者或者会谈者的陈述做出回应。然后本书指引你进入下一小节，对你刚才做出的回应进行评估。如果你的回应是正确的，我们会解释为什么正确，并要求你继续做下一步。如果你的回应不正确，我们会解释为什么是错的，并要求你回到原来的小节，选择另外一个回应。对于本书学习者而言，在熟练掌握程序式学习内容每一步之后再继续学习新的内容，学习效果会更好。

本书使用的技巧由斯金纳于 1958 年首次提出，然后由克劳德(N. A. Crowder，1960)进一步发展完善。克劳德指出，在关键问题上，错误也可视作是获得额外澄清信息的机会。研究证明，奖励成就在程序式学习的模式中很重要。过去有许多程序式学习的研究已经影响了计算机辅助学习程序的发展。

你可以通过使用本书的材料学到适用于很多情境的会谈技巧。但是，需要再一次说明，除非你系统练习并且使用这些技巧，否则你的努力都将付诸东流。仅仅学习或者阅读本书的材料是不够的：你必须将这些技巧融入你的会谈风格之中。本书呈现的技巧是建立有建设性人际关系的基础，也是在会谈中分享观点、收集信息、自我探索以及个人积极改变的基础。

下面我们试学一下几个程序式学习的小节内容，以便进一步熟悉程序式学习方法。

对“正确”回应的评价

理论上“正确”的答案也会有问题。许多女性因为害怕“依靠自己”这个选择，她们仍然会退回到不安全的情境之中。如果苏珊决定回到克里斯身边，那么此时你什么都不能做。你已经真诚地分享了你的想法，而来访者还是决定不按照你的想法做。

相反，如果苏珊决定进入庇护所，你有责任帮助她为未来做打算。毋庸置疑，这包括为她提供个人咨询和职业咨询，帮她找到经济资助并建立起支持系统。仅靠个人咨询不能解决所有这些问题。作为有效的会谈者，你要知道如何使用社区资源，如支持团体、教会或其他危机支援团队、社区或政府机构。

对一些来访者而言，你即使给予了最佳干预也还不够。有时候，你会想将其他人包括进来，为来访者建立一个全面的治疗计划。需要明确一点，仅仅倾听来访者也是不够的。有时候，还需要采取行动。

幸运的是，并非你面对的所有个案都像苏珊这个案例一样复杂。但是如果你成为一个专业的助人者，你将会碰到很多案例，和苏珊这个案例一样错综复杂，难以解决。《心理会谈的基本技巧》这本书不是为你提供所有会谈和干预需要的答案，本书所能做的是为倾听技巧和行动技巧提供一些基本的指导原则，而最终你必须将这些技巧融汇贯通，形成你自己的会谈风格。

10 **1.9**

想象一下，现在你和苏珊已经谈了半个小时。在此期间，她哭了好几次。她提到，在很多情形中，克里斯都有攻击性——她需要面对很多由克里斯造成的危险，面包刀只是其中的一个小例子。苏珊告诉你说，除了在克里斯情绪低落、开始喝酒的时候，他们的关系“并不太坏”。你也了解到，她曾经离开过克里斯一次，但是当她知道自己没什么工作技能、找不到工作后，很快又回去了。

随着会谈的进行，你越来越注意到她的恐惧和缺乏自信，这是遭受攻击的女性常有的模式。

苏　珊：(哭泣)我走的时候，克里斯正在喝酒。他睡着了，所以我觉得现在来找你是安全的。他醒后，可能就好了，但是……我不知道。

你如何回应？

会谈者：苏珊，听起来你特别困惑。你不知道该走哪条路。(请阅读 1.10)

会谈者：苏珊，我们再多谈几句。我们已经讨论过留下来和离开的利弊。现在你看哪一个有道理？(请阅读 1.11)

会谈者：苏珊，我们已经讨论过挨打、被香烟烫，你还告诉过我，克里斯在醉得很厉害的时候，有一两次甚至威胁到你的生命。他拒绝寻求帮助来治疗他的酗酒行为。我们都知道他短期内不可能改变。对我而言，你的安全是最重要的。听起来你马上回家不安全。我想今天晚上为你联系一家庇护所。明天早上，我去那里见你，我们再往下谈。(请阅读 1.12)

研究专栏

微培训系统模式是心理会谈教育中经过详细分析和检验的训练项目。自从 1968 年首次对贯注行为进行研究以来，到目前为止，对微技巧进行的研究已经完成了 450 多个。(参阅 Daniel，2010；Ivey, Ivey & Zalaquett，2014)对这些研究总结后发现：

1. **培训方法有构念效度**(construct validity)**和预测效度**(predictive validity)。这些技巧可以教授，很快会对受训者及其来访者产生看得见的影响。
2. **来访者对关注他们的咨询师有更加良好而积极的回应。**如果你使用倾听和贯注技巧的话，来访者会更满意，也更愿意回来做进一步会谈。
3. **不同的理论有不同的技巧使用模式。**例如，你会发现采用罗杰斯人本理论的咨询师会更多使用反思技巧，而采用认知行为理论的咨询师会更多使用行动技巧。
4. **技巧使用存在性别和多元文化差异。**女性常常更多使用反映性倾听技巧，而男性更多采用提问技巧。非裔美国人常常关注"情境—环境"问题，而欧裔北美人更多强调个人问题。
5. **心理会谈和心理咨询会改变大脑。**你的技巧不仅仅只是"技巧"，这一点在本章后面部分会讨论。技巧会影响来访者的想法和情感，并影响新的信息神经网络的发展。
6. **本书程序式学习模式是教授技巧的有效方式。**学完本书程序式学习的全部小节内容后，学生应该能够展示出对技巧的理解和掌握。
7. **若能加以实践，这些技巧可以长期留存。**然而，如果你学完本书后不去使用这些技巧，你很快就会忘记。数据清楚地说明，只有你在真实情境中去使用这些技巧，它们才会在会谈中发挥作用。

1.10 **你的回应：** *苏珊，听起来你特别困惑。你不知道该走哪条路。* 11

这是一个很好的反映性倾听回应，但是在会谈的这个阶段并不恰当。在会谈早期，这种回应是重要的，因为它有助于引出信息。然而，此刻苏珊的情感已经得到探讨和澄清。在会谈前期，这是一个很好的回应，但是现在却可能是白费力气的不必要重复。

这个回应在结构上有点类似 1.2 的反映性回应。请回到本书开始部分的 1.2 小节，注意两者的相似之处。这个例子说明了既要注意来访者处在探索阶段的哪个位置，也要根据其不同的需求调整回应以满足不同的来访者，这两个方面都很重要。

1.11 **你的回应：** *苏珊，我们再多谈几句。我们已经讨论过留下来和离开的利弊。现在你看哪一个有道理？*

如果现在是在处理来访者的紧急需要，那么这个回应就是有效的，提问技巧在引出信息方面是很重要的。然而，此时会谈者已经讨论了去留的优缺点，并得出结论说当前来访者的安全是问题的重点。现在你应该采取更积极的方式进行回应。

1.12 **你的回应：** *苏珊，我们已经讨论过挨打、被香烟烫，你还告诉过我，克里斯在醉得很厉害的时候，有一两次甚至威胁到你的生命。他拒绝寻求帮助来治疗他的酗酒行为。我们都知道他短期内不可能改变。对我而言，你的安全是最重要的。听起来你马上回家不安全。我想今天晚上为你联系一家庇护所。明天早上，我去那里见你，我们再往下谈。*

正确。现在是该行动了。你已经倾听过，很清楚需要做什么。这个回应很及时，符合来访者的需求。你们已经讨论过了目前的危机，也已经检查过了离开的优缺点。会谈者已经决定，要立刻保护来访者的安全。

回应时机的重要性　在上面一组程序式学习内容的回应里，时机问题特别重要。上面所列的三个回应都可能有效，但是如果它们不能用于及时回应来访者当前的需求，干预就会失败。因此，本书要求你思考两个同等重要的任务：

1. **学习助人工作中的基本技巧**。通过完成这个任务，你可以建立一个弹性技巧库，让你能够针对不同的来访者，做出各种不同的回应。如果你对来访者所做的第一个回应无效，你还有另外几个选择可供使用。

2. **整合这些技巧，形成一种回应时机恰当、方式自然的会谈风格**。某个回应在心理会谈前期是帮助来访者的典范，而在后期使用就可能对其有害。

在学习本书的过程中，你要思考如何整合我们建议的这些技巧，并确定使用它们
12 的时机。如果你呆板机械地使用这些技巧，你的会谈就可能没有效果，甚至可能是危险的。如果你关注来访者的特殊需求，为他/她提供你的专业知识，方式自然，时机恰当，那么你已经开始将本书作为有效治疗计划的一部分在加以使用了。

▶ 本书涵盖技巧的概述

本书提供了有效心理会谈必要的基本技巧。我们将这些技巧组织成三个阶段，这三个阶段为有效的心理会谈过程提供了一个概念框架。第 12 章，“对探索、澄清与行动阶段进行结构化”，提供了一个详细版本的三阶段模型。表 1.1 列出了这三个阶段及其相关的目标。这个模型有助于你为自己的会谈进行结构化；但你也必须灵活

表 1.1　心理会谈的三阶段模型

阶　段	目　　标
探索阶段	1. 与来访者建立工作关系
	2. 发现来访者的问题
澄清阶段	1. 帮助界定来访者的问题
	2. 帮助来访者对需要采取行动的问题进行排序，并将问题重新界定为可实现的目标
行动阶段	1. 帮助来访者找到每个目标的最优行动计划
	2. 与来访者一起执行并完成选定的行动计划
	3. 目标达成后终止会谈关系

应对来访者的需求。对于有些来访者，会谈的三个阶段不需要全部完成，而对于另一些来访者，因问题不同则要采用不同阶段的会谈。记住，这些阶段是变化的而非固定的；有时你可能需要在这些阶段之间不断往返，而另一些时候，你又需要把它们整合在一起。你在本书中学习的技巧将用于会谈的这三个阶段。在使用完整的模型之前，你要单独学习每个技巧。

下面的概述将帮助你理解即将要学习的内容以及学习这些内容的原因。

第一阶段——探索：帮助来访者认识他们的经历、议题与问题

1. **贯注行为**(attending behavior)(第二章)。本章将提高你整体的倾听技巧，同时增强你的贯注技巧，包括**眼神接触**(eye contact)以及恰当的言语和非言语回应。

2. **有效提问**(第三章)。本章将教会你开放式提问和封闭式提问以及给予最小鼓励的方式。你也将了解到这些技巧在帮助来访者充分表达自己时的用处。 13

3. **内容反映**(reflecting content)(第四章)。有效倾听需要的不仅仅是贯注和提问，也需要能够听懂并能清晰地对来访者所说的话进行反映。

4. **情感反映**(reflecting feelings)(第五章)。本章将教你准确识别来访者的情感并对其进行反映，同时也给你提供学习和使用这一技巧的机会。

5. **综合运用探索阶段的技巧**(第六章)。在心理会谈示例中对前面学习的技巧进行复习，你能看到自己到本章为止对前面所学内容的掌握程度。本章的重点是综合运用这些**探索**(exploration)阶段的技巧并且培养个人的会谈风格。

第二阶段——澄清：帮助来访者清楚认识他们的经历并制定心理会谈目标

6. **面质**(第七章)。面质包括识别来访者行为中不一致或不连贯的地方，引起来访者的关注以寻求解决方案。然而，在和来访者面质之前，你必须能够识别出来访者行为不一致的地方并且能够不带个人价值判断地加以清晰陈述。

7. **情感沟通与即时化**(第八章)。有时候在心理会谈中和来访者分享你的观察和反应是很重要的。本章举例说明了恰当与不恰当的情感交流与即时化沟通。

8. **自我表露**(第九章)。会谈者偶尔做些自我表露是恰当的。然而使用这个技巧时必须非常谨慎，应该确保不会接替来访者成为会谈的主角或者是剥夺来访者自我探索所需要的空间和时间。

9. **解释**(第十章)。本章将帮助你能够识别来访者的言下之意，并且让你能够为来访者对此意义进行重新建构。

第三阶段——行动：帮助来访者采取行动

10. **信息提供**(第十一章)。所有的会谈者都要不时地给来访者提供信息,陈述信息的方式多种多样,可以是介绍、指导、反馈、**重构**(reframe),或者仅仅是告知。

11. **对探索、澄清与行动阶段进行结构化**(第十二章)。本章帮助你实施会谈以便来访者能够分析问题,考虑如何选择并做出自己的决定。

12. **征求合作**(第十三章)。在会谈中,来访者有一定程度的不舒服或者不情愿是很正常的。本章帮助你运用基本的会谈和行动技巧来减少来访者的不适,增强来访者的合作,帮助来访者走完改变的各个阶段。

第四阶段——有效沟通：促进探索、澄清和行动

13. **综合运用所学技能**(第十四章)。综合运用上述技巧。本书的挑战在本章中
14 表现得最为全面。你将从一连串可能的回应中进行选择,完成一次会谈。如果你已经掌握了前面章节中的学习内容,你将会很自然地综合运用各种技巧和概念。然而仅仅通过阅读并不能掌握这些技巧。只有当你学习了每章的概念后能够在会谈情境中加以实践,本书才能说是获得了成功。

▶ 多样性问题：种族、性别、民族、有/无残疾、性取向以及其他多元文化问题

我们不仅需要倾听来访者的故事和他们面临的问题,我们也需要记住,来访者和我们不一样,不仅生活经历不同,文化背景也常常迥异。一个让你满意的解决方案可能对来访者不适用;有一点你要很明确——你是在与你面前来访者的**世界观**(worldview)和各种目标进行着互动。如果来访者是非洲人或者是原住民后裔,他们的世界观同白人或欧裔美国人/加拿大人/澳大利亚人是不一样的。同样地,在我们倾听来访者并尝试理解他们的故事和世界观的时候,性别、性取向、精神信仰/宗教背景等这些多元文化因素,使得识别我们和来访者之间的差异变得更加重要。

同时我们不能有成见。例如,不要戴上有色眼镜看待同性恋来访者,这会让你不能发现来访者的独特性。首先,也是最重要的是,我们是在跟"这个人"做会谈。多元文化意识能够帮助我们更加充分地理解来访者,但永远不能用文化差异来限定心理会谈的开展方式。

正如我们已经强调的,交流的模式和风格在文化之间各不相同,在同一种文化的男性和女性之间也是不同的。欧洲裔北美文化的贯注和倾听模式与其他文化不同。

例如,哈斯和泰博(Haase,Tepper,1972)的经典研究发现,会谈者向前倾靠近来访者,一直保持眼神交流,谈话时与来访者相隔的距离稍稍超过一只胳膊的长度,此时会谈效果最好。哈斯和泰博的研究发现不断被复制,我们经常在媒体上看到人们把他们的发现称作“新鲜而富有创意”。但是这些发现真的放之四海而皆准吗?

在所有文化中,倾听技巧都是基础,也很重要——微咨询方法已经被翻译成至少27 种语言并且在全世界使用。据估计,超过 100 万的专业人士和专业辅助人士参与了某种形式的微技巧培训。通过广泛使用和文化反馈,我们知道在基本的倾听技巧方面存在下列文化差异。

- **眼神接触**。在有些文化中,欧洲裔北美人的直接眼神接触被认为很粗鲁,是一种冒犯。许多美国原住民、拉丁裔人以及来自其他国家的人,不太喜欢眼神接触。实际上,一些传统的非洲裔美国人使用眼神交流的方式恰恰和欧洲裔美国人相反:他们在说的时候会看着你,在听的时候则避免直接的眼神接触。

此外,在来访者集中讨论个人问题的时候,如果你不直接注视他们,许多人会觉 15
得更舒服一些。眼神接触很重要,但是必须对其调整以满足个人需要和文化需要。

- **肢体语言和空间**。回想一下,在有些文化中,与典型的北美人的方式相反,人们以点头来表示“不”。我们将此视作一个隐喻:肢体语言的意义随着文化与文化的不同而有着广泛的差异。

对于北美人而言,不管民族或种族背景如何,保持一个胳膊的距离是让人舒服的。然而,对于那些阿拉伯人后裔而言,谈话者之间保持 6～12 英寸的距离是舒适的。其他文化(如澳大利亚原住民)喜欢距离拉开得更大一些,特别是当他们不信任其他民族或者种族的会谈者的时候。

- **言语回应**。本书强调,你必须倾听来访者,并尽可能以直接的方式对其陈述进行回应。这种倾听风格还是非常北美式的。有时对于一个华裔加拿大人或者是日本裔美国人而言,比较间接而委婉的倾听方式可能更加适合。

- **先倾听再行动**。这句格言对心理咨询和会谈领域而言是基本原则。对于所有的来访者,我们需要先倾听他们的叙述,然后才能得出结论并采取行动。事实上,有些来访者至少是在看到会谈者采取直接行动的迹象后,才能充分地信任会谈者并分享他们更深层次的问题。因此,倾听技巧是至关重要的。但是倾听和行动的时机是不一样的。对于有的来访者,你需要尽早行动,否则你就会失去他们。

欧洲裔美国白人男性往往会比女性问更多的问题,这一事实让上面这一点变得很复杂。女性常常更多地使用反映性回应。一些美国印第安人和非洲裔美国人觉得给予建议和直接支持比建立关系更重要。

你所会谈的每个人都是独一无二的，但他或她也是性别和多元文化经历的代表。在北美和欧洲文化中，的确有一种有效心理会谈和咨询的范式类型。倾听并行动的观点具有普遍性。然而，你要记住，本书呈现的基本框架需要根据以下大量因素进行修改——性别、文化或种族、性取向、来访者面临的身体问题、来访者的年龄，等等——这一点非常重要。

让我们回到苏珊及她与男友之间的困境。对于许多女性而言，虐待是一个明显的问题。一些女性发现与男性咨询师谈论这个话题很不舒服。性别是一个重要的多元文化因素：女性在生理和心理上与男性不同。男性往往拥有力量和特权，而我们要记住，每一次会谈都包含了权力(利)关系。请思考这个问题！“助人者”和“被帮助者”这两个词暗示了助人者是更专业的人士，“咨询师”“治疗师”两个词与“来访者”“病人”形成的对比亦是如此。作为“助人者”，你控制了整个会谈。但是，我们的建议是“权力(利)分享”和更加平等的关系。

---

16 **1.13**

假设你是男性咨询师，在给苏珊做会谈。你感觉到她有一点胆怯。你在想她是否受到了惊吓，无法自在地与你共处。你会做什么？

苏　珊：(犹豫)是的，我是害怕，真的不(再次犹豫)知道要做什么。(她向后坐回椅子中，脸上带着受到惊吓的表情)

选择描述会谈者恰当行为的最佳回应。

会谈者：我确实感觉到你受了惊吓，很害怕。(请阅读1.14)

会谈者：我感觉到这对你来说有多可怕。甚至告诉我这件事对你来说都很艰难。我是男性，我在想，如果你和一名女性交谈会不会感觉更舒服一些。而另一方面呢，到目前为止，你谈话也还挺自在的。你对和我交谈有什么想法？(请阅读1.15)

会谈者：苏珊，你的问题很复杂，我想最好将你转介给另外一个咨询师，很可能是一名女性。你认为如何？(请阅读1.16)

1.14　你的回应：　我确实感觉到你受了惊吓，很害怕。

这是一个比较好的情感回应，抓住了苏珊此刻的主要情感。而另一方面，她的非言语行为表现出了犹豫，这说明可能还有其他的事情发生，你需要进一步探索。(请回到1.13，再次选择。)

---

17 **1.15　你的回应：**　我感觉到这对你来说有多可怕。甚至告诉我这件事对你来说都很艰难。我是男性，我在想，如果你和一名女性交谈会不会感觉更舒服一些。而另一方面呢，到目前为止，你谈话也还挺自在的。你对和我交谈有什么想法？

正确。这里我们看到了会谈者的倾听和关键性的自我表露。这个回应抓住了当时的情感，并进行了概述：到目前为止会谈进行得还不错。然而，这个回应也确认了苏珊正面临的真正挑战。结尾的开放式问题鼓励她分享对当下会谈的感受，尝试进行权力分享，并推进更加平等的关系。如果苏珊想要一名女性会谈者，转介是可能的，但是理想的做法是等到会谈者和来访者目前的关系更加明确后再决定是否转介。

1.16　**你的回应：**　*苏珊，你的问题很复杂，我想最好将你转介给另外一个咨询师，很可能是一名女性。你认为如何？*

转介是一种可能性，但是这个突然的建议打断了会谈的进程。这是会谈者保持权力的另一种方式。“如果你对我不满意，那么我就把你送到别人那里去。”过早的转介显然也可以被视为一种拒绝。（请回到 1.13，再次选择。）

在此时此地讨论文化差异是一个重要议题。实际上，我们普遍同意文化和性别差异需要尽早在心理会谈中进行讨论。如果你是异性恋，面对男同性恋或女同性恋来访者，很有可能，至少在会谈开始的时候，双方有潜在的不信任。类似的，有色人士和白人会谈者的组合也可能有问题；当然，当会谈者是有色人士而来访者是白人时，这一问题也同样需要考虑。当一个年长的来访者和一个 25 岁的咨询师进行会谈时候，他们很有可能需要讨论一下年龄差异。

在心理会谈中应该如何讨论文化差异的问题没有最终的答案，但是一般认为，意识到差异的存在是很重要的。贸然讨论多元文化问题可能让人很不愉快。因此，这里你需要在文化意识、文化知识和人际关系技巧之间找到平衡点，以便让你能把握恰当的讨论时机。几乎可以肯定，成功地讨论这些差异会让会谈双方更加彼此信任，关系更融洽，也更平等。

会谈和咨询能够改变来访者的大脑

神经科学和神经生物学已经开始影响心理会谈和咨询领域。你很有可能在媒体上看到关于大脑研究新方法方面的报道。现在我们已经知道，在大脑前额叶皮层和大脑情感边缘系统中，来访者对谈话的反应将怎样影响他们朝好的或坏的方向发展变化。

“一起放电的神经元串联在一起”。这句话已经是神经科学领域的名言，现在也是心理会谈领域的名言了。如果我们是有效的会谈者，来访者的大脑会产生全新积极的神经网络，这个网络代表了新的学习。陈旧消极的记忆将会被重组为新的记忆， 18
存储在我们大脑的海马体中。

在你的职业生涯和生活历程中，学习更多关于大脑的知识将会非常有价值。准备好在将来了解更多关于大脑功能的信息，这最终会让你在实际会谈时思路清晰，效果更好。

伦理能力和会谈

会谈实践建立在伦理道德和多元文化意识的基础之上。美国咨询协会（2014，

p.3)在其伦理准则前言中列举了以下内容：

1. 终身促进人类的发展；

2. 尊重多样性，接受以多元文化的方法支持人们拥有其社会和文化环境中的价值观、尊严、潜力以及独特性；

3. 促进社会正义；

4. 确保咨访关系的正当性；

5. 胜任工作，符合伦理。

正如前言中所述，将涉及文化和性别方面的材料合并编入每一章的方法经过了很多**考虑**(consideration)。由于本书的入门性质以及文化心理学领域中第一位作者的工作(Kazarian & Evans，1998，2001)，我们决定本书的重点是掌握**一般**(generic)形式的单项技巧，在每章结束处补充关于这些技巧在文化应用方面的材料。尽管本书文献对于在某些文化中使用这些技巧提供了一些信息，但是这些文献主要是描述性的，而且很少有关于会谈者可能面对的文化多样性的实证研究。我们在每一章结尾处的“文化考量”部分，描述了单项技巧的文化应用并给出一个程序式学习的例子。

了解文化和性别差异在美国、加拿大以及其他国家的不同文化中是如何表现的，这将会构成你作为心理会谈者终身学习的重要部分。在本章结尾，你将会看到带注释的参考文献列表，有助于扩大你在多元文化问题方面的知识。

几乎所有的专业协会在其工作伦理准则中都包含有关心理会谈多样性和伦理的问题，我们也督促你核查这些准则。我们在本章末也列举了涉及许多专业机构的伦理准则的网址。

在学习本书时，下列工作伦理能力的五个关键方面可能对你有用(Ivey，Ivey & Zalaquett，2014)。这里我们进行简要总结，建议你完成这一列表后的练习以进一步学习。

1. **能力**。我们中很少有人能够应对所有的来访者。你有足够的参考资源和知识吗？你知道你能力的**边界**(boundaries)吗？你意识到你的偏见了吗？

2. **知情同意**。来访者应充分意识到将要发生的事情，通常必须要有书面同意
19 书。即使在心理会谈练习中，我们也建议签署书面同意，因为这有助于在会谈早期阶段将你引入专业伦理实践。

3. **保密性**。很明显，无论是作为从业的专业人士还是作为学生，你都要为来访者保密，但是你没有合法的保密权力。如果来访者会危害自己或他人，你通常有责任告知他人。你需要研究职业伦理准则，让自己熟悉工作情境中有关保密性的政策和程序。

4. **权力**。助人者通常有一定程度的权力(利)而来访者没有。使用这个权力

(利)时要细心,也要尊重他人。当你和来访者有不止一种接触的方式时,你们之间的双重或多重关系会带来困难。例如,你可能和同班同学进行会谈,但他同时也是你的朋友——你在日常活动中既是他的朋友也是他的会谈者。这种情况的另一个说法是**"利益冲突"**。例如,作为一个小镇的咨询师或社会工作者,你可能为一个来访者提供咨询,而他和你都是教会委员会的成员。这些情况会带来特殊的工作伦理问题。

5. **社会公平**。社会工作和公共服务职业特别重视预防并矫正社会问题。人们认为助人者在社区中肩负反对社会不公平的特殊责任。社会工作者全国协会有一个专门的工作伦理,其部分内容如下:"社会工作者追求社会变革,特别是与脆弱的、受压迫的个人以及群体一起,代表他们的利益。"(National Association of Social Workers, 2008, p.4)

不用说,这个简短的总结并不能充分涵盖会谈实践中的此类重要问题。为了帮助你在心理会谈中对应该考虑的诸多伦理问题有更清晰的意识,本书在第二章到第十四章的每章结尾处都有"伦理考量"的这个部分。

▶ 更多伦理理解的练习:网上伦理准则

深入探讨伦理问题非常必要。请从下列专业网站中选择一个,从上述五个关键要素出发,对网站所介绍的内容进行总结。

下面是一些重要的伦理准则。请访问本书页面(www.cengagebrain.com)进行学习。你也可以通过搜索引擎搜索下列协会或组织。

American Association for Marriage and Family Therapy (AAMFT) *Code of Ethics*

American Bar Association (ABA) *Model Rules pf Professional Conduct*

American Counseling Association (ACA) *Code of Ethics*

American Nurses Association (ANA) *Code of Ethics for Nurses with Interpretive Statements*

American Psychological Association (APA) *Ethical Principles of Psychologists and Code of Conduct*

Australian Psychological Society (APS) *Code of Ethics*

British Association of Counseling and Psychotherapy (BACP) *Ethical Framework for Good Practice in Counselling and Psychotherapy*

Canadian Counselling Association (CCA) *Code of Ethics*

Canadian Psychological Association (CPA) *Canadian Code of Ethics for*

Psychologists

International Association of Chiefs of Police (IACP) *Standards of Conduct*

National Council of Investigation and Security Services (NCISS) *Code of Ethics*

National Organization for Human Service (NOHS) *Ethical Standards of Human Service Professionals*

National Association of Social Workers (NASW) *Code of Ethics*

New Zealand Association of Counsellors Inc. (NZAC) *Code of Ethics*

“伦理准则更新”栏(*Ethics Updates*)提供现有的、伦理相关的通用和专业文献的更新。

20 ▶ 一般参考文献

American Counseling Association. (2014). Code of ethics. Alexandria, VA: Author.

Beck, A. (1979). *Cognitive therapy and the emotional disorders*. New York: Penguin.

Beck, J. (2011). *Cognitive behavioral therapy: Basics and beyond*. New York: Guilford.

Crowder, N. A. (1960). Automatic tutoring by means of intrinsic programming. In A. A. Lumsdaine & R. Glaser (Eds.), *Teaching machines and programmed learning* (pp. 286–298). Washington, DC: National Education Association.

Ellis, A., & Dryden, W. (1997). *The practice of rational emotive behavior therapy* (2nd ed.). New York: Springer.

Gutterman, J. (2013). *Mastering the art of solution-focused counseling*. New York: Wiley.

Haase, R., & Tepper, D. (1972). Nonverbal components of empathic communication. *Journal of Counseling Psychology, 19*, 417–424.

Hearn, M. (1976). *Three models of training counselors: A comparative study*. London, ON: Western University.

Ivey, A. (1971). *Microcounseling: Innovations in interviewing training*. Springfield, IL: Charles C. Thomas.

Ivey, A., Ivey, M., & Zalaquett, C. (2014). *Intentional interviewing: Facilitating client development in a multicultural society*. Belmont, CA: Cengage/Brooks/Cole.

Kawamichi, H., Yoshihara, K., Sasaki, A. T., Sugawara, S. K., Tanabe, H. C., Shinohara, R., Sugisawa, Y., Tokutake, K., Mochizuki, Y., Anme, T., & Sadato, N. (2014). Perceiving active listening activates the reward system and improves the impression of relevant experiences. *Social Neuroscience*, DOI: 10.1080/17470919.2014.954732 www.tandfonline.com/doi/abs/10.1080/17470919.2014.954732#.VC-ha3VdWUk

Madigan, S. (2011). *Narrative therapy*. Washington, DC: American Psychological Association.

Meichenbaum, D. (1977). *Cognitive-behavior modification: An integrative approach*. New York: Plenum.

National Association of Social Workers (2008). *Code of ethics*. Washington, DC: NASW Press.

Rogers, C. R. (1942). *Counseling and psychotherapy*. Boston: Houghton Mifflin.

Rogers, C. R. (1957). Training individuals in the therapeutic process. In C. Strother (Ed.), *Psychology and mental health* (pp. 76–92). Washington, DC: American Psychological Association.

Rogers, C. R. (1977). *On personal power: Inner strength and its revolutionary impact*. New York: Delacourt Press.

Sklare, G. (2014). Brief counseling that works: A solution-focused therapy approach for school counselors and other mental health professionals (3rd ed.). Thousand Oaks, CA: Corwin.

▶ 多元文化方面的参考文献和资源 21

Hall, E. (1959). *The silent language*. Greenwich, CT: Fawcett. *The book that helped start a scholarly movement. Hall's work was foundational to anthropology, psychology, and counseling in finally discovering a simple, but profound point—cultures vary in the way they communicate.*

Ivey, A., D'Andrea, M., & Ivey, M. (2012). *Counseling and psychotherapy: A multicultural perspective* (7th ed.). Boston: Allyn & Bacon. *Counseling and psychotherapy theory is reviewed through gender and multicultural lenses. Specifics for action with culturally varying populations are suggested.*

Ivey, A., Ivey, M., & Zalaquett, C. (2016). *Essentials of intentional interviewing: Facilitating client development in a multicultural world* (3rd ed.) Belmont, CA: Cengage/Brooks/Cole. *An integration of multicultural counseling with microskills.*

Kazarian, S., & Evans, D. (Eds.). (2001). *Handbook of cultural health psychology*. San Diego, CA: Academic Press. *Theoretical considerations of health psychology from a cultural perspective are discussed. Specific health concerns such as cancer and pain are considered from a cultural perspective. Health issues of specific cultural groups are reviewed.*

Ponterotto, J., Casas, J. M., Suzuki, L., & Alexander, C. (2010). *Handbook of multicultural counseling* (3rd ed.). Beverly Hills, CA: Sage. *A comprehensive outline of multiple issues and possibilities in the field. This book covers a wide range of issues from theory to practice, including cultural identity theories, the role of traditional healers, and specific actions that may be taken in the interview.*

Sue, D. W., & Sue, D. (2012). *Counseling the culturally different* (6th ed.). New York: Wiley. *A classic of the helping field, this book outlines many important concepts and details that illustrate how to modify interviewing style to meet the needs of culturally diverse populations.*

第一阶段

倾听与探索：帮助来访者认识他们的经历、议题和问题

本阶段的心理会谈有两个**目标**，都需要依靠你的倾听能力才能实现。第一个目 23
标是和来访者建立工作关系，第二个目标是发现来访者的议题、担忧和问题。从第二章到第五章，你将学习可以有效地实现这两个目标的几项重要的会谈技巧。

- 贯注行为
- 提问
- 内容反映
- 情感反映

在第六章，你将有机会在一个简短的心理会谈中综合运用这些倾听和探索技巧。

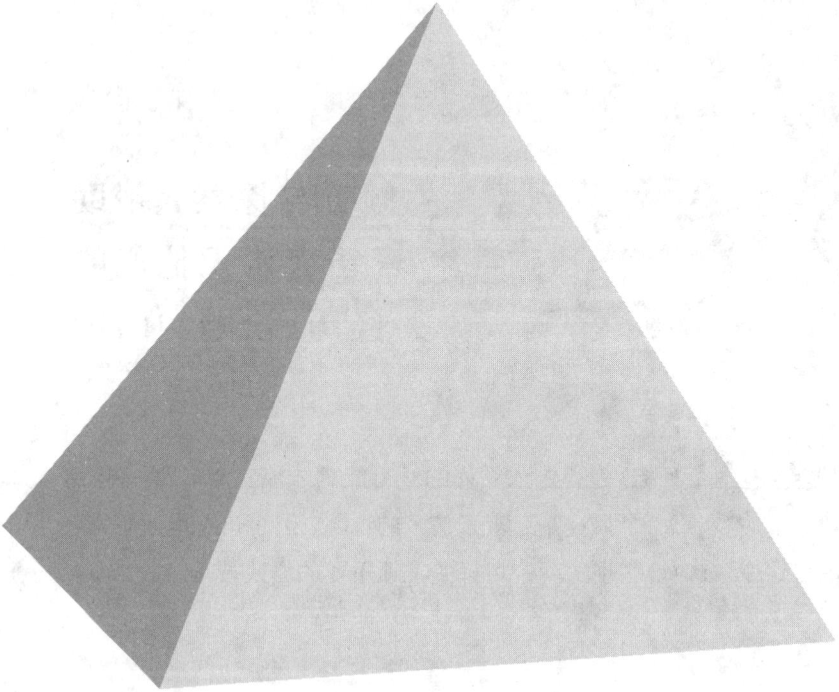

第二章

贯注行为

25 本章材料旨在帮助你掌握贯注技巧。学完本章后，你将能够：

1. 在会谈中展现出恰当的眼神接触。
2. 在会谈中展现出自然、放松并且专注的**姿势**(posture)。
3. 通过你的言语回应展现出你在关注来访者正在讲述的内容。
4. 在会谈中恰当地应对沉默。
5. 基本理解贯注行为在个体之间以及在多元文化群体之间的差异。

这里的**贯注**(attending)一词是指成功心理会谈所必需的基本技巧。你必须掌握这些技巧之后才能学习和有效地使用其他技巧。贯注行为不仅包括你如何让自己身体朝向来访者，也包括你如何对来访者正在讲述的内容进行反应。贯注和三个子技巧相关：眼神接触、**非言语行为**(nonverbal behavior)、倾听或言语回应。表 2.1 对这些子技巧及其有效运用进行了综述。我们将逐一探讨这些子技巧，然后考察**沉默**(silence)在心理会谈中的作用。

26 贯注行为帮助来访者自由开放地交谈，并让会谈者尽量少讲话，从而促进来访者的交流。随着技巧的娴熟，有时你会发现，也可以有意使用一些非贯注行为，帮助来访者少谈论一些破坏性或者无关的话题。

当你开始使用贯注行为时，你要意识到有些因素会影响你的倾听方式。这些因素包括你带到会谈中的偏见，你如何评价来访者正在讲述的内容，你对人类行为所持有的信念，以及你对来访者表现出过度同情的倾向。不要让这些因素的影响削弱你开放式倾听的能力，也不要让它们损害你识别来访者谈话要点的能力，这两点很重要。

表 2.1　贯注的子技巧及其有效使用的综述

回应类型		有效使用
眼神接触		自然，符合文化习惯，表明了对来访者讲述内容的关注
非言语行为	身体姿势	专注，放松，表达出兴趣
	动作	对讨论而言是恰当的
	面部表情	回应来访者传达的信息
言语回应	语调	温暖，富有表现力
	语速	不要太慢，也不要太快
	重点	表达对来访者讨论内容的关注和参与
沉默		可以是一种积极的交流形式，给会谈者和来访者时间思考

正如在第一章中指出的那样，不同文化和种族的人在使用眼神接触、其他非言语行为和沉默的时候是不同的。这种差异很多，所以本章不可能全都考虑。当你和文化背景与你差异巨大的来访者互动交流时，你要相应地调整你的行为，让你的非言语行为能恰当地表达出你的兴趣和关注。

本章内容以康复病房护士（男性或女性）与来访者之间的会谈为基础。来访者是一名患者，女性，已婚，做了大手术，刚刚康复。然而，她表现出不愿离开医院，不愿回归正常的日常活动。请阅读 2.1，开始学习。

2.1

在我们的社会中，很少有人能有效倾听。大部分人很难将自己的注意力集中在别人及其所说的话上。有效倾听的子技能之一是恰当的眼神接触。

会谈者：你能告诉我，是什么让你觉得回家很困难吗？

来访者：嗯，我不知道从哪里开始说起。我想可能是事情对我来说太多了。我好像一直都很紧张。

选择最恰当的回应。

会谈者：（转向一边，开始记笔记，对来访者说）对不起，但我必须确保把你说的话记下来。（请阅读 2.2）

会谈者：（在来访者说话的时候，你身体向后靠，双臂交叉，看着天花板，整理自己的想法。）（请阅读 2.3） 27

会谈者：（看着来访者，用眼神鼓励她继续说。）（请阅读 2.4）

2.2　**你的回应：**　**（转向一边，开始记笔记，对来访者说）对不起，但我必须确保把你说的话记下来。**

除非绝对必要，否则不要在会谈时做笔记；会谈后你对关键问题会更清楚，那时再做笔记最好。会谈时做笔记会分散来访者的注意力，让其感觉不安。为了表示你对来访者正在讲述的内容有兴趣，要保持恰当的眼神接触。请回到 2.1，选择能表明你正在倾听来访者叙述的回应。

2.3　**你的回应：**　（在来访者说话的时候，你身体向后靠，双臂交叉，看着天花板，整理自己的想法。）

你不看着来访者会让她感到不安。保持眼神接触表示你对她所说的话感兴趣。请回到 2.1，再次选择。

2.4　**你的回应：**　（看着来访者，用眼神鼓励她继续说。）

正确。当你和别人讲话时，要看着他/她。不要盯着看；但要意识到你正在跟另外一个人说话。请阅读 2.5。

2.5

眼神接触的数量是你对来访者有无兴趣的一个明显标志。因此，要注意“眼神接触中断”。眼神接触经常中断表明你对来访者讨论的内容感到不舒服或没有兴趣，而来访者可能会认为你紧张或是厌倦了。

会谈者：　你能给我讲讲这件事吗？

来访者：　我害怕走到房子外面。一想到走出房子到院子里去我就紧张。我就是做不到。

选择最恰当的回应。

会谈者：　（来访者讲述时，你保持眼神接触，微笑或者点头。）（请阅读 2.6）

会谈者：　（倾听来访者时，你注视窗外，沉思着。）（请阅读 2.7）

会谈者：　（倾听来访者时，你经常看表，确保会谈节奏良好，不会超时。）（请阅读 2.8）

2.6　**你的回应：**　（来访者讲述时，你保持眼神接触，微笑或者点头。）

正确。与来访者的眼神接触表明你在关注她，在倾听她的诉说。请阅读 2.9。

2.7　**你的回应：**　（倾听来访者时，你注视窗外，沉思着。）

尽管你在听来访者讲话，但你没有保持眼神接触。来访者可能认为你不在听。自然的眼神接触表明你对她正在讲述的内容感兴趣。请回到 2.5，再次选择。

2.8　**你的回应：**　（倾听来访者时，你经常看表，确保会谈节奏良好，不会超时。）

这个行为表明你更感兴趣的是时间而不是来访者正在说什么。帮助来访者的第一步是通过倾听和保持眼神接触，仔细地跟上他/她正在说的内容。请回到 2.5，再次选择。

28

2.9

和来访者眼神接触时，方式要自然，要符合文化习惯。不要盯着来访者看或者避开来访者的注视。盯着看可能会威胁来访者。在会谈者或来访者思考时，或者讨论自然中断时，眼神接触可能会出现短暂的中断。眼神接触还能够提供反馈，表达理解。

会谈者：　嗯。

来访者：　不是我不想出去。我想的。但是当我尽力要离开房子时，我觉得紧张，我做不到。

选择最恰当的回应。

会谈者：　（觉得不安，避开来访者焦急注视的眼神。）（请阅读 2.10）

会谈者：　（眼神接触自然，符合文化习惯，形式多样，显示出你感兴趣。）（请阅读 2.11）

会谈者：　（靠近来访者，看着她，非常感兴趣。）（请阅读 2.12）

2.10 **你的回应：** （觉得不安，避开来访者焦急注视的眼神。）

如果目光注视符合文化习惯，避开注视则表明会谈者感到焦虑，或者对正在讨论的问题感到不舒服。避开注视也会增加来访者的恐惧。请回到 2.9，再次选择。

2.11 **你的回应：** （眼神接触自然，形式多样，符合文化习惯，显示出你感兴趣。）

正确。眼神接触自然，形式多样，符合文化习惯，表现出你对来访者感兴趣，热情又尊重。请阅读 2.13。

2.12 **你的回应：** （靠近来访者，看着她，非常感兴趣）

会谈者目不转睛的注视会让来访者觉得很不安，手足无措，甚至觉得受到了威胁。使用自然眼神接触表明你对来访者正在讲述的内容非常关注，也很有兴趣。请回到 2.9，再次选择。

2.13

心理会谈不仅仅是一种言语关系。我们很多的沟通交流以非言语的形式出现。当你微微靠近来访者，身体保持一种放松、专业的姿势，面部表情恰当，动作有意义，来访者就知道你是感兴趣的。谨慎使用点头可以向来访者表明你在倾听；但点头过多会让人厌烦。

会谈者： 你努力想走出去，但是做不到。

来访者： 是的，我想能够再次出去工作，和人接触，但就是做不到。

选择最恰当的回应。

会谈者： （坐着，姿势放松，舒适但很专业。）（请阅读 2.13）

会谈者： （趴在桌子上，仔细听，手里转着铅笔。）（请阅读 2.14）

会谈者： （坐着，向后靠，放松，脚跷在桌子上。）（请阅读 2.15）

2.14 **你的回应：** （坐着，姿势放松，舒适但很专业。）

正确。在会谈中，这个坐姿很合适。记住，恰当的姿势，对面部表情的 29
理解以及诸如点头等鼓励性的动作，都表明你对来访者要说的事情感兴趣。请阅读 2.17。

2.15 **你的回应：** （趴在桌子上，仔细听，手里转着铅笔。）

或许你觉得你在听，但是你摆弄铅笔的动作暴露了你对来访者不够专心。记住，你所有的非言语行为都很重要，都表达了你对来访者的关注。请回到 2.13，再次选择。

2.16 **你的回应** （坐着，向后靠，放松，脚跷在桌子上。）

如果你看上去太放松，来访者可能会觉得她让你厌烦了。因此，她可能会犹豫要不要和你谈她的困难。你的姿势应该表明，你在她的面前放松自在，你正关注着她的问题。请回到 2.13，再次选择。

2.17

作为会谈者，要察觉自己的语调和语速。有些声音表达出关心和参与，能够增进情感，而另一些声音则可能让来访者疏远。

来访者： 我努力要走出去的时候，情况更糟糕了。我感到紧张，我做不到，然后我就特别沮丧。

选择最恰当的回应。

会谈者：（用紧张的声音）告诉我这是怎么开始的。（请阅读 2.18）

会谈者：（用温和而富有表现力的声音）告诉我这是怎么开始的。（请阅读 2.19）

会谈者：（听到电话铃响，听起来注意力有点分散）告诉我这是怎么开始的。（请阅读 2.20）

2.18　你的回应：　（用紧张的声音）告诉我这是怎么开始的。

在面对新来的或者是难以应付的来访者时，有些会谈者会变得紧张。要让来访者感到舒适，你的音高和音量都很重要，如果控制得当，能够帮助来访者在心理会谈中安定下来。请回到 2.17，再次选择。

2.19　你的回应：　（用温和而富有表现力的声音）告诉我这是怎么开始的。

正确。要一直使用温和而富有表现力的声音进行心理会谈，帮助来访者放松，并聚焦于讨论的问题。请阅读 2.21。

2.20　你的回应：　（听到电话铃响，听起来注意力分散的）告诉我这是怎么开始的。

如果来访者发觉你注意力分散，她不太可能说出关于自己的重要信息。你的任务是要向她表达出你对她的关注。请回到 2.17，再次选择。

---

30 **2.21**

会谈者常常过快地试图解决问题，在来访者有机会讲述他或她的故事之前就给予了同情、提供了解决方案。如果你是一个很好的倾听者，能尽量约束自己，不提供不成熟的建议，那么你在和来访者会谈时就会有更多收获。对你而言，至关重要的是：保持放松，集中注意力于来访者，不赶时间，仔细倾听。

来访者：四年前，我在银行晕倒过一次。我恢复意识时，很多人站在我身边。

选择最恰当的回应。

会谈者：但是，那是 4 年之前的事，现在它不应该再让你不安了呀。（请阅读 2.22）

会谈者：听到这个我很难过，你有没有尝试每天去趟那个银行，直到你的信心重新建立起来？（请阅读 2.23）

会谈者：那时候你肯定觉得非常尴尬。（请阅读 2.24）

2.22　你的回应：　但是，那是 4 年之前的事，现在它不应该再让你不安了呀。

当来访者刚开始告诉你这件事的时候，你的回应贬低了她问题的重要性。有效贯注行为包括集中注意力于来访者所说的事情，以便她能继续讲下去。尽量不要给建议。请回到 2.21，再次选择。

2.23　你的回应：　听到这个我很难过，你有没有尝试每天去趟那个银行，直到你的信心重新建立起来？

为了有效倾听，会谈者要做的不是给予**不成熟的**（premature）建议，也不是仅仅给予同情。你的任务是仔细倾听，回应来访者，并集中注意力于正在讨论的话题。请回到 2.21，再次选择。

2.24　你的回应：　那时候你肯定觉得非常的尴尬。

正确。这个回应对来访者当时的感受作了回应，表明你正在听她讲述。这也会鼓励来访者继续告诉你她的经历。请阅读 2.25。

2.25

心理会谈重要的技巧之一是言语跟随。作为会谈者，你要让自己避免分心的事物，集中注意力于来访者说过的话，而不是引入一个新话题。这一点并不容易。但是，当你能够维持话题不变的时候，你就在逐渐成长为一个技巧娴熟的会谈者了。

来访者：是的。我发现第二次再去时就很煎熬。实际上，我没有存钱就离开了。人太多了……

选择最恰当的回应。

会谈者：人太多了……(请阅读 2.26)

会谈者：是哪家银行？(请阅读 2.27)

会谈者：你先生怎么想？(请阅读 2.28)

2.26　**你的回应：**　人太多了……

正确。你的回应表明你刚才在听来访者的讲述，现在想听到更多的内容。请阅读 2.29。

2.27　**你的回应：**　是哪家银行？ 31

银行的名字不是真正重要的信息，因为银行不是讨论的焦点。来访者谈到她再一次去银行的经历，而你转换了话题，这表明你没有注意听她在讲什么。作为会谈者，你必须仔细倾听来访者，保持话题不变。请回到 2.25，再次选择。

2.28　**你的回应：**　你先生怎么想？

在会谈中，你引入了一个新话题：来访者的丈夫。这个信息可能让你感兴趣，但此时对来访者而言是**无关**(irrelevant)信息。你的任务是关注来访者正在讲什么，你的回应应该表现你的关注。请回到 2.25，再次选择。

2.29

记住要保持话题不变，不要从一个话题跳到另一个话题，不要打断来访者的话，或者分散来访者的注意力。从来访者说过的话中提取线索，不要让你的思想走神。

来访者：是的。所有人都让我感觉不安。接着，在其他一些人多的地方，我也开始觉得不安了。

选择最恰当的回应。

会谈者：对不起，打断一下，当时你在银行里做什么事情？(请阅读 2.30)

会谈者：你能详细说一下这个情况吗？(请阅读 2.31)

会谈者：(在她说完“所有人都让我感觉不安”之后，打断她)有多少人在那里？(请阅读 2.32)

2.30　**你的回应：**　对不起，打断一下，当时你在银行里做什么事情？

你已经打断了来访者的话，结果是，你可能发现很难再回去继续讨论这个话题了。来访者可能不愿意跟一个心思明显在别处的人分享她的重要信息。你的任务是专心地倾听来访者的讲述。请回到 2.29，再次选择。

2.31　**你的回应：**　你能详细说一下这个情况吗？

正确。这个提问允许来访者进一步讨论她的问题。如果你回应恰当，来访者会继续给予你更多的信息。请阅读 2.33。

2.32　**你的回应：**　**（在她说完“所有人都让我感觉不安”之后，打断她）有多少人在那里？**
这种打断让来访者不能用适合于自己的方式来陈述她的问题，也暗示你认为她向你讲述的事情不重要。不要打断来访者。作为会谈者，关注到来访者传递给你的所有信息才是重要的。请回到 2.29，再次选择。

32 **2.33**

作为会谈者，你应该关注来访者已经说过的内容，然后转述给她，以寻求理解她的处境。

来访者：就这样，不久以后，去商店买东西或者去理发等所有应该做的事情我都做不了了。
选择最恰当的回应。

会谈者：在理发店里发生了什么事？（请阅读 2.34）

会谈者：你是怎么样买新衣服的呢？（请阅读 2.35）

会谈者：所有这些很平常的事情，你都做不了。（请阅读 2.36）

2.34　**你的回应：**　**在理发店里发生了什么事？**
因为你转而讨论一个次要话题，来访者可能有点不能理解。仔细倾听来访者，将其讲过的内容转述给她，以便进一步澄清她的情况。请回到 2.33，再次选择。

2.35　**你的回应：**　**你是怎么样买新衣服的呢？**
这个问题的答案不太可能有助于你去帮助来访者解决问题。你问了一个你感到好奇的问题，改变了来访者正在讨论的话题。作为会谈者，要细心关注来访者说了什么，以便将她叙述中的某部分挑拣出来再转述给她。请回到 2.33，再次选择。

2.36　**你的回应：**　**所有这些很平常的事情，你都做不了。**
正确。你的回应保持了话题不变，让来访者能够继续讲述。请阅读 2.37。

2.37

会谈时，你不要说得太多。来访者带着问题来找你，她应该说得最多。没有必要谈到你自己或者给来访者答案。你的工作是倾听，以便你帮助来访者找出她自己的答案。

来访者：是的。出去的时候，我胃难受，头痛，嗓子发干，都不能呼吸了。
选择最恰当的回应。

会谈者：你认为这跟在银行里发生的事情有什么关系？（请阅读 2.38）

会谈者：是这样的，我以前也在公众场所晕倒过一次，我花了一段时间才恢复。（请阅读 2.39）

会谈者：你没理由有如此感觉啊，我认为其他人都不会有这样的感觉。（请阅读 2.40）

2.38　**你的回应：**　**你认为这跟在银行里发生的事情有什么关系？**
正确。做出这个回应时，你是在请来访者解释在拥挤的环境中她的身体反应和她在银行晕倒这件事是如何联系起来的。请阅读 2.41。

2.39　**你的回应：**　是这样的，我以前也在公众场所晕倒过一次，我花了一段时间才恢复。 33

这个信息不能帮助来访者。她已经意识到自己的反应和别人不一样。另外，你改变了话题，表明你更有兴趣谈论自己而不是来访者。请回到2.37，再次选择。

2.40　**你的回应：**　你没理由有如此感觉啊，我认为其他人都不会有这样的感觉。

这个回应否定了来访者有权利按照自己的方式去感受。此外，你暗示她应该更加努力地控制自己的行为，这会妨碍她澄清其正在尽力告诉你的事情。回到2.37，重新选择一个回应，表明你正在关注来访者的叙述并且非常有兴趣帮助她找到她自己的答案。

2.41

会谈者所说的内容应该帮助来访者澄清问题。鼓励来访者的**依赖性**(dependency)或出自会谈者好奇心所说出的话都不属于心理会谈的内容。

来访者：嗯，我想当我进入到有人的地方时，我总是害怕我会晕倒。所以我变得紧张。不过，在这儿我感觉挺好的。

选择最恰当的回应。

会谈者：你告诉过其他人这件事吗？(请阅读2.42)

会谈者：你能不能澄清一下，让你害怕的是人多还是情境？(请阅读2.43)

会谈者：好的，现在看看我们能对那种状况做些什么。但是不用再担心了啊。(请阅读2.44)

2.42　**你的回应：**　你告诉过其他人这件事吗？

这个回应反映的是你的好奇而不是倾听技巧。在回应时，你改变了话题，忽略了帮助来访者去澄清她所关心的问题。请回到2.41，再次选择。

2.43　**你的回应：**　你能不能澄清一下，让你害怕的是人多还是情境？

正确。这是一个恰当的回应，因为它既维持了话题不变，也要求来访者为你和她自己来说明她害怕晕倒的原因。请阅读2.45。

2.44　**你的回应：**　好的，现在看看我们能对那种状况做些什么。但是不用再担心了啊。

这种施恩与人的回应让你承担起解决来访者问题的全部责任。不幸的是，立即解决来访者问题的可能性不大，因此，像这种好心的回应可能会是一种误导。倾听时要集中注意力，这样你才能关注到来访者告诉你的内容，并帮助她探索正在讨论的话题。请回到2.41，再次选择。

2.45

如果你不确定接着该对来访者说些什么，回到前面谈论的内容并问一个问题，或者就刚才讨论过的一个相关话题说上几句。 34

来访者：我不知道。我想我既怕人也怕情境。现在，我远离这两者，所以我真的不知道。我不知道还要说什么。

选择最恰当的回应。

会谈者：前面你告诉我说不能外出去银行。接着发生了什么事？(请阅读2.46)

会谈者：你确信你想不到有什么其他的可说了吗？(请阅读2.47)

会谈者：(保持沉默等待来访者继续讲。)(请阅读2.48)

2.46　**你的回应：**　前面你告诉我说不能外出去银行。接着发生了什么事？

正确。当一个讨论进行不下去的时候，一个全新的话题看起来很有吸引力。然而，最好还是谈论来访者刚刚和你讨论过的一个话题，因为这是她所关心的。这是一个很好的贯注行为。请阅读 2.49。

2.47　**你的回应：**　你确信你想不到有什么其他的可说了吗？

这个回应忽视了来访者的上一句话。先暂停一会儿，仔细回想一下来访者前面讨论过的内容，如果有机会，重新引入你想要讨论的部分。请回到 2.45，再次选择。

2.48　**你的回应：**　（保持沉默等待来访者继续讲。）

来访者已经告诉过你她已陷入**僵局**（impasse）。此刻，你的沉默或许是恰当的，但是因为来访者不能够清楚地解释她的问题因何而来，你有责任接着说下一句话。暂停一会儿，仔细回想来访者已经告诉你的那些事情，然后把她的某个相关困难再次引入讨论。请回到 2.45，再次选择。

2.49

在很多情况中，来访者仅仅需要一点鼓励就能继续讲下去。

来访者：　嗯，就像我告诉过你的那样，我出门的次数越来越少。最后，我发现我不能够出门参加社交活动或者和朋友聊天了。

选择最恰当的回应。

会谈者：　你先生对此有抱怨吗？（请阅读 2.50）

会谈者：　对你家人而言，一直为你找借口可能对大家都很困难。（请阅读 2.51）

会谈者：　然后呢？（请阅读 2.52）

35　2.50　**你的回应：**　你先生对此有抱怨吗？

你改变了话题，将来访者的丈夫引入讨论。娴熟的会谈者会保持话题不变，但会允许来访者自己在讨论中引入新的话题。请回到 2.49，再次选择。

2.51　**你的回应：**　对你家人而言，一直为你找借口可能对大家都很困难。

你没有理解来访者正在告诉你的事情。你改变了话题，将注意力放在她可能给家人造成的困难上。你的回应应该紧密关注来访者及其问题，并鼓励她继续讲下去。请回到 2.49，再次选择。

2.52　**你的回应：**　然后呢？

正确。这个最小鼓励会让来访者继续讲她的事情。请阅读 2.53。

2.53

有效的会谈者会仔细倾听，关注来访者交流的内容，而不会去想接下来自己该说什么。考虑接着该说什么会让你分心，无法专注。

来访者：　后来，我发现如果我喝上几杯，我出去参加社交活动的能力就会好些。

选择最恰当的回应。

会谈者：　关于这一点，你能告诉我更多的情况吗？（请阅读 2.54）

会谈者：　你喝的是什么？（请阅读 2.55）

会谈者：　你酗酒吗？（请阅读 2.56）

2.54　**你的回应：**　关于这一点，你能告诉我更多的情况吗？

正确。这个问题让来访者可以继续讲述她的问题。你只需关注她正在讲的事情，而无须引入一个新的话题。请阅读 2.57。

2.55　**你的回应：**　你喝的是什么？

你此时不需要这个信息。你要关注的是来访者及其问题，而不是来访者叙述中的次要信息。如果这个信息对她很重要，她会在后面的会谈中告诉你。请回到 2.53，再次选择。

2.56　**你的回应：**　你酗酒吗？

你过度解读了来访者告诉你的事情。此刻你没有足够的信息去提出这样的问题，来访者可能会被这个问题羞辱。会谈者应继续来访者谈论的话题，**全神贯注**(preoccupation)于会谈者自己的想法会导致会谈徒劳低效。请回到 2.53，再次选择。

2.57

作为会谈者，你不仅要关注来访者提供的言语线索，也要关注非言语线索，包括目光、动作、肢体反应、语调和停顿。 36

来访者：(低头看着地板)嗯，我……开始喝……就几杯。

选择最恰当的回应。

会谈者：在这儿我是要听你说。如果你不告诉我所有的事情，我也帮不了你。(请阅读 2.58)

会谈者：或许我们应该谈点别的。(请阅读 2.59)

会谈者：你觉得很难跟我讲这件事情。(请阅读 2.60)

2.58　**你的回应：**　在这儿我是要听你说。如果你不告诉我所有的事情，我也帮不了你。

来访者知道你的角色，不需要你去提醒她你在做什么。你已经将话题从来访者那里转到你自己和你的角色上。不要这样做，要对来访者的言语和非言语线索做出回应。请回到 2.57，再次选择。

2.59　**你的回应：**　或许我们应该谈点别的。

通过讨论来访者的饮酒问题，你对她的言语和非言语的线索进行了回应。可惜，你的回应会让她逃避而不是继续探讨这个话题。请回到 2.57，再次选择。

2.60　**你的回应：**　你觉得很难跟我讲这件事情。

正确。这是一个很好的回应，它表明你正在关注来访者的动作(低头)和她言语中的停顿。很明显，对她而言，和你讨论她的饮酒问题是很困难的。在继续讨论之前，通过反映她的感受，你给了她机会去思考她的情感。请阅读 2.61。

2.61

心理会谈中另一个技巧是有效使用沉默。好的会谈者尊重来访者保持沉默的需求。只要不是谈话陷入僵局，你不需要填补一段沉默。坐着，向后靠，给来访者时间考虑。

来访者：(坐着，沉默了一分钟，明显是在思考)

选择最恰当的回应。

会谈者：怎么啦？(请阅读 2.62)

会谈者：你平常一天喝多少酒？（请阅读 2.63）
会谈者：（聚精会神地坐着，等着来访者继续讲）（请阅读 2.64）

2.62　你的回应： 怎么啦？
你回应了来访者的沉默，但是你的回应方式不能让她明白你能理解她讨论饮酒问题时感觉到的困难。允许来访者沉默。心理会谈中，来访者在继续讲述之前常常需要时间来理清事情的头绪。请回到 2.61，再次选择。

2.63　你的回应： 你平常一天喝多少酒？
来访者对她要讨论的事情感觉不自在。在思考如何回答的时候，她需要你的接纳和支持。在她没有准备好之前，你努力迫使她开口也不会有什么作用。请回到 2.61，再次选择。

37 **2.64　你的回应：** （聚精会神地坐着，等着来访者继续讲）
正确。有些话题很难开口讨论，当来访者在思考并尽力决定如何讲述时，她的沉默是恰当的。此时来访者需要你支持性的沉默。一旦准备好了，她就会继续讲。请阅读 2.65。

2.65

如果沉默的时候，你觉得不舒服，你可以使用贯注技巧，用期待的眼神看着来访者。作为会谈者，记住，沉默可以是一种积极的交流方式。有些来访者需要时间思考，而另一些来访者需要用沉默表示同意或者表达尊敬。你的任务是对来访者沉默的含义保持敏感并且恰当回应。

来访者：说这个事儿很难。我从未告诉过其他人。但是我想我应该说。你知道吗？我从早晨一起床就开始喝酒，一直喝到我先生回家。（来访者开始沉默）

选择最恰当的回应。

会谈者：你先生喝酒吗？（请阅读 2.66）
会谈者：我想这件事儿讨论起来不容易。（请阅读 2.67）
会谈者：谁给你付酒钱？那些酒要花好多钱。（请阅读 2.68）

2.66　你的回应： 你先生喝酒吗？
你改变了话题。来访者正在告诉你的是她此时的问题，不是她丈夫可能有的问题。你的任务是维持当前话题不变，和来访者的沉默保持一致。请回到 2.65，再次选择。

2.67　你的回应： 我想这件事儿讨论起来不容易。
正确。你的回应反映了来访者在讨论饮酒问题时明显有困难，并且对她讨论问题的尝试给予了支持。另外，这个回答表明你跟她的情感也保持一致，理解她沉默的含义。沉默也可用于帮助会谈者考虑接下来怎么回应。请阅读 2.69。

2.68　你的回应： 谁给你付酒钱？那些酒要花好多钱。
这个信息在本次会谈后期可能很重要，但是此刻你应该关注来访者的行为，帮助她探讨她的困难。请回到 2.65，再次选择。

2.69

你现在已经学完了贯注行为的教学内容。贯注行为是所有成功心理会谈所需要的基本技巧。记住，作为会谈者，你的任务是关注来访者的讲述。要做到这一点，你要保持恰当的眼神接触，运用富有表现力的声调和放松而关注的姿势，并且对来访者交流的内容进行言语回应。在后面的学习中，当你能更加熟练地使用贯注行为这一技巧时，你会发现有些时候当来访者的讲述不恰当又重复消极时，使用贯注技巧可能是无效的。在无法保持眼神接触时，改变身体姿势，以及有意转到更加积极的话题等举动则能够推动会谈进行下去。所有技能都是熟能生巧。从贯注技巧的理论知识学习到能够熟练使用这些行为技巧，这之间需要的是长期的持续练习。一开始你可能有些不适应，但随着你变得越来越专业，这种不适感就会消失。

▶ 文化考量 38

1. 会谈者负有伦理责任，不仅要对专业工作中的文化问题保持敏感，同时要意识到自己和会谈对象之间的文化差异。会谈者要能帮助来访者做出与其文化情境要求相一致的决定。下面是一个已经普遍接受的**概念框架**(conceptual framework)，用于考虑**多元文化会谈能力**(competencies in cultural interviewing)。

a. **意识**。会谈者意识到他们自己的文化对于会谈工作的影响；会谈者重视来访者表现出来的文化多样性。

b. **知识**。会谈者了解自己的文化，并且知道它如何影响自己的个人生活和职业生涯。

c. **技巧**。会谈者有责任让自己学习有效应对多样化人群所需要的技巧和策略。

2. 很多行为和感情是所有文化共有的，然而表达方式常常不同。

3. 会谈者的行为从放松到正式，或者从平等到更加独断，程度各不相同，这些皆源于会谈者对自己和来访者文化的理解。

4. 英裔美国会谈者和来访者进行交流时，如果彼此间有更大的身体距离，他们会觉得更舒服一些。来自另一些文化的会谈者则更喜欢较近一点的距离。因纽特人和澳大利亚原住民可能更喜欢肩并肩地坐在一起。

5. 根据来访者的文化属性，会谈者可能需要调整肢体语言、姿势、眼神接触、声调和语速。例如英裔美国人在倾听的时候眼神接触比较多，而在说话的时候比较少；但是对于一些传统的非洲裔美国人而言，情况恰好相反。在另一些文化中，特别是在讨论严肃话题时，人们会避免眼神接触。你可能会发现当话题让人不舒服的时候，你所有的来访者都会眼睛向下看或者是看着别处。

6. 来访者的文化是允许会谈者把他作为个体来关注还是将他视为家庭和/或者文化社区情境中的一员？确定这一点相当重要。欧洲白人社会通常聚焦于**个人主义**(individualism)，而许多文化群体可能强调**集体**(collective)。然而，要当心，不要宽泛化，因为每个来访者在处理个人主义和群体问题时可能都是独特的。

7. 在有些文化中，来访者对会谈者给予简短的回答是表示尊敬。这不应该被看作是消极的。在很多亚洲文化中，与直接交流相反，委婉交流是一种艺术。

8. 在有些文化中，沉默被认为是机会，可以对正在讨论的问题进行反思。因此，会谈者需要适应这种情况。英国人和阿拉伯人使用沉默表示隐私需要，而俄罗斯人、法国人和西班牙人则用沉默表示同意。在一些亚洲文化中，沉默通常表示对年长者的尊敬。北美原住民则用沉默表示不同意。

你是社区机构的心理咨询师。你和安迪萨谈了半个小时，谈话内容是关于他从当地银行获取贷款时遇到的困难。他怀疑，他的问题是一种不易察觉的歧视，"划定红线"区别对待，即，在贷款过程中，许多银行在一些城市设置"划定红线"区域，对该区域人士的贷款强加上与欧洲裔美国人或欧洲裔加拿大人不同的标准。一般来说，这种做法现在是不合法的。或许你没有听说过这里谈论的"划定红线"一词，但是这在整个社会都是一个严重问题。女性、少数族裔和其他不富裕群体通常会经历某种形式的"划定红线"的问题。

---

39 **2.70**

安迪萨：(以焦躁而愤怒的声音说)所以，事情就是这样的。我去了格得曼城市银行，他们一直给我各种借口。我和一个白人朋友核对了一下，他们给我的贷款利息要比给她的贷款整整高出一个百分点，就是在上星期的事儿。还有我必须填的那些表格！我想我必须做点什么。但是做什么呢？

选择最恰当的回应。

来访者：你必须填很多表格，这让你很沮丧。(请阅读 2.71)

来访者：格得曼城市银行名声很好。我认识里面几个工作人员。(请阅读 2.72)

来访者：安迪萨，听起来你对格得曼城市银行很生气，你在想接下来该怎么做。现在我基本完整地听了你的事。你能否接着谈一下，到目前为止，你想怎么处理这个你认为的歧视情况呢？(请阅读 2.73)

2.71　**你的回应：** 你必须填很多表格，这让你很沮丧。

这是一个很明显的贯注回应，因为它紧随来访者刚刚所说的内容。我们可以预计，来访者将继续谈下去。但是我们也能预计，来访者谈论的将是表格问题，而不是"看起来是歧视"这个核心问题。这是选择性关注的一个例子，即，会谈者的确倾听了，但仅仅挑选出情境中的部分内容，可能会错过关键问题。请在自己身上查找可能让你跑题的选择性注意的模式。请回到 2.70，再次选择。

2.72 **你的回应：** 格得曼城市银行名声很好。我认识里面几个工作人员。

此处会谈者明显没有做到贯注，而是在分享自己的经历——不恰当的分享。我们的价值观和观念常常会影响我们倾听来访者讲述的能力。甚至在你和来访者意见不同时，你也要常常想办法去理解他或她的观点。贯注，而不要推测。请回到2.70，再次选择。

2.73 **你的回应：** 安迪萨，听起来你对格得曼城市银行很生气，你在想接下来该怎么做。现在我基本完整地听了你的事。你能否接着谈一下，到目前为止，你想怎么处理这个你认为的歧视情况呢？

正确。你和安迪萨已经谈了半个小时，现在已经听过了他的故事，感受到他在经历明显能看出的歧视事件时的愤怒、挫折和受伤。这个回应为进行到此时的会谈提供了非常简单的概述，并且在设法弄清楚安迪萨正在考虑采取的进一步措施是什么。

参考资料

American Psychological Association. (2003). Guidelines on multicultural education, training, research, practice, and organizational change for psychologists. *American Psychologist*, *58*, 377–402.

Arrendondo, P., Toporek, R., Brown, S., Jones, J., Locke, D., Sanchez, J., & Stadler, H. (1996). Operationalization of multicultural counseling competencies. *Journal of Multicultural Counselling and Development*, *24*, 42–78.

Sue, D. W., Arredondo, P., & McDavis, R. J. (1992). Multicultural counseling competencies and standards. A call to the profession. *Journal of Counseling Development, 70*, 477–486.

Sue, D. W., & Sue, D. (2012). *Counseling the culturally diverse: Theory and practice* (6th ed.). New York: Wiley.

▶ 伦理考量 40

大部分专业组织和管理机构都有成员必须遵守的**伦理**(ethical)或**职业标准**(professional standards)。在后面每一章中，我们都会涉及一个标准。本章重点讨论的是"**能力**"(competence)，因为能力对所有会谈者都很重要。在每章的"伦理考量"部分，我们首先会选择一个要讨论的伦理领域，对该领域中的一般因素进行综述；其次，我们会给出一个"会谈者—来访者"互动的例子来说明这个伦理领域；最后，我们会为所讨论的伦理领域提供文献来源。

能力

1. 会谈者所受的教育、培训、被督导经历、所获得的资格证书以及拥有的其他专业经历构成了来访者的能力范围。在这个范围里，来访者提供服务，并表现出自己的能力。

2. 会谈者要具备会谈知识、对自己有清楚的认识、保持敏感、拥有合适的**视角**(perspectives)以及相应的技能，这样才能在面对各种各样的来访者时有能力处理会谈中的文化问题。

3. 会谈者在新的专业领域工作前，先要由有能力的同行对其进行恰当的教育、培训、咨询以及督导，然后才能在该领域提供服务。

4. 在培养新领域的工作技能时，会谈者应该负起责任，采取措施确保自己具备工作能力，保护来访者，使其免受伤害。

5. 当来访者的问题超出了会谈者的专业技能，会谈者应将其转介给其他具备相关知识和技能的会谈者。

6. 会谈者应该接受继续教育以获得并保持他们的能力。

2.74

你是一家中等规模法律事务所的律师，你的工作领域是刑事诉讼。在你住的街道里有一个人，你有点面熟。他要求见你，现在正在你的办公室里和你会谈。

会谈者：你可以告诉我，你找我有什么事吗？

来访者：嗯，我不知道从哪里开始说起。最近，我妻子和我为很多问题经常吵架，我两个孩子对此非常不安。我开始考虑和我妻子分居。我在想，法律上应该怎么办？

会谈者：你是想知道和妻子分居涉及哪些法律步骤吗？

来访者：是的，你能帮助我吗？

会谈者：我很想帮助你，但是婚姻家庭法不是我工作领域，我可以帮你安排一个我们事务所的婚姻家庭律师，或者我可以给你推荐一两个其他律师事务所的婚姻家庭律师。你觉得哪个办法好？

来访者：我相信你们公司的律师就能帮助我。

文献来源

American Bar Association. (2013). *Model Rules of Professional Conduct*. Rule 1.1.

American Counseling Association. (2014). *ACA Code of Ethics*. C.2.a, C.2.b, C.2.f (pp. 8–9).

American Nurses Association. (2001). *Code of Ethics for Nurses with Interpretive Statements*. 5.2.

American Psychological Association. (2010). *Ethical Principles of Psychologists and Code of Conduct*. 2.01, 2.03 (pp. 4–5).

Evans, D. R., & Mac Millan, C. S. (2014). *Ethical reasoning in criminal justice and public safety* (4th ed.). Toronto: Emond Montgomery.

National Association of Social Workers. (2014). *Code of Ethics*. 1.04, 1.05, 4.01.

▶ 复习问题 41

判断以下陈述是否正确。

1. 好的会谈者会始终保持专注的眼神接触。

2. 在会谈中,要尽快为来访者的问题提供解决方案,这一点非常重要。

3. 有能力的会谈者不会对短暂的反思性沉默感到不安。

4. 会谈者的姿势专业、放松、彬彬有礼,传递了他对来访者的热情和尊重。

5. 会谈中,当会谈者暂时感到迷失方向时,讨论一下来访者刚讲述过的内容通常是一个不错的主意。

6. 相对于非言语线索,有能力的会谈者通常更关注言语线索。

答案在本章结尾处。

▶ 记忆要点:贯注行为

1. 眼神接触:

a. 表明你在关注来访者正在讲述的内容。

b. 应该自然,符合文化习俗。

c. 在讨论中断或一方正在思考时最有可能要做出调整。

d. 能够表示理解并且提供反馈。

2. 身体姿势: 42

a. 应该自然、专注、放松,表达出兴趣。

b. 动作应该轻松自然。

c. 面部表情应适合于讨论的内容。

3. 言语回应:

a. 应该有温和而富有表现力的语调,语速适中,表达出沟通参与。

b. 紧随来访者的话进行回应。

c. 不应改变话题或打断来访者的话。

d. 当正在讨论的话题谈完的时候，应该谈论来访者之前讲述内容的某个方面。

e. 应该考虑到言语（内容和语调）和非言语行为（目光、动作和其他肢体反应）以及来访者的文化。

4. 沉默：

a. 可以出现，因为来访者常常需要时间思考。

b. 常常是一种积极的交流方式。

c. 得不到会谈者回应的次数不应该过多。

▶ 2.1　活动单元

和另外两个已经阅读过本章内容的人一起，进行简短会谈的角色扮演。你们轮流扮演来访者、会谈者和观察者的角色。在本练习的简短会谈中，会谈者的回应不超过五次。使用录音/录像设备对每次简短会谈进行记录。

会谈者角色　练习在应对来访者时保持恰当的眼神接触、合适的声音和贯注性的姿势，并做出言语回应。

来访者角色　和会谈者合作，为会谈者练习提供足够的信息。你可以扮演一个有问题需要解决的朋友或者家人，也可以扮演下列角色之一：

1. 某年轻人，其父母分居。
2. 某个不确定选择什么职业的学生。
3. 某居民，对小区噪声水平感到不安。
4. 某职员，因迟到而被解雇。

观察者角色　操作录音/录像设备，完成会谈练习检查表。（见表 2.2）

43　*表 2.2　会谈练习检查表*

	会谈者回应[a]				
活动	1	2	3	4	5
眼神接触					
面部表神					
动作/姿势					
语调/语速					
言语回应					

[a] 如果会谈者的行为（眼神接触、面部表情等）恰当，在单元格打√；如果不恰当，将单元格空着。

会谈后讨论　参与者利用会谈记录和会谈练习检查表的数据来讨论会谈者的表现。所有参与者都要从讨论中学习，讨论应该是客观的，既要关注有效的回应，也要关注不太有效的回应，并鼓励所有人完善会谈表现。有些人将反馈视为批评，因此很难做出反馈。将反馈视为一种学习技巧的机会更恰当一些。这种机会让参与者可以从他们的错误中学习，成长为熟练的会谈者。

▶ 2.2　活动单元

使用**活动单元** 2.1 中的会谈记录或者其他会谈练习的录音/录像记录，在下面"原来的回应"的空格处写下这些练习中的会谈回应。然后做出更好的回应替代它们，写在"更好的回应"的空格处。

原来的回应 1____

____

____

更好的回应____

____

____

原来的回应 2____

____

____

更好的回应____

____

____

原来的回应 3____

____

____

更好的回应____

____

____

原来的回应 4

更好的回应

44 原来的回应 5

更好的回应

▶ 2.3　活动单元

小组练习　当首次开始练习单项技巧的时候，一想到用录音/录像来听/看你的回应，你可能有点紧张，你知道别人会拿你的回应作比较，以做出“更好的回应”。有时候，小组会谈练习可以缓解这种初期练习的紧张感。练习时，一位成员主动在大家面前扮演来访者，其他成员轮流或自愿扮演会谈者，尽可能对会谈进行回应，以便讨论。尽管这种小组活动能够帮助你克服初期的焦虑，本书还是要鼓励你进行简短的个体角色扮演，并和小组其他成员一起评估你在会谈中的回应。记住，你是在学习新的行为，学习不是瞬间能完成的。显性或隐性的练习是必要的。使用小组练习模式时：

1. 选择一名成员主动扮演来访者角色，并按照**活动单元** 2.1 中来访者的角色要求去做。

2. 组成一个/几个小组，小组成员轮流或自愿扮演会谈者；按照会谈者的角色要求做，尽可能地做出回应。

3. 使用会谈练习检查表作为参考，讨论回应的有效性。

▶ 2.4　活动单元

请一位朋友、同伴或者家人讲述一个事件、冲突或问题。你的任务是仔细倾听他/她的叙述，然后尽可能准确地将所述内容向他/她转述。和同伴、朋友或家人讨论你回应的准确性，以及你倾听行为的良好程度。

▶ 复习问题答案

1. **错误**。如果你的答案是“正确”，请回到 2.9 进行复习。
2. **错误**。如果你的答案是“正确”，请回到 2.21 进行复习。
3. **正确**。如果你的答案是“错误”，请回到 2.61 进行复习。
4. **正确**。如果你的答案是“错误”，请回到 2.13 进行复习。
5. **正确**。如果你的答案是“错误”，请回到 2.45 进行复习。
6. **错误**。如果你的答案是“正确”，请回到 2.57 进行复习。

如果你的回应中有三个及以上的答案不正确，请回到 2.1，再次学习本章内容。

第三章

提问

47 本章旨在帮助你掌握促进沟通的有效提问方式。为了进行有效提问，你需要掌握**开放式**(常指无固定答案的)**问题**(open questions)、**封闭式**(或者有固定答案的)**问题**(closed questions)，以及**最小鼓励**(minimal encouragement)三个方面的知识。学完本章后，你将能够：

1. 在会谈中，设计并使用开放式问题。
2. 使用适合于讨论的开放式问题。
3. 在会谈中，设计并使用封闭式问题。
4. 使用适合于讨论的封闭式问题。
5. 识别应该避免的提问方式。
6. 给予最小鼓励。
7. 使用适合于讨论的最小鼓励。

会谈者使用开放式问题鼓励来访者更加自由、更加开放地谈论他们的状况、想法和情感。开放式问题可用于开启会谈，鼓励来访者提供更多的信息，请来访者提供具体的例子来说明其问题或担心的事情。封闭式问题则是用“是”“不是”或者简短事实
48 来回答，用于收集缺失的信息或具体事实，确定问题的涉及范围，以及应对那些因过于健谈而在会谈中东拉西扯的来访者。恰当的提问能够促进讨论；反之，不恰当的提问则可能会干扰并阻碍讨论的开展。会谈者用最小鼓励向来访者表明，他们在倾听来访者的讲述，并鼓励来访者继续讲下去。最小鼓励包括简短的词语(“是的”“继续”

和“还有呢”），声音（“嗯”“噢”，等等）和非言语行为（点头和类似动作）。有效提问回应的定义和例子见表 3.1。

表 3.1　提问回应类型

回应类型	定　义	举　例
开放式问题	回答包含的内容更详细，不只是“是的”“不是的”或者陈述简单事实。	你今天来有什么事情吗？能给我多讲讲你工作中的问题吗？
封闭式问题	可以用“是的”“不是的”或者简单的事实来回答。	你多大了？你结婚了吗？
最小鼓励	表明你在倾听并鼓励来访者继续讲下去。	继续，嗯，所以，对的。

本章对开放式问题和封闭式问题进行了定义，论述了开放式问题的各种形式，探讨了会谈中开放式问题和封闭式问题的相对重要性，探究了适合使用开放式问题和封闭式问题的情境。在讨论应该避免哪些提问方式之后，本章分析了如何使用最小鼓励。

本章内容聚焦于一个婚姻咨询师做的两次会谈中的部分内容。来访者是一名男性，来讨论他充满压力的婚姻。请阅读 3.1，开始学习。

3.1

来访者参加会谈，加入讨论。会谈者的任务是进行结构化，促进讨论的开展，方法之一是使用开放式问题。

开放式询问，通常指无固定答案的问题，一般要求详细、深入地回答，回答内容不仅仅是“是的”“不是”，或者简短事实。相反的，封闭式问题则要用“是的”“不是”，或者简短事实进行回答。

来访者：我的婚姻出问题了。

选择最恰当的回应。

会谈者：你结婚多长时间了？（请阅读 3.2）　49

会谈者：你能跟我说说这些问题吗？（请阅读 3.3）

会谈者：你还和妻子生活在一起吗？（请阅读 3.4）

3.2　你的回应：　你结婚多长时间了？

这个封闭式问题要求用一个简单事实进行回答，打断了来访者的讲述。开放式问题则在结构化上限制较少，并鼓励讨论。请回到 3.1，再次选择。

3.3　你的回应：　你能跟我说说这些问题吗？

正确。这个开放式问题鼓励来访者继续讨论。开放式问题常常有利于深入探讨问题。请阅读 3.5。

3.4　你的回应：　你还和妻子生活在一起吗？

这个封闭式问题要求用“是”或“不是”做出回答，妨碍了来访者的叙述。此刻，使用开放式问题更好。请回到 3.1，再次选择。

3.5

在进行有效提问之前，你必须仔细倾听来访者讲述的内容。能否提出有用的问题取决于你能否关注到来访者在说什么。紧扣来访者回应进行提问能够让会谈双方更愿意合作。

来访者：我的婚姻现在很糟糕。我们总是吵架。我们甚至都不再和对方多说话。我对婚姻不满意。

选择最恰当的回应。

会谈者：你们为了什么吵架呢？（请阅读 3.6）

会谈者：你觉得怎样才能改变你的做法呢？（请阅读 3.7）

会谈者：你小时候家里的情况是什么样的？（请阅读 3.8）

3.6　**你的回应：**　**你们为了什么吵架呢？**

正确。这是一个开放式问题，表明你关注到了来访者在说什么。当你对当前话题进行开放式提问时，来访者将倾向于进一步讨论自己和目前的处境。请阅读 3.9。

3.7　**你的回应：**　**你觉得怎样才能改变你的做法呢？**

这是一个开放式问题，但是太仓促了。你对来访者不够了解，还不能开始寻求方法去解决他的问题。此外，你将谈话重点从他关心的事情转移到你想要解决问题的需要上了。请回到 3.5，再次选择。

3.8　**你的回应：**　**你小时候家里的情况是什么样的？**

这是一个开放式问题，但是偏离了来访者正在讨论的话题。如果你能保持话题不变，你对来访者会有更多的帮助。请回到 3.5，再次选择。

---

50 **3.9**

有四种常用的方法可以引入开放式问题。包含“什么”的问题常常会引出事实性信息。

来访者：我想我们为很多事情吵架，但我们吵架主要是因为我从不回家。

选择一个回应，让你能够收集关于来访者问题的事实性信息。

会谈者：你觉得你现在处境如何？（请阅读 3.10）

会谈者：你不在家时，你妻子做什么？（请阅读 3.11）

会谈者：是什么让你不回家？（请阅读 3.12）

3.10　**你的回应：**　**你觉得你现在处境如何？**

这是一个不错的开放式问题，但是它不会引导出你想要获得的事实性信息。请回到 3.9，再次选择。

3.11　**你的回应：**　**你不在家时，你妻子做什么？**

这个开放式问题跑题了，不会引导出关于来访者问题的事实性信息。把注意力放在来访者而不是其他人身上，这一点很重要。请回到 3.9，再次选择。

3.12　**你的回应：**　**是什么让你不回家？**

正确。这个开放式问题让你能够收集关于来访者问题的事实性信息。请阅读 3.13。

3.13

包含"怎样"的开放式问题通常会鼓励来访者对某个状况谈谈个人的或主观的看法。因此，这类问题被认为是"以人为导向"而不是"以事实为导向"。

来访者：我妻子总是担心钱，我要做两份工作才能付清账单，维持我们的生活。这就是说我要从早上 7 点钟一直工作到晚上 10 点钟。

选择回应，让你能够将会谈的重点放在来访者对自己现状的个人观点上。

会谈者：你要付什么样的账单？（请阅读 3.14）

会谈者：是什么让你觉得做两份工作那么糟糕？（请阅读 3.15）

会谈者：你对此有怎样的感受？（请阅读 3.16）

3.14　**你的回应：**　你要付什么样的账单？

这是一个开放式问题，让你能够获得主要的事实性信息。选择一个"以人为导向"的开放式问题，即问题的重点是来访者本人及其对自己处境的反应。请回到 3.13，再次选择。

3.15　**你的回应：**　是什么让你觉得做两份工作那么糟糕？

这是一个**引导性问题**（leading question）。它暗示了来访者应该接受你的价值观。此外，这个回应并不鼓励来访者思考他自己对当前处境有什么反应。请回到 3.13，再次选择。

3.16　**你的回应：**　你对此有怎样的感受？

正确。这个开放式问题将会谈的重点放在来访者本人和他的感受上。这个回答是"以人为导向"的而不是"以事实为导向"的。请阅读 3.17。

3.17

会谈者通常用"能否""你有没有可能"或者"你能不能"等短语提出开放式问题。这类问题鼓励来访者做出详细的回答，让来访者做出回应时有一定的灵活性，因此也让来访者担负起参与讨论的责任。 51

来访者：我很生气。我一直在工作，可我回到家时，老婆说让我不要回家。

选择回应，能让来访者有机会最大限度地参与会谈。

会谈者：你能否给我举个例子描述一下这样的情况？（请阅读 3.18）

会谈者：你很生气，然后你做了什么？（请阅读 3.19）

会谈者：这是生气的正当理由吗？（请阅读 3.20）

3.18　**你的回应：**　你能否给我举个例子描述一下这样的情况？

正确。这个开放式问题让来访者可以选择一个和他相关的事件并进行描述。请阅读 3.21。

3.19　**你的回应：**　你很生气，然后你做了什么？

这个开放式问题会引导来访者关注某个具体话题，而包含"能否""能不能"的开放式问题通常会鼓励来访者更多地参与。请回到 3.17，再次选择。

3.20　**你的回应：**　这是生气的正当理由吗？

这个问题既是评价也是引导，严重限制了来访者参与讨论的能力。你向来访者暗示他的观点不正确，但你并没有充足的信息去证明这一点。请回到 3.17，再次选择。

3.21

包含短语"为什么"的开放式问题是本章讨论的最后一种类型。许多技巧熟练的会谈者常常避免使用这种类型，因为此类开放式问题有时会变成一种指责，让来访者产生防御心理。

来访者：比如说，昨天晚上，我一进门，我妻子就开始抱怨。我很累，真的不想听她抱怨。毕竟，我也有怨气。

选择最恰当的回应。

会谈者：你为什么会有那样的反应呢？（请阅读 3.22）

会谈者：你能帮我理一下思路吗？她的抱怨里有什么让你感到心烦？（请阅读 3.23）

会谈者：你知道自己为什么不愿听她抱怨吗？（请阅读 3.24）

3.22　你的回应：　你为什么会有那样的反应呢？

这个开放式问题可能暗示来访者不该做出当时的反应，这会让他产生防御心理。请回到 3.21，再次选择。

3.23　你的回应：　你能帮我理一下思路吗？她的抱怨里有什么让你感到心烦？

正确。这个开放式问题允许来访者讨论他的问题，但不会让他产生防御心理。这将有利于当前讨论继续展开。请阅读 3.25。

3.24　你的回应：　你知道自己为什么不愿听她抱怨吗？

这个封闭式问题表明你没有关注到来访者的最后一句话。因此，他可能产生防御心理，退出与你的互动。请回到 3.21，再次选择。

---

52 **3.25**

在技巧高明的心理会谈中，开放式问题通常比封闭式问题更重要。开放式问题给来访者提供机会引入相关话题，而封闭式问题则限制了来访者引入话题的机会。

来访者：可能是她的时间选择。首先，接二连三地每个晚上都抱怨不休；其次，在她开始抱怨之前，她从不给我时间休息一下。

选择最恰当的回应。

会谈者：你认为她没有权利这样做吗？（请阅读 3.26）

会谈者：如果你做了她要求做的事情，她会停止吗？（请阅读 3.27）

会谈者：她开始抱怨时，你想要做什么？（请阅读 3.28）

3.26　你的回应：　你认为她没有权利这样做吗？

这是一个封闭式问题。你在问来访者一件你想知道的事情，引他偏离了他自己的思路，这表明你对他刚才所说的事情没有兴趣。记住，当你问开放式问题时，来访者才有机会告诉你想探讨的事情。请回到 3.25，再次选择。

3.27　你的回应：　如果你做了她要求做的事情，她会停止吗？

这个封闭式问题表明你对来访者缺少兴趣，转换了他正讨论的话题。开放式问题让来访者在会谈者支持下可以探讨他/她关心的问题。请回到 3.25，再次选择。

3.28　你的回应：　她开始抱怨时，你想要做什么？

正确。这个开放式问题允许来访者引入并讨论相关信息。请阅读 3.29。

3.29

在会谈中，提出的问题应该为会谈者引出相关信息，帮助来访者探讨并澄清他或她关心的事情。开放式问题兼具这两种功能；封闭式问题常常只具有第一种功能。

来访者：　实际上，我有两个反应。要么我想朝她吼，告诉她并不是只有她一个人觉得累、觉得受够了；要么我想转身离开，直接走出家门。

选择最恰当的回应。

会谈者：　有这种感觉时，你心里是怎么想的？你能帮我理解这一点吗？（请阅读 3.30）

会谈者：　当你朝她吼的时候，她也朝你吼吗？（请阅读 3.31）

会谈者：　你有没有真的走出过家门呢？（请阅读 3.32）

3.30　**你的回应：**　有这种感觉时，你心里是怎么想的？你能帮我理解这一点吗？ 53

正确。这个开放式问题紧扣来访者关心的事情。这个回应可以让你收集信息，帮助来访者探讨并澄清他的问题。请阅读 3.33。

3.31　**你的回应：**　当你朝她吼的时候，她也朝你吼吗？

这个封闭式问题可以用“是”或“不是”来回答。因此，它带来的信息很少，阻碍了来访者探讨并澄清他的状况。请回到 3.29，再次选择。

3.32　**你的回应：**　你有没有真的走出过家门呢？

这个封闭式问题几乎没有提供任何信息。设计你的问题，帮助来访者探讨并澄清他的问题。请回到 3.29，再次选择。

3.33

如果允许来访者按照自己的方式来讲述自己的事情，心理会谈就会让他们觉得更舒服，也更满意。由于这个原因，使用开放式问题常常让来访者放松，而重复使用封闭式问题会让来访者觉得心浮气躁。

来访者：　我的胃纠结成一块。我紧攥拳头，甚至咬紧牙齿。

选择最恰当的回应。

会谈者：　你以前有过因为内心情绪太强烈而生病的情况吗？（请阅读 3.34）

会谈者：　你打过你妻子吗？（请阅读 3.35）

会谈者：　我想知道你是怎么理解自己的情绪反应的？（请阅读 3.36）

3.34　**你的回应：**　你以前有过因为内心情绪太强烈而生病的情况吗？

这个封闭式问题可能分散来访者注意力，让他生气。尝试用提问来获取这个信息。提出的问题要让来访者放松，允许他更加开放地交流。请回到 3.33，再次选择。

3.35　**你的回应：**　你打过你妻子吗？

这个回应是封闭式问题。尽管在会谈后期，获取这个信息对你很重要，但是现在提出这个问题打断了来访者的叙述。此类打断常常会让来访者生气。请回到 3.33，再次选择。

3.36　**你的回应：**　我想知道你是怎么理解自己的情绪反应的？

正确。这个开放式问题允许来访者和你继续讨论他的问题。因此他可能觉得更加舒服，更加投入，也能从会谈中收获满足感。请阅读 3.37。

54 **3.37**

开放式问题在很多会谈情境中都很有用。例如，它们可以帮助来访者更详细地探讨他们关心的问题，帮助来访者将**抽象的**(abstract)、模糊的问题转变成具体、清晰的问题，并帮助来访者澄清他们的观点、目的、提议和决定。

来访者：我常常觉得没有人真正关心我，即使有也不会是我妻子。我不得不一天到晚工作，没有人关心我有多么辛苦。他们认为我的用处就是拿钱回家。我希望我的妻子能够换个角度看看我的状况。

选择最恰当的回应。

会谈者：你能再说说这方面的情况吗？(请阅读 3.38)

会谈者：你拿回家的钱能足以证明你工作的价值吗？(请阅读 3.39)

会谈者：那些并不真正关心你的人是谁？(请阅读 3.40)

3.38 **你的回应：** 你能再说说这方面的情况吗？

正确。这个开放式问题让你能够帮助来访者，让他进一步详细陈述刚刚提及的观点，即，他想让他妻子换个角度看看他的状况。请阅读 3.41。

3.39 **你的回应：** 你拿回家的钱能足以证明你工作的价值吗？

你的回应是封闭式问题，只需要回答“是”或“不是”。在会谈的当下，开放式询问会帮助来访者详细描述并澄清他前面说过的话。请回到 3.37，再次选择。

3.40 **你的回应：** 那些并不真正关心你的人是谁？

这个封闭式问题会引出有限的事实性信息，不会鼓励来访者澄清他刚才表达的关于他妻子态度的观点。请回到 3.37，再次选择。

3.41

开放式问题能够引出解释特定行为的具体例子，可以帮助会谈者澄清来访者正在描述的事情。用这种方式使用开放式问题可以鼓励来访者更深入或更详细地解释他们的经历。

来访者：我想，至少我要感觉到，我做的那么多工作得到了理解，我妻子能认识到，为了这个家我做出了多么大的努力。

选择最恰当的回应。

会谈者：但是你和你妻子曾经过得很愉快，不是吗？(请阅读 3.42)

会谈者：为什么你妻子不理解你以及你所做的工作？(请阅读 3.43)

会谈者：什么样的事情能让你感觉得到了理解呢？(请阅读 3.44)

---

55 3.42 **你的回应：** 但是你和你妻子曾经过得很愉快，不是吗？

这是一个封闭式问题，你已经暗示了一个具体的答案。这个回应不允许来访者澄清他的状况。使用开放式问题，你更有可能获得关于来访者需求的具体信息。请回到 3.41，再次选择。

3.43 **你的回应：** 为什么你妻子不理解你以及你所做的工作？

这是一个开放式问题，但不是最恰当的回应。包含短语“为什么”的开放式问题常常让来访者生气，让他们产生防御心理。恰当的开放式问题允许来访者坦率地表达他们的观点和情感。请回到 3.41，再次选择。

3.44　**你的回应：**　什么样的事情能让你感觉得到了理解呢？

正确。这个开放式问题让来访者可以探索并澄清在目前的状况中他的具体需求是什么。

本次会谈继续以开放的方式讨论来访者的状况。在会谈结束时，会谈者和来访者同意再次见面，然后决定了咨询的恰当次数。请阅读 3.45，开始第二次会谈的学习。请阅读 3.45。

3.45

开放式提问可以开启会谈或引入新的讨论内容，是一种非常有用的方法。

来访者：(用询问的眼神看着会谈者，等待会谈开始)

选择最恰当的回应。

会谈者：上周的情况有所好转吗？(请阅读 3.46)

会谈者：今天你想谈点什么？(请阅读 3.47)

会谈者：你妻子上周怎么样？(请阅读 3.48)

3.46　**你的回应：**　上周的情况有所好转吗？

这个封闭式问题不能鼓励来访者继续讨论其问题。请回到 3.45，再次选择。

3.47　**你的回应：**　今天你想谈点什么？

正确。这个开放式问题鼓励来访者继续讨论他的问题。以这个问题开始会谈，你让来访者可以从他觉得最相关的地方开始讨论。请阅读 3.49

3.48　**你的回应：**　你妻子上周怎么样？

虽然这是一个开放式问题，但关注重点是来访者的妻子而不是他本人。将会谈的焦点放在来访者身上才是重要的。请回到 3.45，再次选择。

3.49

本部分的重点是开放式问题，然而封闭式问题有时在获取精确信息方面很有用。封闭式问题也能让来访者聚焦于某一个具体的讨论点。有技巧的会谈者两种提问方式均会使用，但会尽可能地使用开放式提问。 56

来访者：我再也受不了在家里生活了。上周的一个晚上，我钻进汽车，感觉想要把车子撞得粉碎，结束一切。

选择最恰当的回应。

会谈者：对于你的状况，你打算怎么办？(请阅读 3.50)

会谈者：为什么不离开家呢？(请阅读 3.51)

会谈者：你真的试图自杀吗？(请阅读 3.52)

3.50　**你的回应：**　对于你的状况，你打算怎么办？

来访者提到两个重要事实。由于他暗示了自我伤害，问题变得严重了，确定他是否在考虑自杀就变得很重要。此时，封闭式问题可以帮助你迅速达到这一目的。如果来访者真的是想自杀，聚焦于他可能的自杀行为至关重要。如果来访者不是真的考虑自杀，那么聚焦于他想离开家的想法，会有更多的收获。不管是哪一种情况，你都可以再转回到开放式会谈的方式。请回到 3.49，再次选择。

3.51　**你的回应：**　*为什么不离开家呢？*

这是一个开放式问题，但是因为它听起来像建议，可能导致来访者产生防御心理。来访者提到想要自我伤害或者想要离开家，此时对你来说最重要的是判断，两个想法中哪一个是应该作为重点进一步讨论。你的回应表明，在从来访者那里获取进一步信息之前，你已经做了这个决定。此刻，封闭式问题能够帮助来访者给予你需要的信息。请回到3.49，再次选择。

3.52　**你的回应：**　*你真的试图自杀吗？*

正确。这个封闭式问题帮助你评估与来访者目前状态相关的风险程度。如果他的答案是“是”，你们应该讨论其自杀的想法。如果他回答“不是”，讨论他离家的想法就更合适。在任何一种情况下，你接下来都可以继续使用开放式问题。请阅读3.53。

3.53

在心理会谈的某些时刻，封闭式问题是有用的。然而，不要接二连三地进行封闭式提问。不断使用封闭式问题会让来访者感受到压力，让他们觉得像是在接受审讯。同时，如果提出封闭式问题，要准备好接下来如何回应，以便让来访者更好地参与讨论。

来访者：不，不是那样的。我不会自杀的。

选择最恰当的回应。

57 会谈者：那你能和我说说你要离开家的想法吗？（请阅读3.54）

会谈者：那么，你并没有伤害过自己喽？（请阅读3.55）

会谈者：那么，当时你不是真的要自杀，是吗？（请阅读3.56）

3.54　**你的回应：**　*那你能和我说说你要离开家的想法吗？*

正确。这个开放式问题让来访者可以自由地讨论他目前的状况。请阅读3.57。

3.55　**你的回应：**　*那么，你并没有伤害过自己喽？*

这个封闭式问题表明，你对来访者的回应不满意，或者你不相信他。这是第二个封闭式问题了，可能会给来访者一种正在被盘问的感觉。请回到3.53，再次选择。

3.56　**你的回应：**　*那么，当时你不是真的要自杀，对吗？*

你的假设不能鼓励来访者讨论他目前充满压力的状况。你之前已经用了一个封闭式问题作为对来访的回应，如果你想要让来访者接下来更多地参与讨论，你现在需要的是一个更加开放的回应。请回到3.53，再次选择。

3.57

有效使用开放式问题和封闭式问题能够带来对参与双方都有意义的心理会谈。然而在会谈中，也有可能会误用这一技巧。重点是，你一次只能问一个问题。如果会谈者一次问几个问题，来访者可能会迷惑不解，不确定该回答哪个问题。

来访者：就我个人而言，我对如何维持这段婚姻感到无能为力，所以我猜我最好离开。但是从另一方面来看，我应该留下来。

选择最恰当的回应。

会谈者：是什么让你觉得你应该留下来？如果你离开了，你会怎么过？（请阅读 3.58）

会谈者：你做决定时，考虑了哪些要点？（请阅读 3.59）

会谈者：如果你离开了，你会怎么过？会住公寓还是搬去和朋友一起住？（请阅读 3.60）

3.58 **你的回应：** 是什么让你觉得你应该留下来？如果你离开了，你会怎么过？
你第一个开放式问题是恰当的，但是当你接着问第二个问题后，第一个问题的作用就没有了。两个以及两个以上的问题会让来访者迷惑不解。请回到 3.57，再次选择。

3.59 **你的回应：** 你做决定时，考虑了哪些要点？
正确。一个开放式问题会帮助来访者进一步探讨他的问题。请阅读 3.61。

3.60 **你的回应：** 如果你离开了，你会怎么过？会住公寓还是搬去和朋友一起住？
通常，一个开放式问题会因为后面紧跟一个封闭式问题而失去其潜在价值。不要一次问多个问题。请回到 3.57，再次选择。

3.61

当你的提问聚焦于来访者讨论的内容时，你就避免了提出引导性的问 58
题，不会将你的观点和**假设**（assumption）强加给来访者。

来访者：唉，如果我们能够解决钱的问题，我相信我妻子和我能够相处得很好。过去没有这些钱的问题的时候，我们过得挺好的。

选择最恰当的回应。

会谈者：你觉得合并贷款怎么样？（请阅读 3.62）

会谈者：你能说说你们在钱方面的问题吗？（请阅读 3.63）

会谈者：你过去要借很多钱吗？（请阅读 3.64）

3.62 **你的回应：** 你觉得合并贷款怎么样？
在会谈的任何时刻，这类引导性的问题都是不合适的。这个提问假定了来访者的问题只有一个解决方法。请回到 3.61，再次选择。

3.63 **你的回应：** 你能说说你们在钱方面的问题吗？
正确。这个开放式问题有助于讨论来访者目前的一个主要困难。请阅读 3.65。

3.64 **你的回应：** 你过去要借很多钱吗？
反复使用封闭式问题会引起来访者的防御心理，产生不利于开放讨论的气氛。请回到 3.61，再次选择。

3.65

最小鼓励向别人表明，你对他们正在讲述的内容感兴趣。一旦你问了一个问题（或使用其他的会谈技巧），就可以使用最小鼓励来促进来访者继续说下去。最小鼓励是一种**提示**（prompt），表明你正在倾听来访者的讲述，并且你希望他/她继续讲下去。

来访者：我们真的是入不敷出。上周我没有告诉你——我没办法说——我以前结过一次婚，我要支付抚养费。付完那些账单后，我们就没有多少钱过日子了。这给我带来另一个问题，我根本没时间和孩子在一起……并且……并且……

选择最恰当的回应。

会谈者：你有几个孩子？（请阅读 3.66）

会谈者：你喜欢你的孩子吗？（请阅读 3.67）

会谈者：嗯，嗯。（请阅读 3.68）

3.66　**你的回应：**　**你有几个孩子？**

来访者在告诉你他和子女之间的互动。他暂停一会儿是在整理思路。此刻，最小鼓励表明，你对他说的事情感兴趣，想让他继续讲下去。请回到 3.65，再次选择。

59　3.67　**你的回应：**　**你喜欢你的孩子吗？**

这个问题改变了话题，因此是个不恰当的回应。来访者正在告诉你他和子女之间的互动。他暂停一会儿是在整理思路。此刻，最小鼓励表明，你对他说的事情感兴趣，想让他继续讲下去。请回到 3.65，再次选择。

3.68　**你的回应：**　**嗯，嗯。**

正确。这个最小鼓励表明，你对他说的事情感兴趣，想让他继续讲下去。请阅读 3.69。

3.69

重复对话中的一两个关键词是最小鼓励的一种形式。其他最小鼓励的例子包括“哦”“所以”“然后”“嗯”“噢”“当然”“对的”“接着说”，等等。要点是，要变换着使用最小鼓励的方式，不要过度使用任何一种。

来访者：我真的想……，嗯，有时间和孩子们一起做事情。

选择最恰当的回应。

会谈者：他们想和你在一起吗？（请阅读 3.70）

会谈者：接着说。（请阅读 3.71）

会谈者：你有儿子还是女儿？（请阅读 3.72）

3.70　**你的回应：**　**他们想和你在一起吗？**

这个封闭式问题会将来访者的注意力从他正在讲述的内容转向你感兴趣的话题。此刻最小鼓励可以让来访者继续讲述他的故事。请回到 3.69，再次选择。

3.71　**你的回应：**　**接着说。**

正确。这个最小鼓励向来访者表明，你对他讲述的内容感兴趣，也很关注，你希望他继续讲下去。请阅读 3.73。

3.72　**你的回应：**　**你有儿子还是女儿？**

这个回应改变了话题，打断了来访者讲话。此刻，最小鼓励会让来访者继续讲述他的故事。请回到 3.69，再次选择。

3.73

现在你已经学完了提问技巧的全部教学内容。记住，在心理会谈中提出问题时，将问题的重点放在来访者而不是其他人身上，这一点很重要。在提出问题的时候，问一下你自己：你即将要问的问题能否帮助来访者。要谨记，提问不是为了满足你的好奇心。与一个糟糕的问题相比，有效提问会让来访者从不同的角度考虑事情，从而获得新的信息，产生新的观点。在同一次回应中，避免同时使用开放式问题与封闭式问题，因为这样做常常会妨碍来访者的探索。

▶ 文化考量 60

1. 在过去的20年里，人们逐渐达成共识：我们应该从多元文化角度去看待大部分心理会谈，而不仅仅把心理会谈当作是两个有明显不同和/或者有明显文化差异的人之间的互动。以下这两个欧洲裔美国会谈者就有着明显不同的文化背景：一个50多岁，家境富有，在大城市长大，有很强的罗马天主教传统；另一个19岁，来自农村，有福音教派背景，家人经常要靠社会救助。现在，会谈者必须同时看到来访者的相同点又要看到他们的不同点。会谈者需要同时强调来访者的共性和特性，正是这两者的结合让我们将一个人与另一个人区别开来。

2. 记住，在欧洲裔美国人的文化中，提问更多一些。

3. 非欧洲裔美国文化背景的来访者会觉得直接提问是入侵性的，不尊重别人。与来自这些文化的来访者进行会谈的时候，采用间接方式收集信息更为恰当，比如病史采集或者让来访者讨论他们的生活。

3.74

我们都是文化生物，生活经历给我们带来某些价值观，信念和期待。每个人的文化背景都是独特的。即使是在同一个家庭长大的两个人也有不同的生活经历，因此有不同的"微文化"。

当我们在心理会谈中碰到和我们不一样的人时，请记住，因为我们有不同的个人微文化，我们每一个人都是带着不同的眼镜在看待这个世界。在心理会谈过程中，我们可以通过帮助来访者理解他们的独特性及其文化背景的重要性从而鼓励他们参与会谈。

来访者：（与会谈者的种族、宗教信仰或社会经济阶层不同）我真的不喜欢这里。我是家里第一个上大学的人。我真的不明白。这里每个人看起来都比我有钱，有那么好看的衣服。我想我不该再读下去了。我的家人认为我早就应该待在家里找份工作了。

选择描述会谈者恰当行为的最佳回应。

会谈者：你能否和我说说你的家人？（请阅读3.75）

会谈者：你认为你被其他同学看不起吗？（请阅读3.76）

会谈者：现在，我听你讲了几件事。你是家里第一个上大学的人，你觉得你的家人质疑你正在做的事情，大学让你感觉很陌生。如果可以的话，你能给我讲一点关于你的家人、你的家乡以及你是如何到这里来上学的事情吗？（请阅读 3.77）

3.75 **你的回应：** 你能否和我说说你的家人？

这是一个比较安全的开放式问题。它可以帮助来访者聚焦关注点。但是，现在的主要问题看起来是来访者在校园里感到全身不自在。谈论他或他的家人固然重要，但是最好稍晚些再谈。包含“能否……？”的开放式问题让来访者有权选择回答或不回答。“能否……？”式问题有两种回答方式：(1) 这名学生（来访者）可以回答“不能”，表明他或她不想继续讨论这个话题；(2) 或者来访者可以选择不同方式，回答这个开放
61 式问题。（我们认为“能否……？”式提问是最为开放的，尽管“可否”和“能不能”非常接近“能否”）请回到 3.74，再次选择。

3.76 **你的回应：** 你认为你被其他的同学看不起吗？

这个封闭式问题看起来来自会谈者对来访者状况的**解释**（interpretation）。会谈者的**推测**（inference）可能是正确的，但在会谈早期，这句话说得太重。当会谈者的观点和问题代替了来访者的问题和想法的时候，所有的提问都有了风险。在会谈早期，提问最好都是开放性的：“你在其他同学身上看到了什么具体的事让你觉得不舒服？”“听起来你为上大学付出了特别的努力，是什么引导你来到这里（学习）的？”请回到 3.74，再次选择。

3.77 **你的回应：** 现在，我听你讲了几件事。你是家里第一个上大学的人，你觉得你的家人质疑你正在做的事情，大学让你感觉很陌生。如果可以的话，你能给我讲一点关于你的家人、你的家乡以及你是如何到这里来上学的事情吗？

正确。在这个开放式问题之前，会谈者做了概述，显示出他对来访者目前状况有基本的理解。这个会谈者选择让来访者大概讲述一下他如何上大学的故事。如果来访者用言语形式讲述，并和会谈者建立了良好的关系，会谈者会因此对来访者有很多的了解。另一方面，要求讲大概的情况对某些来访者而言可能要求太高了，一些更加具体的开放式问题，如在 3.76 小节末尾举出的那些例子，可能更恰当。

参考资料

Patterson, C. H. (1996). Multicultural counseling: from diversity to universality. *Journal of Counseling & Development*, *74*, 227–231.

Pederson, P. B. (2008). Ethics, competence, and other professional issues in culture-centered counseling. In P. B. Pedersen, J. G. Draguns, W. J. Lonner, & J. E. Trimble (Eds.), *Counseling across cultures* (6th ed., pp. 3–28). Thousand Oaks, CA: Sage.

▶ 伦理考量

在本章和下一章，我们将重点论述**知情同意**(informed consent)。在很多情况下，会谈者和来访者是在工作关系中进行互动的。工作关系建立在有效的知情同意的基础之上。获得知情同意包括两个重要因素：(1) 提供给来访者相关信息，包括会谈工作关系、来访者即将参与的会谈服务细节以及会谈预期结果等，这一点很重要；(2) 一旦你已经把信息提供给了来访者，就必须要获得来访者的同意，即同意进入约定的工作关系。在本章中，我们将考虑知情同意中提供信息这个要素，在下一章中我们将讨论获取同意的过程。

知情同意——提供信息 62

1. 在获取知情同意时，为了提供准确、完整、可理解的信息，会谈者使用的语言应清晰易懂、与来访者的成长阶段以及文化背景相适应，对即将提供的心理会谈服务以及心理会谈工作关系的性质给予解释说明。

2. 根据心理会谈服务的性质，提供的信息可能包括：

a. 会谈者和来访者的权利与责任(例如，会谈的时长与次数，会谈信息和会谈记录的披露条件)。

b. 即将提供的心理会谈服务的性质。

c. 与心理会谈服务相关的限制、潜在的风险和获益。

d. 其他合理的会谈服务方式以及它们相关的限制，风险和收益。

e. 任何和心理会谈服务条款相关的费用情况。

f. 来访者在任何时候都有拒绝或收回同意的权利。

g. 知情同意的时间期限。

3. 来访者应该有机会提问并得到答案。

3.78

你是一所大学咨询中心的咨询师。你和一名学生进行首次心理会谈。她因为对即将到来的考试感到焦虑而前来咨询。

会谈者：今天在会谈开始之前，我需要给你一些信息，让你了解一下我们的咨询服务，并且需得到你的同意，以便继续会谈。你觉得这样做可以吗？

来访者：可以的，我也需要知道包括哪些内容。

会谈者：在咨询服务中，我们为在大学生活中遇到困难的同学提供个人咨询。我被委派来和你会谈，做初始评估。我在这儿工作已经五年了。本服务最多允许为初始评估做三次会谈，全部免费。初始评估之后，如果需要进一步会谈，我需要在那时取得你的知情同意。你应该明白，你可以在任何时候拒绝继续会谈或者收回你的知情同意。关于初始评估，你还有什么问题要问吗？

来访者：没有了，我知道包括哪些内容了。我真的需要帮助。

文献来源

American Association of Marriage and Family Therapy. (2015). *Code of Ethics*. Standard I 1.2 (p. 3).

American Bar Association. (2013). *Model Rules of Professional Conduct*. Rule 1.0 (e).

American Counseling Association. (2014). *ACA Code of Ethics*. A2 (p. 4).

American Nurses Association. (2001). *Code of Ethics for Nurses with Interpretive Statements*. 1.4 (pp. 2–3).

American Psychological Association. (2010). *Ethical Principles of Psychologists and Code of Conduct*. 3.10 (pp. 6–7).

Evans, D. R. (2011). Informed consent. In D. R. Evans (Ed.). *Law, standards, and ethics in the practice of psychology* (3rd ed.). Toronto: Carswell.

National Association of Social Workers. (2014). *Code of Ethics*. 1.03 (pp. 5–6).

63

▶ 复习问题

下列是一张封闭式问题的列表。尽量使用不同类型的开放式问题，将列表中的每个封闭式问题改为开放式问题，写在另外一张纸上。然后将你的回应与本章结尾处给出的例子进行对比。

1. 难道你的父母不帮助你吗？
2. 你总是要争辩吗？
3. 你尽力帮过忙吗？
4. 你确定爱你的丈夫吗？
5. 你真的想离开家吗？
6. 你喜欢和那种人待在一起？
7. 你从没有过伴侣？
8. 你已经不再和你妻子吵架了吗？

9. 你不应该考虑一下你家人怎么想的吗？

10. 对于你的问题，你想过要做点什么吗？

▶ 记忆要点：提问

1. 关于开放式问题：

a. 提出的问题不能用“是”“不是”或简单事实回答。

b. 提出的问题要切题。

c. 包含“什么”的问题常常是事实导向的。

d. 包含“怎么样”的问题常常是以人为导向的。

e. 包含“能否”和“能不能”的问题常常在回应时灵活性最大。

f. 包含“为什么”的问题常常会引发防御性的情感，不推荐使用。

2. 提出开放式问题为了：

a. 给来访者更大的机会讲述他们的事情。

b. 收集信息，帮助来访者探索、澄清他们关心的事情。

c. 让来访者放松。

d. 开始进行会谈。

e. 有利于详细描述一个观点。

f. 引出一般状况的具体例子。

g. 开始新的讨论领域。

3. 在提出封闭式问题时：

a. 提出的问题可以用“是”“不是”或简单事实回答。

b. 提出的问题要切题。

4. 何时提出封闭式问题：

a. 一般而言，尽量少问。

b. 具体而言，当你需要得到缺失的信息或者需要得到对会谈进展而言很重要的信息时。

5. 应该避免的问题形式有：

a. 在同一次回应中问多个问题。

b. 引导性问题。

c. 盘问。

6. 做出最小鼓励时： 64

a. 使用“接着呢”“嗯”“对的”等提示用语。

b. 重复来访者先前陈述中的一些关键词。

c. 避免重复使用相同的最小鼓励，如“嗯，嗯”。

7. 使用最小鼓励是为了：

a. 鼓励来访者继续讲。

b. 表明你在关注。

▶ 3.1 活动单元

和另外两个已经阅读过本章内容的人一起，进行简短会谈的角色扮演。你们轮流扮演来访者、会谈者和观察者的角色。使用录音/录像设备对每次简短会谈进行记录。在本练习的简短会谈中，会谈者的回应最多不超过五次。

会谈者角色 练习使用开放式问题和最小鼓励，关注并聚焦于来访者交流的信息。在获取一个重要的具体信息点时，使用封闭式问题。

来访者角色 和会谈者合作，为会谈者练习提供足够的信息。你可以扮演一个有问题需要解决的朋友或者家人，也可以扮演下列角色之一：

1. 某人，纠结于是否开始一个锻炼项目。

2. 某人，纠结于是买房子还是继续租房子。

3. 某个担忧未来的人。

4. 某人，因为车被偷而心烦意乱。

观察者角色 操作录音/录像设备，完成会谈练习检查表。（见表 3.2）

表 3.2 会谈练习检查表

	会谈者回应[a]				
活动	1	2	3	4	5
保持话题					
开放式问题					
封闭式问题					
最小鼓励					
有效回应[b]					

[a]检查体现每个回应特点的活动。

[b]在表格中对回应的有效性从 1～5 进行 5 级评分，1 表示有效性最低，5 表示有效性最高。

会谈后讨论 参与者使用会谈记录和练习会谈检查表的数据，讨论会谈者的表现。所有的参与者都要从讨论中学习，讨论应该是客观的，既要关注有效的回应，也要关注不太有效的回应，并鼓励所有人改善会谈表现。有些人将反馈视为批评，因此很难做出反馈。将反馈视为一种学习技巧的机会更恰当一些。这种机会让参与者可以从他们的错误中学习，成长为熟练的会谈者。

▶ 3.2 活动单元 65

使用**活动单元** 3.1 中的会谈记录或者其他会谈练习的录音/录像记录，在下面"原来的回应"的空格处写下这些练习中的会谈回应。然后做出更好的回应替代它们，写在"更好的回应"的空格处。

原来的回应 1________________________________

____

____

更好的回应________________________________

____

____

原来的回应 2________________________________

____

____

更好的回应________________________________

____

____

原来的回应 3________________________________

____

____

更好的回应________________________________

____

____

原来的回应 4____

____

____

更好的回应____

____

____

原来的回应 5____

____

____

更好的回应____

____

____

66 ▶ 3.3　活动单元

小组练习

1. 选择一名志愿者扮演来访者角色，按照**活动单元** 3.1 中来访者的角色要求做。

2. 组成一个／几个小组，小组成员轮流或自愿扮演会谈者；按照会谈者的角色要求做，尽可能地做出回应。

3. 使用会谈练习检查表作为参考，讨论回应的是否有效。

记住，本活动对所有人而言都是一次小组学习经历，讨论应该是非评价性的，相互鼓励的。还要记住，你是在学习新的行为，学习不是瞬间能完成的。显性或隐性的练习是必要的。

▶ 复习问题答案

下列开放式问题会鼓励来访者更加详细地讨论某个状况或问题。

1. a. 你能告诉我，你父母对你的问题有什么反应吗？
   b. 你父母给予你的是什么样的帮助？
2. a. 你能更清楚地解释一下你们是如何互动的吗？

b. 对于这些情况，你们是如何回应的？

3. a. 你是怎样帮忙的？

   b. 你认为你的角色是什么？

4. a. 你对你丈夫的情感是什么样的？

   b. 你能说说你和丈夫之间的关系吗？

5. a. 对于离开家，你有什么感受？

   b. 在离开家这个问题上，你能否明确地告诉我，你的立场是什么？

6. a. 和那种人在一起，你有什么感觉？

   b. 和那种人在一起，你的反应如何？

7. a. 你能帮助我理解你对长期关系的感觉吗？

   b. 和伴侣在一起，你有什么感觉？

8. a. 你能描述一下你和你妻子之间目前的状况吗？

   b. 你和你妻子目前相处得怎么样？

9. a. 在这种情况下，你在多大程度上愿意考虑你的家人？

   b. 你家人的反应对你而言有多重要？

10. a. 你对改变自己的行为有多少兴趣？

    b. 在多大程度上，你愿意努力改变你的行为？

在把封闭式问题转换成开放式问题时，如果你在 3 个或 3 个以上的问题转换上遇到困难，请重新学习本章内容。

第四章

内容反映

67 本章旨在帮助你学习内容反映。在进行内容反映时,你可以对一句话进行**释义**(paraphrase),或者对很多句话进行**概述**(summarize)。学完本章后,你将能够:

1. 展示你可以在会谈中对来访者的陈述进行释义。
2. 说明释义的**依据**(rationale)。
3. 选定释义的时机。
4. 展示你可以对来访者的很多句话进行概述。
5. 说明概述的依据。
6. 选定概述的恰当时机。

内容反映是指会谈者仔细倾听来访者,对来访者讲述内容的**要点**(essence)用会谈者自己的语言更简洁地进行反馈。释义反映的是来访者刚刚讲述的内容。概述则反映了来访者很多句话的内容,涵盖的信息更多,时间也更长。释义的目的是
68 鼓励来访者更详细地讨论问题,并确保来访者和会谈者都理解心理会谈中所**沟通**(communication)的内容。概述则用于下列情形:将来访者谈话信息中的多个元素联系起来;识别一个/多个常见**主题**(theme),这个/这些主题在来访者很多陈述中出现过,或者在多次会谈中出现过;帮助来访者聚焦于问题而不是闲聊;调节会谈速度,保持节奏适中;回顾一次或多次心理会谈的进展。内容反映式回应的定义和目的参见表 4.1。

表 4.1　内容反映式回应类型

反应类型	定　　义	目　　的
释　义	对来访者刚刚说过的主要内容进行反映。	鼓励来访者更详细地讨论问题。确保来访者和会谈者都理解心理会谈中沟通的内容。
概　述	对来访者很多句话的要点进行反映，包含的信息更多，时间也更长。	为来访者叙述的内容提供一份简洁、准确、及时的概述。

重述来访者陈述的内容或重述来访者陈述中**认知部分**(cognitive aspects)的内容并不是"**机械模仿**"(parroting)，即重复来访者的原话，但是心理会谈学习者常常将两者混为一谈。当机械模仿出现时，会谈就会在原地打转，无法取得进展，而来访者也会感到不舒服，觉得很难继续交谈下去。因此，会谈者应该特别关注来访者谈话的要点，而不仅仅是谈话使用的词语和句子。

本章内容是在一家保险公司人力资源办公室进行的。来访者已婚，有一个女儿，是这家保险公司的员工，已经工作了 20 年。最近，他的工作表现越来越差，而此前他一直被视为是值得信赖、工作高效的员工。公司人事经理安排了这次会谈，讨论该员工的工作拖延问题和缺勤问题。请阅读 4.1。

4.1

为了反映来访者陈述的内容，会谈者要认真关注来访者说的话，然后对来访者话语中包含的主要观点进行释义。释义有时候会以一种疑问的语气反馈给来访者。

来访者：除了因为这个月我来晚了几次，我真不清楚为什么你今天要找我。

选择能最好地反映来访者说话内容的回应。

会谈者：我确定你知道我为什么要你来见我。(请阅读 4.2)

会谈者：你觉得你的"迟到"导致了很多问题。(请阅读 4.3)　69

会谈者：我们必须谈一谈你的迟到问题。(请阅读 4.4)

4.2　你的回应：　我确定你知道我为什么要你来见我。

这个回应没有认可来访者的陈述，它偏离了来访者的谈话内容，表明会谈者没有关注来访者在说什么。要尽力识别来访者陈述内容的要点。请回到 4.1，再次选择。

4.3　你的回应：　你觉得你的"迟到"导致了很多问题。

正确。在回应中，你没有改变来访者表达的意思，对沟通内容要点做出了释义。请阅读 4.5。

4.4　你的回应：　我们必须谈一谈你的迟到问题。

你的回应表明，你听到了来访者在说什么，但是显然偏离了来访者交流的内容，可能会增加他的焦虑。请回到 4.1，选择关注来访者主要想法的回应。

4.5

作为会谈者，你应该对来访者沟通内容的要点进行反映，不管要点出现在他/她回应的哪个部分。好的释义应该准确简洁。

来访者：哦，这是我担心的问题之一，我知道你们这些人关心出勤和按时上班。

选择能最好地反映来访者说话内容的回应。

会谈者：现在有不少问题让你烦恼。（请阅读 4.6）

会谈者：看起来你知道我是人事经理。（请阅读 4.7）

会谈者：那么，你知道公司关心你的出勤和按时上班喽。（请阅读 4.8）

4.6 你的回应： 现在有不少问题让你烦恼。

正确，这个内容反映紧扣来访者谈话的最主要部分，准确而简洁。请阅读 4.9。

4.7 你的回应： 看起来你知道我是人事经理。

这是一个不恰当的内容反映。来访者回应的要点不一定总在后一句话中。要关心来访者的问题，而不是他对你职位的了解。请回到 4.5，再次选择。

4.8 你的回应： 那么，你知道公司关心你的出勤和按时上班喽。

你在回应中机械模仿了来访者谈话中的最后半句，却忽视了他回应中包含的信息。虽然你的回应并非完全不合适，但不能帮助你或来访者深入探讨他的问题。你本应该关注来访者，但是相反，你的回应却专注于公司的利益。请回到 4.5，再次选择。

4.9

70 通过恰当的内容反映，你让来访者确信，你理解了他们的叙述。他人提供的释义有助于来访者思考他们真正的想法。

来访者：我想，我的所有问题都是家里的事情引起的。

选择能最好地反映来访者说话内容的回应。

会谈者：你的婚姻出问题了。（请阅读 4.10）

会谈者：你觉得，这些问题的根源是你家里遇到了麻烦。（请阅读 4.11）

会谈者：你好像不在意你在公司的地位嘛。（请阅读 4.12）

4.10 你的回应： 你的婚姻出问题了。

你的猜测过度了。你做出的这个内容反映超出了来访者所述内容的要点。他可能有很多家庭问题。在来访者告诉你之前，你假设你知道了他的问题是什么，这样做并不明智。如果来访者的婚姻没有问题，他可能会对你说的话做出消极反应。请回到 4.9，再次选择。

4.11 你的回应： 你觉得，这些问题的根源是你家里遇到了麻烦。

正确。你对来访者最后一句陈述做了准确的内容反映，向他确认你已经听到他说了什么，让他能够进一步思考自己的处境。请阅读 4.13。

4.12 你的回应： 你好像不在意你在公司的地位嘛。

你的回应没有向来访者表明你已经听到了他在沟通的内容。你忽视了来访者讲述内容的要点。请回到 4.9，再次选择。

4.13

内容反映在形式上可以是句子片段、简单句或复合句。内容反映在语法上要和来访者的陈述相似。

来访者：是的，是我女儿。她今年 15 岁，你知道的。我们和她相处很难。她整夜不回家。

选择能最好地反映来访者说话内容的回应。

会谈者：你的女儿是不是做过违法的事？（请阅读 4.14）

会谈者：我想你们和女儿之间早就有很多的问题了。（请阅读 4.15）

会谈者：你女儿整夜不回家这件事是主要问题。（请阅读 4.16）

4.14 **你的回应：** **你的女儿是不是做过违法的事？**

这是一个封闭式问题，它所针对的重点是来访者的女儿而不是来访者和他本人的问题。你的反映应该在语法上和来访者的陈述一致，因此，你应该使用陈述句而不是疑问句进行回应。请回到 4.13，再次选择。

4.15 **你的回应：** **我想你们和女儿之间早就有很多的问题了。**

你的猜测过度了，也改变了讨论的重点。讨论从当前来访者和女儿相处困难变成了过去他和女儿相处的经历。请回到 4.13，再次选择。

4.16 **你的回应：** **你女儿整夜不回家这件事是主要问题。**

正确。这个内容反映对来访者说的话进行了释义，与来访者陈述的时态一样，用了现在时。请阅读 4.17。

4.17

做内容反映时，重点强调来访者话语中的认知部分。 71

来访者：我妻子因女儿的事情心脏又不好了，她都已经发作过一次心脏病了。

选择能最好地反映来访者说话内容的回应。

会谈者：所以，你还担心妻子的健康。（请阅读 4.18）

会谈者：你确实很担心你的妻子。（请阅读 4.19）

会谈者：女儿对你妻子来说一定是个难题。（请阅读 4.20）

4.18 **你的回应：** **所以，你还担心妻子的健康。**

正确。这个内容反映聚焦于来访者话语中的认知部分——他对妻子健康的关心。继续阅读 4.21。

4.19 **你的回应：** **你确实很担心你的妻子。**

这是一个不错的回应。然而，要求你做的是内容反映。请回到 4.17，再次选择。

4.20 **你的回应：** **女儿对你妻子来说一定是个难题。**

尽管这个回应与来访者叙述内容有关，但转移了谈话重点。会谈从关注来访者的问题转移到关注他的妻子可能面临的问题。请回到 4.17，再次选择。

4.21

内容反映可以对心理会谈进行概述，把来访者很多句话的要点放到一起，这样做可以帮助来访者继续讨论。

来访者：我知道我的工作出问题了，但我该怎么办？

选择能最好地概述来访者到此刻为止说话内容的回应。

会谈者：你家里出了问题，这一点我理解，但我们这里能否集中谈谈你的出勤问题？（请阅读 4.22）

会谈者：现在，让我看看是不是理解了你的问题。你意识到你在工作中有困难，但按照你的理解，这些困难是和你家里的问题有关。（请阅读 4.23）

会谈者：看起来你发觉自己很难两者兼顾：一边要做好工作，让公司满意；一边又要去处理因为女儿以及妻子的健康状况导致的家庭问题。（请阅读 4.24）

4.22　**你的回应：**　*你家里出了问题，这一点我理解，但我们这里能否集中谈谈你的出勤问题？*

这个回应过于简单，也很唐突。来访者已经展示出三个问题，你应该鼓励他进一步对这些问题做开放式的讨论。好的概述会对来访者之前陈述内容中的各种主题予以同等关注，允许来访者选择进一步讨论的问题。请回到 4.21，再次选择。

4.23　**你的回应：**　*现在，让我看看是不是理解了你的问题。你意识到你在工作中有困难，但按照你的理解，这些困难是和你家里的问题有关。*

你关注的是你从自己角度看到的来访者的明显问题，而不是他真正面临的问题。请回到 4.21，再次选择。

4.24　**你的回应：**　*看起来你发觉自己很难两者兼顾：一边要做好工作，让公司满意；一边又要去处理因为女儿以及妻子的健康状况导致的家庭问题。*

正确。这个概述准确反映了来访者到目前为止在会谈中所讲述内容要点，有助于来访者继续参与会谈。请阅读 4.25。

---

72 **4.25**

在讨论个人情感时，来访者会觉得不安。准确的内容反映可以鼓励来访者，让来访者放心，不用害怕。

来访者：是的，但最主要的问题是我的女儿。我想她可能在随便和别人上床，而我却完全束手无策。

选择最恰当的回应（假设这个来访者很难和别人谈论他的感受）。

会谈者：听起来你似乎对这种状况感到绝望。（请阅读 4.26）

会谈者：那真是糟糕的情况。（请阅读 4.27）

会谈者：那么，你最关心的是怎样做才能帮助到女儿。（请阅读 4.28）

4.26　**你的回应：**　*听起来你似乎对这种状况感到绝望。*

这个回应关注了来访者的情感，但来访者还没有谈到自己的情感，你在此刻如此回应会让他觉得不安。如果来访者的确感觉到不安，他可能会断定自己对你说的内容太多了，也太快了，会觉得自己应该回避这个特定主题。请回到 4.25，再次选择。

4.27　**你的回应：**　*那真是糟糕的情况。*

这个回应关注了来访者的情感，但这里要求你假设来访者很难和别人谈论他的感受。只要来访者感到难以谈论感受，你就应该对内容进行反映。当来访者可以自在的谈论感受时，你再逐渐地让他注意到自己的情感。请回到 4.25，再次选择。

4.28　**你的回应：**　**那么，你最关心的是怎样做才能帮助女儿。**
正确。这个内容反映是对来访者最恰当的回应。请阅读 4.29。

4.29

通过内容反映，你和来访者沟通，让他知道你在倾听并尝试理解他所说的话。

来访者：是的。你看，我们已经尝试了各种办法。我们已经许诺，只要她同意留在家里，我们就给她东西。我们尽力不让她出门。我还能做什么呢？

选择能最好地反映来访者说话内容的回应。

会谈者：你尝试了很多方法，但都没有用。（请阅读 4.30）

会谈者：好吧，也许你的牧师能帮你。（请阅读 4.31）

会谈者：你觉得你应该做得更多。一定还有别的什么方法可以做。（请阅读 4.32）

4.30　**你的回应：**　**你尝试了很多方法，但都没有用。**
正确。这个内容反映表明，你在试着理解来访者传递给你的信息。如果这里有误解，你也给了来访者澄清自己所说内容的机会。请阅读 4.33。

4.31　**你的回应：**　**好吧，也许你的牧师能帮你。** 73
这个建议改变了话题，向来访者表明，你没有关注他正在说什么。请回到 4.29，再次选择。

4.32　**你的回应：**　**你觉得你应该做得更多。你一定还有别的什么方法可以做。**
这个内容反映忽视了来访者的谈话要点。他刚刚告诉你他试过要帮助女儿，但失败了。你的内容反映应该认识到这个事实，而不是轻视它。请回到 4.29，再次选择。

4.33

对会谈内容进行概述的主要目的是帮助来访者收集想法。来访者表达他们的想法时常常很随意。为了帮助来访者把担心的事情整理得有条理，会谈者做出的概述应该简洁、准确、及时。

来访者：我大发脾气，几乎要揍她。但我的妻子那么难过，我又开始担心她的心脏病。不管怎么样，我意识到发脾气不能解决任何问题。

选择能最好地概述来访者到此刻为止的说话内容的回应。

会谈者：所以，你工作问题的根源是你和女儿之间正在发生的问题。（请阅读 4.34）

会谈者：所以，你妻子的心脏病和你女儿滥交行为的问题，让你受到了很大压力，影响了你的工作能力，你正在寻求解决的办法。（请阅读 4.35）

会谈者：你意识到了自己的工作状态不如以前。你觉得你和女儿之间的问题导致了你的工作问题，也给你妻子带来了很大的压力。你女儿滥交行为越来越多，尽管你做了很多努力要控制她，她还是我行我素。（请阅读 4.36）

4.34　**你的回应：**　**所以，你工作问题的根源是你和女儿之间正在发生的问题。**
作为会谈者，你应该聚焦于来访者的主要问题。这个概述只反映了来访者讨论中的一小部分内容，也不能帮他将表述的内容组织起来。请回到 4.33，再次选择。

4.35　**你的回应：**　**所以，你妻子心脏病和你女儿滥交行为的问题，让你受到了很大压力，影响了你的工作能力，你正在寻求解决的办法。**

正确。你的回应简洁、准确、有条理。这将有助于来访者有条不紊地应对他的问题。请阅读 4.37。

4.36　你的回应： *你意识到了自己的工作状态不如以前。你觉得你和女儿之间的问题导致了你的工作问题，也给你妻子带来了很大的压力。你女儿滥交行为越来越多，尽管你做了很多努力要控制她，她还是我行我素。*

尽管这个内容反映包括了来访者谈论内容的要点，但是它零散又杂乱。概述应该简洁、有条理、直切重点。请回到 4.33，再次选择。

---

74 **4.37**

内容反映可以为会谈提供方向。

来访者：我想，在处理我女儿的问题时，我必须得寻求帮助了。我猜我们本来应该谈和工作有关的问题。

选择能最好地反映来访者说话内容的回应。

会谈者：我在想，你女儿是不是真的需要帮助。（请阅读 4.38）

会谈者：是的，这里你的工作问题应该是我们谈话的重点。（请阅读 4.39）

会谈者：你女儿的问题很重要，但你的工作问题也很重要。（请阅读 4.40）

4.38　你的回应： *我在想，你女儿是不是真的需要帮助。*

这个内容反映不准确，它把会谈关注的重点从来访者的担心转换到会谈者的想法上了。此外，这个回应只关注了来访者谈话中的一部分内容。当你做内容反映时，要专注于主题，这样会谈的方向才会清楚。请回到 4.37，再次选择。

4.39　你的回应： *是的，这里你的工作问题应该是我们谈话的重点。*

你忽视了来访者讲述内容中的一个重要部分——他的家庭问题。请回到 4.37，再次选择。

4.40　你的回应： *你女儿的问题很重要，但你的工作问题也很重要。*

正确。你对来访者的陈述做出的内容反映很简洁，让来访者清楚地知道了会谈的方向。请阅读 4.41。

4.41

内容反映让你可以检查并澄清你对来访者叙述内容的看法。在你能够帮助来访者之前，你需要理解他或她正在对你说什么。

来访者：嗯，自从发现女儿的问题后，我就花了更多的时间待在家里，我们在深夜的争吵越来越频繁。结果呢，我早上起不来，就迟到了。然后有些时候，我就不想来上班了。

选择能最好地反映来访者说话内容的回应。

会谈者：听起来似乎你已经对上班失去了兴趣。（请阅读 4.42）

会谈者：你和女儿的问题已经干扰到你的工作。（请阅读 4.43）

会谈者：似乎你妻子应该对家里发生的事情承担更多的责任。（请阅读 4.44）

4.42　你的回应： *听起来似乎你已经对上班失去了兴趣。*

这个回应没有对来访者的话进行释义。你是猜测（有可能是错误地猜测）他对工作失去了兴趣。请回到 4.41，再次选择。

4.43　**你的回应：**　你和女儿的问题已经干扰到你的工作。 75

正确。通过对来访者的叙述进行内容反映，你澄清了自己对他讲述内容的看法。如果你的看法不正确，来访者会以更准确的信息加以修正。如果你的看法是正确的，则会鼓励来访者更详尽地描述他的主要观点或想法。请阅读 4.45。

4.44　**你的回应：**　看起来似乎你妻子应该对家里发生的事情承担更多的责任。

这可能对也可能错。不管哪种情况，这个回应对来访者没什么帮助，因为他正努力告诉你他遇到的问题。你此时的责任是检查并澄清自己对来访者叙述内容的看法。请回到 4.41，再次选择。

4.45

内容反映应该和其他类型的会谈回应结合使用。过度使用内容反映会产生一种机械模仿效应，妨碍来访者的沟通。

来访者：是的。甚至当我尽力专心工作时，我发现我的注意力也会转移到我女儿的问题上去。最近，我丢了几个客户。有些客户的丢失是因为我不够投入。其他的客户……嗯，有时候我妻子打电话过来，我不得不取消预约，回到家里去。

选择能最好地表现恰当会谈行为的回应。

会谈者：(之前已经用开放式问题作为回应)即使你在上班，你的家庭问题也影响你正在做的工作。(请阅读 4.46)

会谈者：(之前已经做了很多的内容反映)即使你在上班，你的家庭问题也影响你正在做的工作。(请阅读 4.47)

会谈者：(已做了 5 分钟的内容反映)即使你在上班，你的家庭问题也影响你正在做的工作。(请阅读 4.48)

4.46　**你的回应：**　(之前已经用开放式问题作为回应)即使你在上班，你的家庭问题也影响你正在做的工作。

正确。你的回应表明你意识到了不能过度使用内容反映。请阅读 4.49。

4.47　**你的回应：**　(之前已经做了很多的内容反映)即使你在上班，你的家庭问题也影响你正在做的工作。

持续的内容反映会给来访者一个印象——你只是在机械地重复他所说的话。请回到 4.45，再次选择。

4.48　**你的回应：**　(已做了 5 分钟的内容反映)即使你在上班，你的家庭问题也影响你正在做的工作。

要促进你和来访者之间的沟通，就要将内容反映和其他类型的回应结合使用。请回到 4.45，再次选择。

4.49

对会谈内容进行概述是对来访者讲述内容中的重要主题进行**系统整合** 76
(systematic integration)，而不是机械地把很多事实堆积在一起，其重点是要细心聆听并准确回忆来访者谈话内容中的重要主题。概述有助于来访者回顾其已经叙述的内容，并激发他对讨论的主题进行彻底探讨。

来访者：就在前几天，我听说我最好的客户之一把他的保险业务转到了综合人寿保险公司。

选择能最好地概述来访者到此刻为止说话内容的回应。

会谈者：看来你工作拖拉，经常缺勤，不能专注工作，让公司损失了很多业务。(请阅读 4.50)

会谈者：看来现阶段你的家庭问题比工作更重要。(请阅读 4.51)

会谈者：你似乎感觉到了，你现在的家庭问题已经对你的工作造成了严重影响。(请阅读 4.52)

4.50　你的回应：**看来你工作拖拉，经常缺勤，不能专注工作，让公司损失了很多业务。**

在整个会谈过程中，来访者已经把他家庭问题和工作问题联系在一起了。这个回应向来访者表明，你听到的内容只有工作问题。因此，这个回应对来访者叙述内容的概述不准确，代表的只是你自己的观点，而不是来访者的观点。请回到 4.49，再次选择。

4.51　你的回应：**看来现阶段你的家庭问题比工作更重要。**

你在试图对来访者陈述内容的主要事实进行概述，但是你对这些事实的整合却导致对你对潜在主题做了错误释义。来访者已经表明，他关心他的业务能力，他也知道他的家庭问题和工作问题之间的关系。请回到 4.49，再次选择。

4.52　你的回应：**你似乎感觉到了，你现在的家庭问题已经对你的工作造成了严重影响。**

正确。这个概述简要回顾了来访者讲述内容中包含的主要想法，促进双方进一步探索来访者的问题，并为解决这些问题提供了帮助。请阅读 4.53。

4.53

你可以对本次会谈中的重要主题进行概述，从而有效地结束一次会谈。

来访者：说起业务，待会儿我有个预约。

选择能结束会谈的最佳回应。

会谈者：我想，你还是快去吧。看起来你很在意这次预约。(请阅读 4.54)

会谈者：我想，你还是快去吧。那你认为你的问题该怎么处理？(请阅读 4.55)

会谈者：我想，你还是快去吧。我们一起看一下……我们谈了你的家庭问题，讨论了这些问题对你的业务活动的影响，还讨论了你对解决这些问题的需求。下次见面时，我们或许可以接着这些地方继续讨论。(请阅读 4.56)

77　4.54　你的回应：**我想，你还是快去吧。看起来你很在意这次预约。**

此处，对来访者感受的关注可能会让他开始谈论工作预约而不是结束会谈。简要的概述既可以让双方共同回顾心理会谈涉及的主题，又可以为下次会谈做好准备，因此常常可以很好地结束本次会谈。请回到 4.53，再次选择。

4.55　你的回应：**我想，你还是快去吧。那你认为你的问题该怎么处理？**

来访者已经表示他有预约。作为人事经理，你应该意识到工作预约的重要性。你的回应应该是回顾并结束会谈。请回到 4.53，再次选择。

4.56　你的回应：**我想，你还是快去吧。我们一起看一下……我们谈了你的家庭问题，讨论了这些问题对你的业务活动的影响，还讨论了你对解决这些问题的需求。下次见面时，我们或许可以接着这些地方继续讨论。**

正确。这个简要的内容反映总结了会谈的要点并为下次会谈做好了准备。请阅读 4.57。

4.57

如果上次会谈后来访者遇到了一些新问题，你要先查明来访者想讨论的新问题，然后对上次会谈进行概述，指出此刻会谈的方向。

会谈者：上次会谈后，如果你遇到了什么特别大的难题，或许这次我们可以先来谈谈这些问题。

来访者：嗯，也没什么。一切和昨天都差不多。

选择能最好地开启本次会谈并给出会谈方向的回应。

会谈者：昨天，你谈到你家里的一些问题，以及它们对你工作的影响。你也谈起自己很想解决这些问题。（请阅读 4.58）

会谈者：我们昨天主要关注的话题是：你个人的问题已经开始影响你的工作。（请阅读 4.59）

会谈者：昨天，我们讨论了你家里的问题。你说你觉得女儿的问题很严重。那么“你女儿是否需要专业人士的帮助”这个问题就来了。（请阅读 4.60）

4.58 **你的回应：** 昨天，你谈到你家里的一些问题，以及它们对你工作的影响。你也谈起自己很想解决这些问题。

正确。这个概述简要、准确地回顾了上次会谈的内容，让来访者可以接着讨论。请阅读 4.61。

4.59 **你的回应：** 我们昨天主要关注的话题是：你个人的问题已经开始影响你的工作了。

这可能是你而不是来访者最关注的话题。你聚焦自己最关注的话题，曲解了来访者告诉你的内容。作为人事经理，如果你能准确的总结来访者表达的主要内容，就可以给他提供最大的帮助。只有当你理解来访者问题的本质时，你才有可能帮助他解决问题。请回到 4.57，再次选择。

4.60 **你的回应：** 昨天，我们讨论了你家里的问题。你说你觉得女儿的问题很严重。那么“你女儿是否需要专业人士的帮助”这个问题就来了。

你在来访者谈论的想法里加上了自己的想法。当你以概述形式进行内容反映时，要尽量做到准确。不要因为关注你自己的想法而增加或改变来访者的谈话信息。请回到 4.57，再次选择。

4.61

来访者说的话有可能很冗长、不着重点或者让人费解。在这种情况下，概述可以用来澄清来访者的叙述。 78

来访者：我姐姐带她女儿去见了她的家庭医生，医生和她谈了很久。

会谈者：你姐姐找到人帮忙了。

来访者：是的。我也不知道该不该和学校辅导员谈谈我女儿的问题。这也许是个好办法，但我也不知道。

会谈者：要知道该做什么还挺困难的。

来访者：住在马路对面的那个约翰还说什么送她进少管所，但这有点过分了。我不知道还有没有解决办法，也许我该把她送到洛杉矶我哥哥那里去住。

请选择最恰当的回应。

会谈者：肯定有其他办法。（请阅读 4.62）

会谈者：你姐姐带她女儿去见了家庭医生，所以你在想带你女儿去找找学校的辅导员看看。你邻居建议去少管所。而你想让哥哥给你帮忙。（请阅读 4.63）

会谈者：似乎你想了很多解决问题的办法，却又不能决定应该选哪个。也许我们可以分别对每一个办法进行讨论。（请阅读 4.64）

4.62　你的回应：

肯定有其他办法。

你无视来访者为解决问题所做的努力，你在暗示说他对这个问题考虑的不足，你没能帮他去研究他所想到的这些办法。请回到 4.61，再次选择。

4.63　你的回应：

你姐姐带她女儿去见了家庭医生，所以你在想带你女儿去找找学校的辅导员看看。你邻居建议去少管所。而你想让哥哥给你帮忙。

做内容反映时，切记要简洁、有条理，聚焦于来访者讲述内容的要点。就来访者已经告诉你的信息来说，这个内容反映有点杂乱，是机械模仿，没有表达出来访者叙述的要点。请回到 4.61，再次选择。

4.64　你的回应：

似乎你想了很多解决问题的办法，却又不能决定应该选哪个。也许我们可以分别对每一个办法进行讨论。

正确。这个概述有助于来访者识别其杂乱想法背后的含义，引导他到达会谈的下一阶段——探索备选方案阶段。概述能帮助来访者探索并设定目标。请阅读 4.65。

4.65

有效的内容反映包括各种导入性的句式结构。试探性地使用这些句式结构效果最好。如果你的反映正确，来访者一般会确认你的回应。如果你不够准确，来访者会给你提供更多具体的信息。下面是你可能会用到的各种句式结构：

- 看起来似乎……
- 我们来看一下我的理解是否正确……
- 我听到你说……
- 79 那么，发生的是……
- 现在，它……
- 如果我理解的不错，你已经开始……
- 看起来可能会……
- 你说的话给我的感觉是……
- 你是在告诉我……
- 你好像在说……

▶ 文化考量

1. 心理会谈和咨询都可以被视为道德行为。或许我们没有意识到，我们每个人都有一种由文化价值观和文化假设组成的“**道德观**”(moral vision)。这些文化价值观和文化假设影响着我们生活经验的形成，决定了我们看待自己以及看待他人时所采取的态度。道德观来自我们的**世界观**(worldview)。世界观由我们有意识或无意识的处世之道整合而成。处世之道指导着我们的行为、想法和情感。

我们很少考虑，我们的个人生活与文化历史是如何一直影响着我们形成关于"人"的概念，即生活中的人"是什么""应该是什么"以及"将会是什么"。我们的世界观巩固、支持着我们的决定。与世界观这一概念相关的例子有：个人主义和集体主义；将情感表达出来和将情感留在内心中；重视独立和重视对家人意愿的顺从；避免给建议和寻求建议；重视祖先和不重视祖先。

因此，说我们在心理会谈和咨询中能真正做到客观、中立或不持有价值观是不准确的。这个理解意味着会谈者需要围绕以下问题不断反思：会谈者需要承认自身的文化嵌入性，需要不断地澄清和质疑自身的道德观，需要努力去理解自身的道德观对其工作的影响，需要和别人讨论道德观的本质及其用处。

对所有心理会谈者、咨询师和治疗师而言，拓展道德观和世界观都是非常重要的。我们会不断受到挑战。我们不仅需要知道我们从哪里来，也更需要为改变和成长做好准备。

2. 当我们对来自其他文化背景的来访者做内容反映时，考虑他们的道德观、世界观以及对世界的认知是很重要的。你和来访者会在很多领域看法相左。你有时会向来访者学习或者和来访者一起学习，但心理会谈的一般目标是帮助我们的来访者拓展他们的世界观、思考能力，改善其行为举动。

内容反映，也称释义，展示着你关注、倾听和理解不同的道德观和世界观的能力。作为会谈者，你不必赞同，但尤其需要"理解"差异。

3. 当来访者用与你不同的方言说话时，或使用你不熟悉的**行业术语**(jargon)或**方言用语**(colloquialisms)进行交谈时，你要特别仔细地倾听并理解来访者要表达的内容。此外，来访者有时对语言或词语的意思会有不同理解。

4.66

假设你在和一个来访者会谈。来访者与你文化背景不同，来自特权群体，经常能获得你们这个群体享受不到的利益和好处。有些来访者的价值观和信念真的会"让我们火冒三丈"。我们常常需要帮助他们进行自我检查。但是，更明智的做法通常是我们在言语和非言语表达上保 80
持中立，仔细倾听他们的诉说，尽管听起来很不舒服。(在本书的后面章节，我们对此情况会建议一些其他做法，但是现在，让我们先专注于倾听和澄清技巧。)

帮助有些人会是一种挑战，因为他们的道德观和生活目标与我们不同，但是，保证心理会谈和咨询质量的**道德责任**(moral imperative)需要我们理解和重视他人叙述的内容。

约书亚：（说话时皱着眉头，傲慢、自大）法官让我到你这儿来。她说我的饮酒问题要在你这里咨询10次。我不明白为什么我非得到这里来。我爸妈都是城里最有名的人。这法官最终要为此付出代价。我打算就坐在这儿，让你一个人说到结束。

请选择对会谈者恰当的行为做出最佳描述的回应。

会谈者：嗯，你不得不待在这里，我的工作要求我和你做10次咨询。我们开始吧。（请阅读4.67）

会谈者：约书亚，听起来你对到这里来感到很受挫，你觉得考虑到你的身份，你不该被法官如此对待。（请阅读4.68）

会谈者：我听出来你的意思是，对你而言，和我谈话很可笑，你根本不想说话，对吗？（请阅读4.69）

4.67　**你的回应：** **嗯，你不得不待在这里，我的工作要求我和你做10次咨询。我们开始吧。**

这肯定不是内容反映。这个回应比较准确地反映了会谈者在此情形下通常会有的感受。学校或法庭的指定咨询通常会让来访者恼火。这个回应倒并不像第一眼看上去的那么糟糕。它坦白诚实，直面事实，但也为未来的工作设置了潜在障碍。理解让来访者恼火的详细原因更为重要。请回到4.66，再次选择。

4.68　**你的回应：** **约书亚，听起来你对到这里来感到很受挫，你觉得考虑到你的身份，你不该被法官如此对待。**

正确。这个回应与约书亚刚刚说的内容密切相关，是个相当准确的内容反映，会谈者在此情境中尽力保持中立，不带价值观偏向。请阅读4.70。

4.69　**你的回应：** **我听出来你的意思是，对你而言，和我谈话很可笑，你根本不想说话，对吗？**

约书亚刚刚讲述内容的言下之意已经很清楚了，但会谈者的回应超出了他实际表达内容的范围。这是你的解释，不是约书亚的实际表达的内容。回应时要尽力避免诱导来访者。请回到4.66，再次选择。

4.70

约书亚：好吧，至少你明白我为什么生气了。我就觉得法官是想拿我当靶子，吓唬别人。我看到别人做得事比我糟多了。我只是开车撞上了树，我又
81 没杀人。只不过因为我喝了点酒就把一个像我这样的人送到你面前来，这毫无道理。你知道我的家庭出身吗？——这种事情从不会发生在我们身上。

会谈者：听起来，出身名门给了你其他人没有的特权。你觉得你没做啥，法官和其他人迫害你，很不公平。（请阅读4.71）

会谈者：约书亚，我确实想理解你。你觉得来见我是被迫的，我也尊重这种感受。你习惯于看到你自己和你的家庭能掌控大局。我也听到你说喝酒、开车撞上了树没什么大不了的。在这一点上，我觉得我感受到你很受挫。同时，我们既然已经在这里了，我也想帮忙。你愿不愿意谈谈你的想法：为达到并尽量没有痛苦地去实现你的目标，我该怎么帮忙？此外，如果你想问我任何问题，请尽管问。（请阅读4.72）

	会谈者：	我常常得和你这样的人一起工作。你们觉得全世界都在调查你的案子，全世界都是不公平的。没关系。对于你和我而言，会谈都是不容易的，但是我们要充分加以利用。(请阅读 4.73) 上面三个回应都在某种程度上明智地应对了约书亚的特权感，但是每一个回应都有问题。
4.71	**你的回应：**	听起来，出身名门给了你其他人没有的特权。你觉得你没做啥，法官和其他人迫害你，很不公平。 这是一个比较好的回应，反映了约书亚刚刚表达的实际内容。但这样回应的危险在于可能会强化他没做什么错事或几乎没犯错的感觉。这个反映也能在当前谈话和以后更深入的谈话之间充当桥梁。
4.72	**你的回应：**	约书亚，我确实想理解你。你觉得来见我是被迫的，我也尊重这种感受。你习惯于看到你自己和你的家庭能掌控大局。我也听到你说喝酒、开车撞上了树没什么大不了的。在这一点上，我觉得我感受到你很受挫。同时，我们既然已经在这里了，我也想帮忙。你愿不愿意谈谈你的想法：为达到并尽量没有痛苦地去实现你的目标，我该怎么帮忙？此外，如果你想问我任何问题，请尽管问。 这个比较长的回应反映了重要的内容，即，至少在对来访者的某些理解上会令约书亚心存感谢。咨询师准确反映了来访者对饮酒并损坏汽车的叙述内容。这里不同的是，会谈者自我表露了他对来访者挫折感的共情。此后，我们看到了会谈者开始对会谈进行结构化，让对话尽可能变得平等。会谈者含蓄地承认了地位上的文化差异，但是清楚表明，愿意在法律系统规定的情境下一起合作。尽管这个回应很长，但对于最终建立信任关系很有用。每一个来访者都需要信任感，你可以用很多方式建立信任。
4.73	**你的回应：**	我常常得和你这样的人一起工作。你们觉得全世界都在调查你的案子，全世界都是不公平的。没关系。对于你和我而言，会谈都是不容易的，但是我们要充分加以利用。 82 这个回应，虽然在内容上简短、比较准确，但是的确可能会强化约书亚的消极态度。

参考资料

Christopher, J. C. (1996). Counseling's inescapable moral visions. *Journal of Counseling & Development, 75*, 17–25.

▶ 伦理考量

在上一章中，当你获得来访者的知情同意、与来访者建立专业心理咨询关系并为其提供服务时，我们检查了提供信息的程序。在本章中，我们将聚焦于获得知情同意的第二个要素：获取同意的程序。

知情同意——获取同意

1. 知情同意可能是由来访者**表达出来的**(expressed)或者**暗示的**(implied)。

通常来访者会以口头或书面的形式表达同意。如果来访者得到了心理会谈的通知并参与会谈，我们就认为来访者暗示了同意。

2. 当来访者没有能力提供知情同意时，会谈者还是要完成如下事项：

a. 为来访者提供适当解释。

b. 寻求来访者个人的赞成。

c. 考虑来访者的偏好和最大利益。

d. 从合适的第三方获得许可。会谈者要确保第三方的行为方式与来访者的意愿和利益一致。

3. 同意必须是**自愿的**(voluntary)，不可以用不实陈述或欺诈的方式获取同意。

4. 会谈者要对书面的或口头的同意、许可、赞成做恰当的记录。

4.74

继续上一章的场景：你已经给学生提供了可作为同意依据的信息，即将获得她的同意，着手做初次评估。

会谈者：那我们是不是可以接着做初始评估？

来访者：好啊，可以的。

会谈者：你可否告诉我，你想来和我谈些什么？

来访者：嗯，就是每次离考试时间越近，我就越紧张，很难为准备考试而学习。

一旦来访者完成第一次心理会谈离开后，会谈者要记录下该学生已用口头知情同意的方式开始初始评估，并为第一次会谈做记录。

---

83 ## 文献来源

American Association of Marriage and Family Therapy. (2015). *Code of Ethics*. Standard I 1.2 (p. 3).

American Bar Association. (2013). *Model Rules of Professional Conduct*. Rule 1.0 (e).

American Counseling Association. (2014). *ACA Code of Ethics*. A2 (p. 4).

American Nurses Association. (2001). *Code of Ethics for Nurses with Interpretive Statements*. 1.4 (pp. 2–3).

American Psychological Association. (2010). *Ethical Principles of Psychologists and Code of Conduct*. 3.10 (pp. 6–7).

Evans, D. R. (2011). Informed consent. In D. R. Evans (Ed.), *Law, standards, and ethics in the practice of psychology* (3rd ed.). Toronto: Carswell.

National Association of Social Workers. (2014). *Code of Ethics*. 1.03 (pp. 5–6).

▶ 复习问题

判断下列陈述是否正确。

1. 做内容反映时，准确重复来访者说的每一句话是很重要的。
2. 有效的内容反映让来访者确信他(她)的信息已被理解。
3. 频繁使用内容反映会导致机械模仿效应，阻止来访者沟通。
4. 当谈论感受让来访者觉得不安时，会谈者应该对内容进行反映。
5. 做内容反映时，会谈者应该关注来访者刚刚说过的话，因为这些话通常是最重要的。
6. 当来访者的话很冗长、不着重点或者让人费解时，进行概述是恰当的。
7. 概述时，会谈者必须囊括来访者谈论的所有话题。
8. 在会谈结束时不适合做概述。
9. 内容反映应该简洁明了，抓住来访者说话内容的要点。
10. 概述可以用来为会谈指出方向。

答案在本章结尾处。

▶ 记忆要点：释义

1. 做释义时：

a. 要重述来访者讲述内容中的主要观点。

b. 不要对来访者陈述内容的意思做添加或改变。

c. 要避免机械模仿来访者的话。

2. 释义： 84

a. 表明你在专注倾听并尝试理解来访者所说的话。

b. 有助于培养你和来访者之间的会谈工作关系。

c. 有助于核实你对来访者陈述内容的理解。

d. 有助于来访者明确他(她)的想法。

e. 为会谈提供方向。

3. 你可以做出释义的情况包括：

a. 当来访者因谈论感受而觉得不安时。

b. 当你要核实并澄清你对来访者叙述内容的理解时。

c. 当你向来访者表明你理解了他的话，而这一点恰好可以促进讨论时。

▶ 记忆要点：概述

1. 做概述时：

要系统整合来访者所说内容中的重要想法并进行重述。

2. 概述：

a. 为来访者的叙述内容提供简洁、准确、及时的综述，帮助他们重新整理想法。

b. 帮助来访者回顾所谈内容。

c. 激发彻底探讨对于来访者而言重要的议题。

d. 为会谈提供框架结构。

3. 你可以做出概述的情况包括：

a. 当来访者的话很冗长、不着重点或者让人费解时。

b. 当来访者陈述了很多不相关的想法时。

c. 想让会谈更具方向性和连贯性时。

d. 要从会谈的一个阶段转移到下一个阶段时。

e. 要结束会谈时。

f. 要通过回顾之前的会谈来开始新的会谈时。

▶ 4.1　活动单元

和另外两个已经阅读过本章内容的人一起，进行简短会谈（会谈者的回应不超过5个）的角色扮演。你们轮流扮演来访者、会谈者和观察者的角色。使用录音/录像设备对每次简短会谈进行记录。

会谈者角色　练习对来访者陈述的内容进行释义。最后一个回应应该概述来访者陈述的内容。

来访者角色　和会谈者合作，为会谈者练习提供足够的信息。你可以扮演一个有问题需要解决的朋友或者家人，也可以扮演下列角色之一：

1. 某人，工作或家事非常繁忙，没有时间参加并享受娱乐活动。

85 2. 某夫妻，两年前收养了一个孩子，目前正在重新考虑这个决定。

3. 某人，担心核扩散问题。

4. 某人，刚继承了一大笔财产，不知道怎么处理。

观察者角色　操作录音/录像设备，完成会谈练习检查表。（见表 4.2）

表 4.2　会谈练习检查表

	会谈者回应[a]				
活动	1	2	3	4	5
保持话题					
释义					
概述					
有效回应[b]					

[a]检查体现每个回应特点的活动。

[b]在表格中对回应的有效性从 1～5 进行 5 级评分，1 表示有效性最低，5 表示有效性最高。

会谈后讨论　参与者使用会谈记录和会谈练习检查表的数据，讨论会谈者的表现。所有的参与者都要从讨论中学习，讨论应该是客观的，既要关注有效的回应，也要关注不太有效的回应，并鼓励所有人改善会谈表现。有些人将反馈视为批评，因此很难做出反馈。将反馈视为一种学习技巧的机会更恰当一些。这种机会让参与者可以从他们的错误中学习，成长为熟练的会谈者。

▶ 4.2　活动单元

使用**活动单元** 4.1 中的会谈记录或者其他会谈练习的录音/录像记录，在下面“原来的回应”的空格处写下这些练习中的会谈回应。然后做出更好的回应替代它们，写在“更好的回应”的空格处。

原来的回应 1______________________________

____

____

更好的回应______________________________

____

____

原来的回应 2______________________________ 86

____

____

更好的回应______________________________________

____

____

原来的回应 3____________________________________

____

____

更好的回应______________________________________

____

____

原来的回应 4____________________________________

____

____

更好的回应______________________________________

____

____

原来的回应 5____________________________________

____

____

更好的回应______________________________________

____

____

____

▶ 4.3　活动单元

小组练习

1. 选择一名主动扮演来访者角色的人，按照**活动单元** 4.1 中来访者的角色要求做。

2. 组成一个/几个小组，小组成员轮流或自愿扮演会谈者；按照会谈者角色的要求做，尽可能地做出回应。

3. 使用会谈练习检查表作为参考，讨论回应的有效性。

记住，本活动对所有人而言都是一次小组学习经历。讨论应该是非评价性的，相互鼓励的。还要记住，你是在学习新的行为，学习不是瞬间能完成的。显性或隐性的练习是必要的。

▶ 复习问题答案 87

1. **错误**。如果你的回应是“正确”，请回到 4.1 复习。
2. **正确**。如果你的回应是“错误”，请回到 4.9 复习。
3. **正确**。如果你的回应是“错误”，请回到 4.45 复习。
4. **正确**。如果你的回应是“错误”，请回到 4.25 复习。
5. **错误**。如果你的回应是“正确”，请回到 4.5 复习。
6. **正确**。如果你的回应是“错误”，请回到 4.61 复习。
7. **错误**。如果你的回应是“正确”，请回到 4.49 复习。
8. **错误**。如果你的回应是“正确”，请回到 4.53 复习。
9. **正确**。如果你的回应是“错误”，请回到 4.33 复习。
10. **正确**。如果你的回应是“错误”，请回到 4.57 复习。

如果你的回应中有七个及以上答案不正确，你应该回到 4.1，复习本章内容。

第五章

情感反映

89 本章旨在帮助你掌握情感反映技巧。学完本章后,你将能:

1. 展示你可以识别来访者在会谈中表现出的情感,并用最恰当语言加以描述。
2. 用清晰界定来访者情感的语言来反映来访者的情感。
3. 陈述情感反映的依据。
4. 选定情感反映的恰当时机。

情感反映是指识别来访者的情感,并向来访者重新表述这一**情感成分**(affective component)。这些情感可能会在来访者直接表达的内容中找到,也可能会从来访者的非言语行为中或从来访者沟通交流的语境或内容中推测出来。会谈者进行情感反映有助于来访者更细致地进行情感探索,理解自己有时会隐藏起来的情感或者厘清自身复杂而难以理解的情感。表 5.1 展示了各种各样表达情感的词语。情感反映确保会谈双方能清晰了解来访者沟通交流中的情感成分。有效而准确的情感反映让来访者感受到被人理解,这会促使来访者更加开放地与会谈者进行沟通交流。

90 *表 5.1 表达情感的词语例子*

主要情感	强烈情感	中等情感	轻微情感
正面情感			
关心	深情、珍爱、怜悯、同情	接纳、关注、保护、理解	温和、友善、惋惜、温暖
兴奋	活跃、胆大、奋发、精力充沛、热情、兴奋	警惕、热心、有活力、活泼、生机勃勃、复原	平静、有生气、有效、有动机、恢复、放松

（续表）

主要情感	强烈情感	中等情感	轻微情感
快乐	狂喜、兴高采烈、热烈、喜气洋洋、激昂、欣喜若狂	无忧无虑、欢乐、欣喜、快乐、欢快、高兴、	舒服、满意、愉快、开心、宽慰、满足
积极	自信、雄心壮志、无敌、乐观、自豪	赞同、有希望、成功、幸运、乐观	确定、有效的、侥幸、放心、安心
惊讶	震惊、敬畏不已、目瞪口呆、惊呆、哑口无言	惊奇、讶异、受惊、吓了一跳、愕然	不知所措、出乎意料、为难、不安、吃惊
负面情感			
愤怒	暴怒、狂怒、怒不可遏、勃然大怒、义愤填膺、复仇的	愤怒、愤愤不平、**恼怒**(exasperated)、生气、气坏了、不满	恼火、烦恼、烦扰、不满、厌烦、急躁
焦虑	焦虑、忧虑、狂躁、恐慌、吓呆了、恐惧	畏惧、焦虑不安、胆怯、害怕、紧张	神经紧张、惊恐、局促不安、受威胁、心神不宁、发愁
困惑	混乱、冲突、迷惑、惊慌失措、杂乱无章、迷失	困惑、糊里糊涂、疑惑、迷茫、犹豫不决、不确定	为难、慌张、茫然、犹豫、疑惑
情绪低落	情绪低落、痛苦、绝望、不抱希望、悲惨、一无是处	挫败、失望、泄气、惆怅、消沉、悲哀	冷淡、忧郁、忧伤、闷闷不乐、低落、不开心
恶心	厌恶、恶心、憎恨、作呕、排斥	愤慨、冒犯、讨厌、令人反感、厌烦	失望、气馁、厌倦、伤心、扫兴
内疚	有罪的、内疚、耻辱	羞愧、有过错、悔恨	有责任、该受指责、遗憾

本章第一部分论述的是相对简单的情感，以便帮助你培养识别情感、反映情感的能力。然而，在实际的心理会谈中，会谈者和来访者在交流时很少表述出简单的情感。大部分人在互动交流时都在表达多种情感，因此本章内容的第二部分专门论述“复杂”情感的识别和反映。在识别他人的情感时，不仅要关注他们说了什么，还要关注他们是怎么说的，这一点很重要。姿势、声音和习惯常常提供给我们关于个人情感的重要信息。

为了培养你识别情感、反映情感的技巧，本章采用了不同的结构。从不同来访者的会谈内容中进行摘录，这样可以比单一案例模式呈现出更多不同的情感。每个小节自身是完整的，即，每个小节描述了一位不同的来访者。请阅读5.1。

5.1 91

为了反映情感，你必须识别出来访者正在感受的情感是什么。本章第一部分的小节内容帮助你培养识别情感的能力。

来访者：(描述他与老板的关系)我努力,再努力,但是看起来我几乎不会成功。每次我尽力做他想要我做的事情,事情发展都不顺利。当我按照我认为事情应该做的方式尽力去做时,他又不喜欢。我根本不知道该做什么。

选择最能表达来访者情感的词语。

内疚的(请阅读 5.2)

生气的(请阅读 5.3)

沮丧的(请阅读 5.4)

5.2 **你的回应：** **内疚的**

来访者的回应表明,他过去已经并且现在仍在尽力对他的处境采取行动。假如他以前没有采取行动,他现在更可能感觉到内疚。请回到 5.1,再次选择。

5.3 **你的回应：** **生气的**

来访者可能是生气的,但是你需要更多的信息来证实这个结论。要准确识别情感,你必须仔细关注来访者。请回到 5.1,再次选择。

5.4 **你的回应：** **沮丧的**

正确。来访者尽力想实现他的目标,但是他的努力都失败了,所以他感到沮丧。请阅读 5.5。

5.5

来访者：(最近,来访者的车在事故中被撞坏了)我想拿点什么东西套在他脑袋上——什么都可以,只要能跟那个王八蛋算账就行。

选择最能描述来访者情感的词语。

情绪低落的(请阅读 5.6)

报复的(请阅读 5.7)

恼怒的(请阅读 5.8)

5.6 **你的回应：** **情绪低落的**

来访者现在感觉到的是敌意,不是情绪低落。请回到 5.5,再次选择。

5.7 **你的回应：** **报复的**

正确。尽管来访者陈述中的前半部分表达了生气,但是后半部分表达了要和别人算账的想法。请阅读 5.9。

5.8 **你的回应：** **恼怒的**

毫无疑问,来访者很恼怒,然而所用的语言暗示了情感的强度远远超过了恼怒。这个回应低估了来访者的情感。请回到 5.5,再次选择。

92

5.9

来访者：(讨论一个关系亲密的朋友)这让我很不安,我真的担心他。我想帮忙,但我就是无法让他明白。

选择最能表达来访者的情感的词语。

顺从的(请阅读 5.10)

沮丧的(请阅读 5.11)

担心的(请阅读 5.12)

5.10　**你的回应：**　**顺从的**

在尝试识别情感时，你必须关注来访者的全部信息。来访者只是表达了想要帮忙的想法，并没有表明有顺从的态度。请回到 5.9，再次选择。

5.11　**你的回应：**　**沮丧的**

尽管来访者可能是沮丧的，但是你可以对表现出的情感识别得更准确一些。请回到 5.9，再次选择。

5.12　**你的回应：**　**担心的**

正确。"我想帮忙……"暗示了担心。请阅读 5.13。

5.13

来访者：（讨论她最近的再婚）我看着他的时候只有一种感觉。我不确定我能不能找到恰当的词来形容。在内心中，我感觉很好——有点炽热——就像以前圣诞节早晨醒来时常常有的那种感觉。

选择最能表达来访者的情感的词语。

欢乐的（请阅读 5.14）
惊讶的（请阅读 5.15）
感激的（请阅读 5.16）

5.14　**你的回应：**　**欢乐的**

正确。识别正面的情感和识别负面的情感一样重要。来访者的语句表达了很强的正面情感。请阅读 5.17。

5.15　**你的回应：**　**惊讶的**

来访者没有说新的婚姻关系让她感到惊讶，她告诉你的是，她在内心中感觉很好、很炽热。请回到 5.13，再次选择。

5.16　**你的回应：**　**感激的**

来访者可能有感激的情感，但是她在此没有提及。她关注的是自己内心的感觉，不是自己对夫妻关系的感受。请回到 5.13，再次选择。

5.17

来访者：（最近来访者的妻子和孩子离开了他）我觉得被人抛弃了。没有回旋的 93
余地了，一点也没有了。我觉得真的没人管我了。我肯定没有人在乎我是死是活。

选择最能表达来访者的情感的词语。

沮丧的（请阅读 5.18）
忧虑的（请阅读 5.19）
害怕的（请阅读 5.20）

5.18　**你的回应：**　**沮丧的**

正确。来访者陈述内容的第一个部分表明他很孤独，第二个部分表明，他相信没有人在乎他是死是活，这表现了他的沮丧情绪。请阅读 5.21。

5.19　**你的回应：**　**忧虑的**

来访者可能会感到忧虑，然而，他的话表明，他现在感受到的情感比忧虑更强。请回到 5.17，再次选择。

5.20　**你的回应：**　害怕的

来访者被他的处境吓着了，这一点是可能的。然而，他最后一句话表明，他的反应包含的不仅仅是害怕。请回到 5.17，再次选择。

5.21

从小节 5.1 到 5.20，你学习了如何识别情感。要帮助别人，最重要的能力之一是将识别出的情感反馈回去给来访者。

下面的小节将帮助你学习如何做出恰当的情感反映。

来访者：(描述她丈夫对她决定找工作的反应)他嘲笑我。我自己的丈夫只是坐在那里，嘲笑我。我觉得自己好像是一个大傻瓜——洋相百出。

选择最能反映来访者情感的回应。

会谈者：你为什么不让他停下来？(请阅读 5.22)

会谈者：你感觉丢脸了。(请阅读 5.23)

会谈者：你生气了。(请阅读 5.24)

5.22　**你的回应：**　你为什么不让他停下来？

这是开放式问题，不是情感反映。请回到 5.21，再次选择。

5.23　**你的回应：**　你感觉丢脸了。

正确。这是对来访者情感描述的准确反映。设想自己正处在来访者描述的情境之中常常能帮助你理解来访者——如果有人嘲笑你，你可能会觉得丢脸。请阅读 5.25。

5.24　**你的回应：**　你生气了。

你应该避免**过度解释**(overinterpretation)来访者的情感。这个回应做的假设太多了。来访者描述的情境可能会让人感到生气、伤心甚至是心情低落沮丧。然而，来访者的回应暗示她的反应和上述假设不一样。请回到 5.21，再次选择。

94 **5.25**

做情感反映时，要注意会谈中使用的情绪词语，可将这些词语直接或做一点变动反馈给来访者，但不要重复来访者的原话。

来访者：(描述工作中的困难)说实在的，我尽力了，但是我没有取得任何进步。努力工作看来没有任何作用。我还是落后。

选择最能反映来访者情感的回应。

会谈者：我想你心情很抑郁。(请阅读 5.26)

会谈者：我想你一定觉得努力工作不会让你进步。(请阅读 5.27)

会谈者：我想你觉得很气馁。(请阅读 5.28)

5.26　**你的回应：**　我想你心情很抑郁。

这是个情感反映，但是强度太大了。来访者没有表明她心情抑郁，她只是有点气馁。太强的回应可能会吓到或激怒来访者。请回到 5.25，再次选择。

5.27　**你的回应：**　我想你一定觉得努力工作不会让你进步。

在做出这个回应时，你过多地依赖了来访者的原话。当你把来访者使用的词语拿到语境之外加以重复时，有时你就会改变它们的意思。请回到 5.25，再次选择。

5.28　**你的回应：**　我想你觉得很气馁。

正确。这是一个准确的情感反映，你识别了与来访者叙述内容相关的情感，并对此做出了恰当的反映。请阅读5.29。

5.29

当进行心理会谈以及对各种陈述的内容进行回应时，情感反映能力在大多数情况下都很有用。下面的对话发生在某次会谈的初始阶段。

来访者：（以前是瘾君子，现在在谈论他的康复情况）我能做什么呢？我没钱，没技术，也没人帮我。我应该做点事儿，但是我不知道做什么。

选择最恰当的回应。

会谈者：听起来你目前很困惑。（请阅读5.30）

会谈者：听起来你好像已经放弃希望了。（请阅读5.31）

会谈者：这一切一定让你感到害怕。（请阅读5.32）

5.30　**你的回应：**　听起来你目前很困惑。

正确。你的回应表明，你准确地识别了来访者的情感。请阅读5.33。

5.31　**你的回应：**　听起来你好像已经放弃希望了。

这个回应表明，你只关注了来访者叙述中的部分内容。当他说到“得做点事儿”时，他已经表现出了一些要改变现状的愿望。请回到5.29，再次选择。

5.32　**你的回应：**　这一切一定让你感到害怕。

这个回应夸大了来访者所表达的情感。来访者说了，他没钱，没技术，不知道怎么办。然而，他并没有表明对自己的处境感到害怕。你的反映不准确，可能会让来访者感到迷惑不解，甚至可能会惹恼来访者。请回到5.29，再次选择。

5.33

在任何时候对来访者的情感做出反映都是合适的。不管来访者的情感 95
的性质（积极的、消极的或模棱两可的）如何，也不管来访者的情感针对何人何事（针对他们自己、会谈者或会谈情境），都是如此。

来访者：有时我会感到心情低落，但现在，多亏有你，我的心情不再像以前那样了。

选择最能反映来访者情感的回应。

会谈者：我们还有很长的路要走。（请阅读5.34）

会谈者：你已经走了很长一段，你对此很感激。（请阅读5.35）

会谈者：你觉得我帮了你很多，其实，这些都是你自己做到的。（请阅读5.36）

5.34　**你的回应：**　我们还有很长的路要走。

这个回应不是情感反映。这是一个建议，不太可能让你或来访者从中受益。请回到5.33再次选择。

5.35　**你的回应：**　你已经走了很长一段，你对此很感激。

正确。反映情感总是恰当的，即使情感指向于你这个会谈者。这种情感反映有助于发展会谈关系。请阅读5.37。

5.36 **你的回应：** **你觉得我帮了你很多，其实，这些都是你自己做到的。**

这个情感反映和来访者的陈述内容相背离。这个回应否认了来访者有表达自己情感的权利。请回到 5.33，再次选择。

5.37

来访者有时不了解他们自己的情感或者不能讨论这些情感。然而，当你把情感反映回去让他们看到时，他们对情感的意识会增强，并能够评估这些情感是否恰当。

来访者：（描述在家里发现的一次事故）我打开灯，看到他躺在地板上。到处都是血，简直无法想象。

选择最能反映来访者情感的回应。

会谈者：你到底做了什么？（请阅读 5.38）

会谈者：你一定吓得不能动弹了。（请阅读 5.39）

会谈者：你一定惊呆了。（请阅读 5.40）

5.38 **你的回应：** **你到底做了什么？**

这是一个开放式问题，将会引出事实性的信息，但是无法导向对情感的讨论。此刻，你的任务应该是帮助来访者认识到并接受由事故引发的情感。请回到 5.37，再次选择。

5.39 **你的回应：** **你一定吓得不能动弹了。**

通过使用“吓得不能动弹了”这个短语，你暗示了一种情感，而来访者的陈述中没有表达出这样的情感。请回到 5.37，再次选择。

5.40 **你的回应：** **你一定惊呆了。**

正确。这个回应允许来访者去思考他当时的感受，表明讨论他的情感是合适的。如果来访者能够体验、接受并拥有自己的感受，他更有可能做出明智的决定。请阅读 5.41。

96 **5.41**

情感反映可以定义为：对来访者回应中潜在的感受或情感做出回应，而忽视来访者回应中的认知部分或内容。

来访者：（描述一个同事）你该见见他，他真是了不起。太帅了！我已经和他约会过一次。

选择最能反映来访者情感的回应。

会谈者：你对此非常兴奋。（请阅读 5.42）

会谈者：不要期望太高，只不过是一次约会。（请阅读 5.43）

会谈者：所以你们已经约会过一次了。（请阅读 5.44）

5.42 **你的回应：** **你对此非常兴奋。**

正确。你的回应忽视了来访者叙述内容的认知层面，反映了她的情感——兴奋之情。请阅读 5.45。

5.43 **你的回应：** **不要期望太高，只不过是一次约会。**

这个回应是建议，不是情感反映。你忽视了来访者的情感，而聚焦于她叙述内容的认知部分——她的约会及其含义。请回到 5.41，再次选择。

5.44　**你的回应：**　所以你们已经约会过一次了。

这个回应是内容反映——重复了来访者叙述的部分内容。尽管这个回应也是恰当的，但不是这里要求你做的回应类型。请回到 5.41，再次选择。

5.45

来访者的语言是其所传递信息的内容部分。你也需要觉察来访者传递信息的方式。例如，在沟通交流中，来访者热情的时候语速更快，气馁的时候语速变慢，等等。

来访者：(低着头，声音低沉)本来我打算去滑雪，但是我母亲要过来跟我住在一起。

选择最能反映来访者情感的回应。

会谈者：听起来好像这也一样让人开心呀。(请阅读 5.46)

会谈者：你好像对此并不高兴。(请阅读 5.47)

会谈者：你一定很期待她的到来。(请阅读 5.48)

5.46　**你的回应：**　听起来好像这也一样让人开心呀。

你没有关注到来访者回应的方式。她的头低着，说话时嗓音低沉。这表明，来访者不可能对她正在诉说的内容感到开心。请回到 5.45，再次选择。

5.47　**你的回应：**　你好像对此并不高兴。

正确。你注意到了来访者的姿势和音调，准确地识别了来访者的情感。请阅读 5.49。

5.48　**你的回应：**　你一定很期待她的到来。

来访者根本就没有提到期待母亲的到来。这是你的解释，不是对来访者情感的准确反映。请回到 5.45，仔细关注来访者传递信息的方式。

5.49

对情感的讨论经常是解决问题的必要条件(prerequisite)之一。会谈者 97
要有选择性地关注和反映情感，帮助来访者去讨论这些情感。

来访者：我通过考试了！我通过了！我还得了个不错的分数。

选择最能反映来访者情感的回应。

会谈者：你做到了。你很兴奋。(请阅读 5.50)

会谈者：知道你通过了考试，你觉得很轻松。(请阅读 5.51)

会谈者：所以，你考试的成绩还不错。(请阅读 5.52)

5.50　**你的回应：**　你做到了。你很兴奋。

正确。你的回应关注了来访者感受到了什么，而不是他在说些什么。请阅读 5.53。

5.51　**你的回应：**　知道你通过了考试，你觉得很轻松。

这个回应没能反映出来访者的兴奋之情。另外，你猜想来访者有轻松之感，这种感觉未必存在。请回到 5.49，再次选择。

5.52　**你的回应：**　所以，你考试的成绩还不错。

这个回应有助于来访者去讨论他的成绩以及这次特定的考试，但不能帮助他讨论情感。你忽视了来访者回应的情感部分。请回到 5.49，再次选择。

5.53

在反映情感时，你在表明你能够像来访者感受和理解世界那样对世界进行准确地感知，你也因此和来访者建立了良好关系。

来访者：我很高兴，最终我告诉了你。你似乎能理解，好像我跟你说的一切你都能理解。

选择最能反映来访者情感的回应。

会谈者：听起来你对此很开心。(请阅读 5.54)

会谈者：你本应在多年前就把这件事告诉别人的。(请阅读 5.55)

会谈者：能谈论这些是一种解脱。(请阅读 5.56)

5.54　**你的回应：**　听起来你对此很开心。

这是情感反映，但是做得不好。在反映情感时，识别潜在情感的本质是非常重要的。请回到 5.53，再次选择。

5.55　**你的回应：**　你本应在多年前就把这件事告诉别人的。

这个反应忽视了来访者已经告诉你的内容。你的建议对来访者不但没用，还可能阻碍你们之间关系的进展。请回到 5.53，再次选择。

5.56　**你的回应：**　能谈论这些是一种解脱。

正确。你向来访者表明你能理解他在和你分享了这一私人信息时的感受。请阅读 5.57。

---

98 **5.57**

情感反映的一个重要方面是对来访者信息中的情感层面进行清晰概述的能力，这让来访者可以理解并处理自己的情感。

来访者：(谈论她年事渐高的父亲)我是很担心他。他工作太卖力了。我不知道该做什么才能让他慢下来。

选择最能反映来访者情感的回应。

会谈者：听起来你担心的是你父亲工作太卖力对他自己的影响。你想帮他，但不知道应该做什么。这一切让你感到很沮丧，可能还有一点恼火。(请阅读 5.58)

会谈者：你很焦虑，很关心能为你父亲做些什么。(请阅读 5.59)

会谈者：听起来你很担心。如果我是你的话，我会去和家庭医生或者牧师谈一谈。(请阅读 5.60)

5.58　**你的回应：**　听起来你担心的是你父亲工作太卖力对他自己的影响。你想帮他，但不知道应该做什么。这一切让你感到很沮丧，可能还有一点恼火。

情感反映应该清楚、简洁、准确。这个情感反映混乱、冗长、不准确。来访者没有在任何地方表明她有沮丧或生气的感觉。请回到 5.57，再次选择。

5.59　**你的回应：**　你很焦虑，很关心能为你父亲做些什么。

正确。你清晰而准确的概述将帮助来访者识别并处理她的情感。请阅读 5.61。

5.60　**你的回应：**　听起来你很担心。如果我是你的话，我会去和家庭医生或者牧师谈一谈。

你情感反映的效果因为紧接着的建议而被削弱了。如果能得到清晰而简洁的情感反映的帮助，来访者通常是可以自己找到解决问题的办法的。请回到 5.57，再次选择。

5.61

尽管来访者的讲述所涉及的常常是过去、现在或未来的事件,但是当会谈者对来访者当下的情绪状态进行情感反映和探索时,会谈者的工作才会最有成效。

来访者: (三个月前和丈夫分居了)三个月前,他第一次告诉我他要离开我时,我非常生气,但现在没他帮助,我靠自己也都搞定了。

选择最能反映来访者情感的回应。

会谈者: 以后,你会很开心,事情以这种方式就解决了。(请阅读 5.62)

会谈者: 他第一次跟你说的时候你真的很生气。(请阅读 5.63)

会谈者: 你现在很自豪,一切靠自己全搞定了。(请阅读 5.64)

5.62 **你的回应:** 以后,你会很开心,事情以这种方式就解决了。

在来访者告诉你的话语中找不到做出这种假设的根据(尽管这个假设可能是正确的)。在聚焦于来访者当下的情绪状态时,做情感反映才是最有效的。请回到 5.61,再次选择。

5.63 **你的回应:** 他第一次跟你说的时候你真的很生气。

这个回应是对过去情感的反映。你只关注到了来访者陈述的一部分,没有关注到她当下的情感。请回到 5.61,再次选择。

5.64 **你的回应:** 你现在很自豪,一切靠自己全搞定了。

正确。你准确地反映了来访者当下的感受。这个反映将有助于她去探索自己的情感。请阅读 5.65。

5.65

反映并探索与当下的心理会谈有关的情感也是很重要的。 99

来访者: 我父亲是个咨询师。天哪,我恨过他吗?我确定,所有的咨询师都是一样的。

选择最能反映来访者情感的回应。

会谈者: 我有种感觉,你不喜欢咨询师,包括我在内。(请阅读 5.66)

会谈者: 你一定非常恨你的父亲。(请阅读 5.67)

会谈者: 你不应该觉得所有的咨询师都是坏人。(请阅读 5.68)

5.66 **你的回应:** 我有种感觉,你不喜欢咨询师,包括我在内。

正确。这个来访者已经暗示他恨所有的咨询师,包括你在内。通过这个回应,你邀请他来探索他对你的情感。对来访者来说,在继续讨论其他问题之前,去理解自己对你的情感是非常重要的。请阅读 5.69。

5.67 **你的回应:** 你一定非常恨你的父亲。

你反映了来访者的情感,但是你忽视了他告诉你的关于咨询师的那部分内容,你也是咨询师当中的一员。在你能够帮助来访者之前,你必须要将他表达出的针对你的情感加以澄清。请回到 5.65,再次选择。

5.68 **你的回应:** 你不应该觉得所有的咨询师都是坏人。

这个回应否认了来访者有表达、探索和解决自己情感的权利。请回到 5.65,再次选择。

5.69

在心理会谈中，来访者通常表达的是复杂情感，而不是单一情感。会谈者的任务之一就是帮助来访者理清他们的复杂情感。

来访者：（正在谈论和她**分居**[estranged]的丈夫）我希望乔能够支付孩子的扶养费。他过去没有什么优点，但是确实会支付抚养费。我担心如果他以后不给的话，我们该怎么办。

选择最能反映来访者情感的回应。

会谈者：听起来你现在似乎要依靠乔来渡过难关。（请阅读 5.70）

会谈者：你希望你们能得到一些经济支持，但因为你不确定乔是否会履行承诺，所以很焦虑。（请阅读 5.71）

会谈者：我猜你很担心得不到任何经济上的支持。（请阅读 5.72）

5.70　**你的回应：**　**听起来你现在似乎要依靠乔来渡过难关。**

这个回应只反映了来访者情感的一个方面。她所呈现的是复杂情感，你应该要帮助她理清这些情感。请回到 5.69，再次选择。

5.71　**你的回应：**　**你希望你们能得到一些经济支持，但因为你不确定乔是否会履行承诺，所以很焦虑。**

正确。你已经识别出来访者的复杂情感，帮助她澄清了自己的反应，还识别出那些她想进一步讨论的情感。请阅读 5.73。

5.72　**你的回应：**　**我猜你很担心得不到任何经济上的支持。**

你只反映了来访者部分情感，而没有关注到她情感的复杂性。帮助来访者去澄清并探索她情感的复杂成分。请回到 5.69，再次选择。

---

100 **5.73**

未能识别和反映来访者的复杂情绪，可能会导致对一个问题的某个方面过度关注，而忽略了这个问题其他同等重要的方面。

来访者：我考试没考好。下礼拜我要回家。我很期待见到我的爸爸妈妈，但我不知道，他们会对我的成绩说什么。

选择最能反映来访者情感的回应。

会谈者：能再次回家和父母相聚，对你来说真是太棒了。（请阅读 5.74）

会谈者：父母对你的成绩会有怎样的反应，这一点让你非常的焦虑。（请阅读 5.75）

会谈者：能再次见到父母让你感到很兴奋，但是想到他们对你的成绩会有怎样的反应，又让你感到焦虑。（请阅读 5.76）

5.74　**你的回应：**　**能再次回家和父母相聚，对你来说真是太棒了。**

你只回应了来访者呈现出的复杂情绪的一个部分。你应该帮助来访者理清她正在体验的复杂情绪。请回到 5.73，再次选择。

5.75　**你的回应：**　**父母对你的成绩会有怎样的反应，这一点让你非常的焦虑。**

来访者对计划中的回家之旅有着复杂的情感。你对其中的一个情感进行了反应，但是没有帮助来访者澄清她混乱的情绪。请回到 5.73，再次选择。

5.76　**你的回应：**　**能再次见到父母让你感到很兴奋，但是想到他们对你的成绩会有怎样的反应，又让你感到焦虑。**

正确。你抓住了来访者表达出来的复杂情感。请阅读 5.77。

5.77

有时候，来访者在语言表达中说的是一件事，但是在行动上表达的却是完全不同的事情。

来访者：（寡妇，谈论自己的独生子，哭泣）我真的很高兴，我儿子要去上大学了。

选择最能反映来访者情感的回应。

会谈者：你肯定为儿子感到非常骄傲。他要去哪里读书？（请阅读 5.78）

会谈者：你很开心他要去上大学了，但是他不在身边，你又会感到孤独。（请阅读 5.79）

会谈者：你对他决定要去上大学感到很不开心。（请阅读 5.80）

5.78　**你的回应：**　你肯定为儿子感到非常骄傲。他要去哪里读书？

你打断了而不是反映了来访者的情感。你还改变了话题。请回到 5.77，再次选择。

5.79　**你的回应：**　你很开心他要去上大学了，但是他不在身边，你又会感到孤独。

正确。你的话反映了来访者口头表达的情感和行动所展现出的情绪。请阅读 5.81。

5.80　**你的回应：**　你对他决定要去上大学感到很不开心。

尽管这个情感反映识别出了与来访者非言语行为相关的情绪，但是没有识别出与她言语信息相关的情感。请回到 5.77，再次选择。

5.81

来访者：（坐在椅子里，坐立不安，扭绞双手）。我很高兴今天来见你。 101

选择最能反映来访者情感的回应。

会谈者：你很高兴到这里来，但同时你也有点焦虑。（请阅读 5.82）

会谈者：我很高兴你今天能安排来见我。（请阅读 5.83）

会谈者：今天你看起来有点焦虑。（请阅读 5.84）

5.82　**你的回应：**　你很高兴到这里来，但同时你也有点焦虑。

正确。你的回应反映了此刻来访者暗示的复杂情感。通过他的非言语行为，他表现出了焦虑，但是他却告诉你他很高兴见到你。请阅读 5.85。

5.83　**你的回应：**　我很高兴你今天能安排来见我。

尽管你的回应反映了来访者在沟通中以言语表达的内容，但是忽略了他身体动作所传递的信息——坐立不安，扭绞双手。情感反映可以让来访者注意到他/她传递出来的复杂情感。请回到 5.81，再次选择。

5.84　**你的回应：**　今天你看起来有点焦虑。

你准确地反映了来访者的焦虑，但是没有反映出他见到你很开心的这种情感。请回到 5.81，再次选择。

5.85

来访者：（微笑、友好）他不知道分享这个词语是什么意思。他认为他的是他的，我的也是他的。

选择最能反映来访者情感的回应。

会谈者：我想，你不同意这一点。（请阅读 5.86）

会谈者：我有点不明白，你在微笑，但是听起来你很气愤。（请阅读 5.87）

会谈者：因为你在微笑，我有种感觉，他的态度没有让你很生气。（请阅读 5.88）

5.86　**你的回应：**　我想，你不同意这一点。

做出这个回应时，你在评论而不是反映来访者的情感。要密切关注来访者的言语行为和非言语行为，选择能反映这两种行为的回应。请回到 5.85，再次选择。

5.87　**你的回应：**　我有点不明白，你在微笑，但是听起来你很气愤。

正确。来访者一边微笑，一边在告诉你一个他感到气愤的情况。你反映了这个事实。通过反映来访者的言语行为和非言语行为，你要求他为你们会谈双方澄清他自己正在感受的情感。请阅读 5.89。

5.88　**你的回应：**　因为你在微笑，我有种感觉，他的态度没有让你很生气。

你误解了来访者的微笑或者他说的话。你的反映不准确，可能会让来访者生气。请回到 5.85，再次选择。

5.89

102 在会谈中，有的来访者会紧张，很难继续谈下去。情感反映能够帮助他们平静下来。

来访者：（坐立不安了好几分钟，没有讲话）

选择最恰当的回应。

会谈者：（坐着，一直等到来访者准备好继续谈话）（请阅读 5.90）

会谈者：说说你的事肯定没那么难，你说了我才能帮你。（请阅读 5.91）

会谈者：不管你想和我谈的是什么，你看起来都很焦虑。（请阅读 5.92）

5.90　**你的回应：**　（坐着，一直等到来访者准备好继续谈为止）

在有些情况下，比方说来访者在思考的时候，这个回应可能是恰当的。然而当来访者紧张的时候，因为他已经感觉很难讨论自己的问题，你需要做的事情就更多一些，不能只是等待。请回到 5.89，再次选择。

5.91　**你的回应：**　说说你的事肯定没那么难，你说了我才能帮你。

来访者已经意识到他得告诉你他经历了什么你才能帮助他。然而，只有当他意识到你能理解他谈论自己遇到的困难后，他才更可能对你敞开心扉。请回到 5.89，再次选择。

5.92　**你的回应：**　不管你想和我谈的是什么，你看起来都很焦虑。

正确。你反映了来访者通过行为表达出的情感。这个回应会鼓励来访者放松，告诉你他的事情。请阅读 5.93。

5.93

在做出情感反映时，评估反映的有效性也很重要。如果你准确地反映了来访者的情感，来访者的回应会是正面的，说一些像“是的，就是那样”或“是的，我就是那样感觉的”这样的话。如果你的回应不准确或者时机不对，来访者会说一些像“嗯，也不全是那样”或“我不太确定是不是那样”这样的话。

来访者：（接着 5.92）你是对的。对于来见你，我真的感到紧张。以前我从未向任何人寻求过帮助，我不知道想要什么。

选择最恰当的回应。

会谈者：到这里来要做的事情把你吓坏了。（请阅读 5.94）

会谈者：　你没有和我这样的人打交道的经历，这让你很担心。（请阅读 5.95）

会谈者：　你认为你应该为这件事（会谈）感到恐慌吗？（请阅读 5.96）

5.94　你的回应：　到这里来要做的事情把你吓坏了。

来访者说的是紧张，不是吓得不知所措。我们看一下来访者接下来的回应。

来访者：　不是的，你的说法也不全对。我不是被吓到了，而是焦虑。请回到 5.93，再次选择。

5.95　你的回应：　你没有和我这样的人打交道的经历，这让你很担心。

正确。你的回应准确地反映了来访者的心情。我们看一下来访者接下来的回应。

来访者：　我就是那样感觉的——担心。当我第一次不得不做某件事情时，我常 103
常会有这样的感觉。但是，我能克服这种情绪。谢谢你的理解。请阅读 5.97。

5.96　你的回应：　你认为你应该为这件事（会谈）感到恐慌吗？

你的回应错误地识别了来访者的情感，可能会导致来访者做出防御性回应。我们看一下来访者接下来的回应。

来访者：　我不是恐慌。你弄错了。是什么让你认为我恐慌呢？请回到 5.93，再次选择。

5.97

和内容反映一样，你做出情感反映时不需要重复使用一个短语。导入性的短语可以提供一些变化。下面是一些这样的短语：看起来你觉得……，你感到……，这听起来像……，或许你觉得……，换句话说……，你觉得……，我了解的是……，我猜你会觉得……，你真的是……，我可以说……。在你自己的经历中，你可能会碰到很多其他的导入性短语。

尽管情感反映是一种非常有用的技巧，但是在有些场合中，使用其他的技巧会更合适。

- 在会谈者和来访者还没有建立信任关系的情况下。
- 由于目前的精神状态，来访者看起来被自己的情绪弄得不知所措，进一步讨论情感会让他们的精神状态恶化。
- 会谈中没有充足的时间来解决情感问题。

▶ 文化考量

1. 本书第一阶段的所有技巧，特别是情感反映，都是共情或共情性理解的组成部分。共情指的是会谈者准确地体验来访者的世界，并将自己的理解传达给来访者的一种能力和技巧。实际上，共情的目标是情感合拍。共情是"将你放在来访者的处境中"，连接来访者世界观的能力。但同时，会谈者也要保持自己的独立性和真实的自我。

会谈者对来自其他文化的来访者表达共情性理解时，在文化上要很敏感，这一点很重要。这要求会谈者了解来访者的文化，在体验来访者的处境时，表达出对来访者所处文化的理解和欣赏。在下面列出的资源中，第一个资源是一些指导原则，详细阐述了文化敏感性共情的概念。

2. 对属于其他文化的来访者使用情感反映时，会谈者需要了解在来访者的文化中情感是如何表达的。

3. 在关注情绪和情感时，来访者的文化背景深深地影响了他们回应你的方式。在很多文化中，例如，在亚洲人、亚裔美国人和美国印第安人的文化中，人们重视的是控制情感，所以，来访者很少或不会对情感反映做出回应。不管文化背景如何，每个人都是独特的，一概而论的观点也并非总是正确无误。男性，不管是非洲裔、拉丁裔还是白人，都发现在探索情感上有困难。尽管每个人各有差异，女性在表达情感方面明显开放得多。事实上有证据表明，和男性咨询师相比，女性咨询师会发现自己在处理情感问题和进行情感反映时更容易，也更从容。同时，我们必须始终对一概而论的观点保持谨慎的态度。

104 4. 在有些文化中，人们会避免直接的眼神接触。和来自这种文化的来访者一起工作时，会谈者应该小心，不要把没有眼神接触解释为害羞、尴尬、不自在、焦虑或心情低落。此外，在谈论一个让人不舒服的话题时，不管来访者是什么文化背景，很多人会低下头，避免眼神上的接触。

5. 有证据表明，面部表情并不受文化约束。和悲伤、愤怒、恐惧和高兴/快乐相关的情感在不同文化中看起来都是相似的。然而，来访者的文化决定了面部表情什么时候出现以及以怎样的方式出现。

6. 允许并鼓励来自不同文化的来访者问你问题常常是有帮助的。有时候，比较直接的表达也是明智的做法——“我是(非洲裔美国人/美国白人)，我在想，你对和我交谈有什么看法？我们才刚刚开始会谈。我在想你是否有问题要先问我。”

5.98

在 5.57 中，会谈者和一名来访者交谈。来访者的父亲，索继特·新，年事已高，工作太卖力了。在下面的部分，这位年事已高的父亲继续努力地工作，在他搬太重的东西时，心脏病发作。他现在住院两个星期了，新先生现在准备回家，被转诊到你这里。你的任务是与他建立会谈关系，以便能为他制定一个出院计划。他的年龄是 63 岁，你 30 岁。这一点代表了真正的文化差异。

你正在和索继特·新先生见面，开始讨论他出院回家的计划。在愉快地交谈了一会儿后，新先生说：

索继特·新：我一直工作很卖力，对此我感到很自豪。安妮卡不应该担心我。我会照顾自己。我准备下周回去上班。

会谈者：　索继特·新先生，我能理解你真的很想回去做你一直在做的工作，但是医生的报告单上说你应该休息一个月并接受身体康复治疗，然后再回到布莱邓利医生那里复查。

索继特·新：　（生气的语调）你们年轻人不要告诉我该做什么。我感觉没有问题。店里需要我尽快回去。我周末可以休息，但是过后我就要回到店里去。这是我的生活。

选择能描述会谈者最恰当行为的回应。

会谈者：　索继特·新先生，事实上我听出你有点懊恼。你感觉好多了，你认为你马上可以回去工作了。当然，我确实比你年轻，对于你的职业和你做的工作，我向你表示我的尊敬。你真的很生气，因为布莱邓利医生要你停止工作一个月。（请阅读 5.99）

会谈者：　我听见你说，你感觉没问题，准备回去工作。你不喜欢年轻人告诉你该做什么。布莱邓利医生通过了老年病学的考试，他知道他在做什么。（请阅读 5.100）

会谈者：　我很抱歉。我可以叫你索继特吗？……（等待 2 秒钟，继续说）索继特，看起来你很生医院的气。你能告诉我为什么吗？（请阅读 5.101）

5.99　**你的回应：**　**索继特·新先生，事实上我听出你有点懊恼。你感觉好多了，你认为你** 105
马上可以回去工作了。当然，我确实比你年轻，对于你的职业和你做的工作，我向你表示我的尊敬。你真的很生气，因为布莱邓利医生要你停止工作一个月。

正确。首先，需要注意的是，会谈者使用了"索继特·新先生"这个称呼，很多年龄大的人和比较传统的人都痛恨别人对他们直呼其名。这个医院认识到了称呼的重要性，他们把病人喜欢的姓名称呼方式放在病例本上，看上去一目了然。有证据表明，使用病人喜欢的称呼方式会使合作更顺利，病人也会更满意。

根据索继特·新先生的语调，会谈者对他的沮丧感和愤怒进行反映是安全的。另外，会谈者聪明地处理了年龄差异。对很多年长的人而言，这是在表示尊敬。对于以前很强势的人，特别是来自亚洲文化的人，要他们从年轻人那里接受帮助是很困难的。

5.100　**你的回应：**　**我听见你说，你感觉没问题，准备回去工作。你不喜欢年轻人告诉你该做什么。布莱邓利医生通过了老年病学的考试，他知道他在做什么。**

这是一个比较准确的内容反映，但是仅仅以模糊的方式提到情感（"感觉没问题""不喜欢"）。此刻提及布莱邓利医生的资格证书只会让索继特·新先生勃然大怒。请回到 5.98，再次选择。

5.101　**你的回应：**　**我很抱歉。我可以叫你索继特吗？……（等待 2 秒钟，继续说）索继特，看起来你很生医院的气。你能告诉我为什么吗？**

为了让会谈能针对来访者个人，省略掉姓而只称呼来访者的名字常常是很好的做法，但是要使用来访者喜欢的姓名称呼方式。这个会谈者没有阅读病历卡。会谈者的确比较准确地反映了来访者的愤怒，但是接着用一个"为什么"的问题，把索继特·新先生放到了有点"低"的位置。当权者有时会用"为什么"的问题来控制会谈。请回到 5.98，再次选择。

参考资料

Chi-Yang Chang, R., & Bemak, F. (2002). The relationship of culture and empathy in cross-cultural counseling. *Journal of Counseling & Development, 80*, 154–159.

Ridley, C. R., & Udipi, S. (2008). Putting cultural empathy into practice. In P. B. Pedersen, J. G. Draguns, W. J. Lonner, & J. E. Trimble (Eds.), *Counseling across cultures* (6th ed., pp. 3–28). Thousand Oaks, CA: Sage.

106 ▶ 伦理考量

在本章中，我们将考虑来访者参与会谈过程时的**隐私**(privacy)**权**。隐私权是来访者的一种权利，用来控制他人接触使用来访者的个人信息或是设定信息披露情境。一旦收集了来访者的信息，就要使用**保密**(confidentiality)**原则**，保密原则会在下一章中讨论。确保来访者的隐私权是在会谈者和来访者之间建立和保持信任关系一个重要的方面。

隐私

1. 会谈者应该尊重来访者的隐私权。

2. 会谈者只能在必须且有利于心理会谈目标实现的前提下才能去收集来访者的私人信息。

3. 会谈环境应该提供身体隐私保护，以便讨论个人性质的问题。

4. 为了**咨询讨论**(consultation)的目的而与其他专业人士分享信息时，要尽全力保护来访者的身份，避免引起不必要的隐私侵犯。

5.102

你是社区服务中心为吸毒人员服务的咨询师。这是你第一次和来访者见面。

会谈者：在我们开始之前，我要收集一些基本信息以便记录。

来访者：(非常犹豫)我担心我的隐私，我不太确定要不要给你信息。这些信息会保密吗？

会谈者：我们中心只会收集会谈必需的信息，我们也绝对尊重你的隐私权。

来访者：还有什么其他人会看到我的信息？

会谈者：只有我们中心以后可能会和你做会谈的咨询师才会看到。

来访者：那我就放心了。你想知道什么？

文献来源

American Counseling Association. (2014). *ACA Code of Ethics*. B1b (p. 6), B7a (p. 8).

American Nurses Association. (2015). *Code of Ethics for Nurses with Interpretive Statements*. 3.1 (p. 9).

American Psychological Association. (2010). *Ethical Principles of Psychologists and Code of Conduct*. 4.04 (p. 7).

National Association of Social Workers. (2014). *Code of Ethics*. 1.07(a) (p. 7).

▶ 复习问题 107

为下列每个陈述写出情感反映式回应,然后将你的回应与本章结尾处的例子进行比较。

1. 我真是受够了我父亲。他总是告诉我该去做什么。
2. 未来看上去很好,我很期待。
3. 我受不了银行里排的长队。
4. 每次去看牙医,我都发抖。
5. 这肯定非常棒——我都等不及想要开始了。
6. 没有未来了,所以我为什么还要做事情呢?
7. 到他回家时为止,我都很担心。
8. 我刚丢了工作,都是因为那些政客把经济管理得一塌糊涂。

▶ 记忆要点:情感反映

1. 当识别情感时:

a. 要关注来访者所说内容的情感成分。

b. 要关注来访者的行为(姿势、音调、语速以及其他习惯)。

c. 要用各种词语来为情感恰当命名。

d. 要识别来访者的全部情感。

2. 反映情感时:

a. 先使用恰当的导入性短语,再对来访者看起来正在经历的情感进行清楚、简洁的概述。

b. 要反映复杂情绪。

c. 不要一字不差地重复来访者的原话。

d. 要关注当下情感，用现在时表述。

e. 要使用各种导入性短语，而不是老是使用几种。

3. 情感反映用来：

a. 帮助来访者意识到他们的情感。

b. 帮助来访者接受并探讨他们的情感。

c. 帮助你展示你能理解来访者是如何体验世界的。

d. 帮助发展你和来访者之间紧密的关系。

4. 反映情感：

a. 以回应各种情感(正面的、负面的或模棱两可的)。

b. 而不管情感指向谁(指向来访者、会谈者或其他人)。

c. 与来访者对会谈的情感会妨碍会谈的进展时。

d. 与来访者难以讲述自己的经历时。

108 ▶ 5.1　活动单元

和另外两个已经阅读过本章内容的人一起，进行简短会谈(会谈者的回应不超过5个)的角色扮演。你们轮流扮演来访者、会谈者和观察者的角色。使用录音/录像设备对每次简短会谈进行记录。

会谈者角色　练习情感反映，回应来访者。

来访者角色　和会谈者合作，提供有情感成分的信息。你可以扮演一个有问题需要解决的朋友或者家人，也可以扮演下列角色之一：

1. 某家长，孩子刚刚被当地有关部门拘留。

2. 某房主，因不能付款而被取消了抵押贷款。

3. 某人，很高兴要结婚了，但是结婚前还有一些担心。

4. 某人，对自己现在的工作不满意，但又找不到其他工作。

观察者角色　操作录音/录像设备，完成会谈练习检查表。(见表5.2)

会谈后讨论　参与者使用会谈记录和会谈练习检查表的数据，讨论会谈者的表现。所有的参与者都要从讨论中学习，讨论应该是客观的，既要关注有效的回应，也要关注不太有效的回应，并鼓励所有人改善会谈表现。有些人将反馈视为批评，因此很难做出反馈。将反馈视为一种学习技巧的机会更恰当一些。这种机会让参与者可以从他们的错误中学习，成长为熟练的会谈者。在学习情感反映这个技巧时，有时讨

表 5.2　会谈练习检查表

活动	会谈者回应[a] 1	2	3	4	5
保持话题					
情感反映					
有效回应[b]					

[a]检查体现每个回应特点的活动。

[b]在表格中对回应的有效性进行 5 级评分，1 表示有效性最低，5 表示最有效性最高。

论一下在角色扮演中做来访者和会谈者时有什么样的感受，对扮演来访者和会谈者的学习者们都是有帮助的。

▶ 5.2　活动单元 109

使用**活动单元** 5.1 中的会谈记录或者其他会谈练习的录音/录像记录，在下面"原来的回应"的空格处写下这些练习中的会谈回应。然后做出更好的回应替代它们，写在"更好的回应"的空格处。

原来的回应 1____

____

____

更好的回应____

____

____

原来的回应 2____

____

____

更好的回应____

____

____

原来的回应 3____

更好的回应

原来的回应 4

更好的回应

原来的回应 5

更好的回应

110 ## ▶ 5.3 活动单元

小组练习

1. 选择一名志愿者扮演来访者角色，按照**活动单元** 5.1 中来访者的角色要求做。

2. 组成一个/几个小组，小组成员轮流或自愿扮演会谈者；按照会谈者角色的要求做，尽可能地做出回应。

3. 使用会谈练习检查表作为参考，讨论回应的有效性。

记住，本活动对所有人而言都是一次小组学习经历，讨论应该是非评价性的，相互鼓励的。还要记住，你是在学习新的行为，学习不是瞬间能完成的。显性或隐性的练习是必要的。

▶ 探索技巧和共情性倾听

贯注、提问、内容反映和情感反映等探索阶段技巧如果使用恰当，就是共情和共情性倾听的基本技巧。共情可以理解为从来访者的视角，而不是你的视角，去体验世界的能力。共情性倾听不是让会谈者去琢磨来访者，而是让会谈者能够和来访者一起思考，同时让会谈者意识到来访者的世界是独立又独特的。共情有助于建立良好的关系，帮助来访者去探索。通过培养良好的探索技巧，会谈者就开始逐渐培养起共情性倾听技巧。

共情在会谈的所有领域都能发挥作用。在心理咨询和非咨询情境中所做的大量会谈测试显示：有效倾听和共情性理解在人类沟通的所有领域都很重要。技巧熟练的经理、保健医生、社会工作者、执法人员、公共事业服务人员以及许多其他从业人员都在他们的日常活动中彰显了共情性倾听的重要作用。

▶ 复习问题答案

下列情感反映可以用于回应复习问题部分的陈述。注意各种导入性短语和情感。

1. 你听起来有点恼火(生气、敌对)。
2. 你对未来真的充满希望(感到幸福、感到乐观)。
3. 等待让你感到不耐烦(厌烦、恼火)。
4. 在这些场合，你会觉得紧张(焦虑、不安)。
5. 听起来你好像满是热情(兴奋、渴望)。
6. 现在你看上去有点心情低落(沮丧、气馁)。
7. 换句话说，当他没能准时回家时，你会变得有点焦虑(担心、紧张)。
8. 对于你碰到的事情，你感到痛苦(怨恨、愤怒)。

如果你不能对上述 3 个及 3 个以上的情境做出恰当的情感反映，请重新学习本章内容。

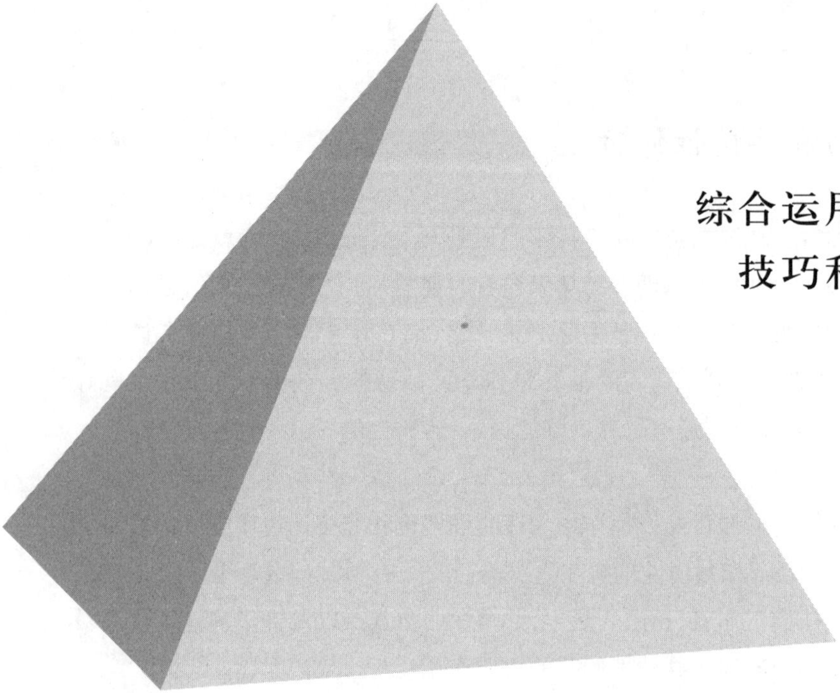

第六章

综合运用你的倾听技巧和探索技巧

111 从第二章到第五章，你已经学习了会谈探索阶段必需的三个单项技巧。探索阶段的目标是和来访者建立会谈工作关系并发现来访者的问题所在。学完本章后，你应该可以：

1. 在会谈中，关注来访者讲述内容的要点。

2. 综合运用探索阶段的单项技巧：开放式和封闭式问题、最小鼓励、释义、概述，以及在会谈过程中的情感反映。

3. 在回应来访者时，判断适合你使用的技巧。

在本书的前面几章中，你已经学习了下列技巧：贯注行为、有效提问、最小鼓励、释义、概述和情感反映。上述章节中采用的训练方式是"单项技巧法"。这种培训方式已经用于教授个体学习者学习驾驶以及很多运动项目，如棒球、垒球、滑雪和保龄球，每种运动包括一系列单项技巧。例如，击球时，垒球选手需要学
112 习站立姿势、握杆方式、手腕动作、腿部动作、头部姿势等。当选手一次仅能关注一项技巧时，他们的击球动作是不完美的。然而，当他们掌握了一系列技巧并能加以综合运用之后，他们的击球动作会极大地进步。新手击球员在综合运用单项技巧时必须要做到连贯流畅、一气呵成。同样地，新手会谈者也必须要做到对各种技巧融会贯通。

刚开始综合运用基本技巧的时候，新手会谈者可能会觉得不自在，很笨拙，因为看起来有太多东西需要记住和掌握。然而，一旦你开始综合运用贯注、提问、释义、概

述和情感反映等基本技巧,你在会谈过程会感到更加舒适自在。随着会谈练习次数的增加,你的舒适感会不断增强,你也会逐渐发展出一种识别能力,你会知道在什么时候需要使用某一特定技巧来推进会谈的进展。这会促进你培养自己独特的会谈风格,提高你选择技巧的能力,以满足来访者的个体需求及其文化背景的要求。记住,有效会谈的基础是倾听和理解来访者的能力。

本章内容分为两个部分。第一个部分帮助你复习、巩固探索阶段的心理会谈技巧。这些技巧的综述见表 6.1。第二个部分帮助你在心理会谈中综合运用这些具体的技巧。

表 6.1　倾听和探索技巧综述

技　巧	子技巧	举　　例
贯注行为	眼神接触	眼神接触自然,符合文化习惯,表明会谈者正在关注交流的内容
	身体姿势	注意力集中,身体姿势放松,面部表情恰当,动作自然、从容
	言语回应	切题,紧跟来访者的叙述,语调温和、有感染力,语速适中
	沉默	可以是一种积极的交流形式,出现于来访者需要时间思考时
提问	开放式问题	是什么让你做出那个决定的?
	封闭式问题	你第一次注意到你的症状是什么时候?
	最小鼓励	继续说……
内容反映	释义	你已经让很多人都想帮你摆脱困境了。
	概述	上次,我们详细讨论了两件事:你决定离职但你不确定离职后要做什么。
情感反映	对情感进行反映	你生气了,感觉有点受伤。

本章项目聚焦于一位男士和一个社区机构的社会工作者(男性或女性)之间的心理会谈。这名男士要求进行会谈,他只说是事态紧急。

6.1 113

贯注行为是基本的心理会谈技巧,包括恰当的眼神接触、放松而专业的身体姿势,以及表明你理解来访者叙述的言语回应。

会谈者:　你今天想要谈点什么?

来访者:　嗯,是我儿子。我不知道拿他怎么办。

选择最恰当的回应。

会谈者:　你儿子多大了?(请阅读 6.2)

会谈者:　(短暂沉默,用鼓励的语气)你儿子?(请阅读 6.3)

会谈者:　你儿子是怎么看你的?(请阅读 6.4)

6.2 你的回应： **你儿子多大了？**

这是一个封闭式问题，放到会谈后期可能是合适的。此刻，提出这个问题并不恰当，因为这会让来访者偏离讨论轨道。你的任务是关注来访者正在讲述的内容，使用能表明你正在倾听他讲述的回应方式。请回到 6.1，再次选择。

6.3 你的回应： **（短暂沉默，用鼓励的语气）你儿子？**

正确。你短暂的沉默会让来访者继续讲下去。然而，当你察觉到他不愿意继续的时候，你用鼓励的语调重复了一部分他说过的话。这个最小鼓励表明你在听他诉说。请阅读 6.5。

6.4 你的回应： **你儿子是怎么看你的？**

你改变了会谈的重点。如果你关注来访者讲述的内容，你就要帮助来访者用他自己的方式来告诉你。请回到 6.1，再次选择。

6.5

在会谈的早期阶段，倾听很重要；而解决问题、信息提供等这些在行动阶段的常用技巧在会谈中出现的时间较晚。

来访者：是的，我儿子。去年，他就很难管了。而就在最近，他开始偷东西。

选择最恰当的回应。

会谈者：他开始偷东西……（请阅读 6.6）

会谈者：你不能阻止他那样做吗？（请阅读 6.7）

会谈者：嗯，我确定我们可以解决这个问题。（请阅读 6.8）

6.6 你的回应： **他开始偷东西……**

正确。你表现出你正在倾听来访者的讲述，对他所说内容感兴趣。请阅读 6.9。

6.7 你的回应： **你不能阻止他那样做吗？**

这个暗藏建议的无关问题可能会让来访者生气或者发怒。请回到 6.5，再次选择。

6.8 你的回应： **嗯，我确定我们可以解决这个问题。**

这个判断可能是正确的，但儿子不是来访者，父亲才是。你的任务是关注来访者正在讲述的内容，帮助他探讨和澄清他的问题。做到这一点后，你才能够帮助来访者找出解决问题的最佳途径。请回到 6.5，再次选择。

---

114 **6.9**

你对来访者是否保持关注，会表现在你的回应和行为里，并对你和来访者的关系造成很大影响。

来访者：是的。上周警察带来了逮捕令。他妈的，不是一件案子，是五件！

选择最恰当的回应。

会谈者：他们把他抓起来了吗？（请阅读 6.10）

会谈者：他对自己的所作所为感到内疚吗？（请阅读 6.11）

会谈者：听起来你对这件事情很生气。（请阅读 6.12）

6.10　**你的回应：**　他们把他抓起来了吗？

尽管你可能需要这条信息，但是时机还没有到。问这句话就表明，你的心思不在这里，你没有关注来访者正在告诉你的事情。请回到 6.9，再次选择。

6.11　**你的回应：**　他对自己的所作所为感到内疚吗？

你改变了话题，新话题可能是你感兴趣的，但此刻对来访者来说可能不重要。你关注的应该是来访者而不是他的儿子。请回到 6.9，再次选择。

6.12　**你的回应：**　听起来你对这件事情很生气。

正确。来访者表达了很大的愤怒。你对来访者愤怒的情感进行了反映，表明你在关注来访者讲述的事情以及他对此事的感受。请阅读 6.13。

6.13

开放式问题鼓励来访者和你展开讨论。

来访者：是的，我是生气，因为那意味着他这样做有一段时间了。这件事，加上他别的一些行为，不管是谁都会生气的。

选择最恰当的回应。

会谈者：你儿子吸毒吗？（请阅读 6.14）

会谈者：你能给我详细说说吗？（请阅读 6.15）

会谈者：你认为你儿子意识到你生气了吗？（请阅读 6.16）

6.14　**你的回应：**　你儿子吸毒吗？

这个封闭式问题要求回答"是"或"不是"，并且改变了话题。通过使用封闭式提问，你承担起了继续会谈的责任。相反，开放式提问帮助来访者探索其问题，并给他继续讨论的机会。请回到 6.13，再次选择。

6.15　**你的回应：**　你能给我详细说说吗？

正确。这个开放式问题邀请来访者告诉你更多他和儿子之间的问题。开放式问题帮助来访者们更加详细地探讨他们关心的问题。请阅读 6.17。

6.16　**你的回应：**　你认为你儿子意识到你生气了吗？

这个封闭式问题仅仅要求回答"是"或"不是"。来访者现在可以袖手旁观，等着你再次开口讲下去了。相反，开放式问题能够帮助来访者更加详细地讨论关于他儿子的问题。请回到 6.13，再次选择。

6.17

开放式问题常常包含"什么""怎样""能否"。"什么"常常能引出事实性　115
信息；"怎样"是以人为导向的；"能否"则鼓励来访者继续讲下去。尽管包含"为什么"的开放式问题也可能是有效的，但常常会让来访者产生防御心理。

来访者：嗯，现在快一年了，我们和他相处得一直不好。他不回来吃饭，很晚才回家。

选择最恰当的回应。

会谈者：你是怎样应对他这些行为的？（请阅读 6.18）

会谈者：他有没有在外面过夜的情况？（请阅读 6.19）

会谈者：你为什么让他逃脱惩罚呢？（请阅读 6.20）

6.18　**你的回应：**　**你是怎样应对他这些行为的？**
正确。这个开放式问题能够让来访者详细讲述他所担心的事情，并请他提供具体信息，让你了解他是如何应对儿子的行为。请阅读 6.21。

6.19　**你的回应：**　**他有没有在外面过夜的情况？**
这个封闭式提问之后可能需要接着再问些后续问题。相反，开放式提问不仅能够引出更多的信息，也会鼓励来访者承担会谈进展的责任。请回到 6.17，再次选择。

6.20　**你的回应：**　**你为什么让他逃脱惩罚呢？**
你已经在假设来访者没有尽力改变儿子的行为。这个假设可能让来访者产生防御心理。如果他确实已经尽力让儿子晚上回家，这一假设的后果就更糟糕。请回到 6.17，再次选择。

6.21

情感反映聚焦于来访者叙述中的情感因素，鼓励来访者讨论他们对重要事情做出的情感反映。这些重要的事情会对来访者产生影响。

来访者：一开始我们忽视了他回家晚的事情，因为只是偶尔发生。但是最近，每个晚上，他一到半夜就出去了，有时是在一两点钟以后。我晚上不睡觉等着他，我们经常吵架。

选择最恰当的回应。

会谈者：你认为他什么时候应该在家？（请阅读 6.22）

会谈者：你妻子是怎么看这整件事的？（请阅读 6.23）

会谈者：他回来晚的时候，你真的是非常恼火。（请阅读 6.24）

6.22　**你的回应：**　**你认为他什么时候应该在家？**
这个封闭式问题改变了话题。来访者告诉你的是他对儿子回家晚的感受。请回到 6.21，再次选择。

6.23　**你的回应：**　**你妻子是怎么看这整件事的？**
你改变了话题，你提出的问题和正在讨论的话题无关。你的任务是聚焦于来访者。请回到 6.21，再次选择。

6.24　**你的回应：**　**他回来晚的时候，你真的是非常恼火。**
正确。来访者已经告诉过你他在儿子晚归时作何反应，你对他的行为中所暗示的情感进行了反映。请阅读 6.25。

116 ## 6.25

在你进行情感反映之前，要先正确地识别来访者的情感。

来访者：是的，这种事情发生时，我非常恼火，但是第二天早晨，我就觉得心烦意乱。毕竟是他在把自己的生活弄得一团糟。我希望我能够让他明白我们爱他。

选择最恰当的回应。

会谈者：所以，你的情感很复杂。你既生他的气，又很担心他，也很爱他。（请阅读 6.26）

会谈者：第二天早晨，你不生气了。（请阅读 6.27）

会谈者：你真的爱他吗？（请阅读 6.28）

6.26　**你的回应：**　*所以，你的情感很复杂。你既生他的气，又很担心他，也很爱他。*

正确。来访者表现出多种情感，你一一进行了识别并做出反应。这样做，你就给了来访者一个识别并澄清自己各种情感的机会。请阅读 6.29。

6.27　**你的回应：**　*第二天早晨你不生气了？*

你的回应仅仅关注了来访者情感的一个方面。对来访者而言，重要的是要识别并探讨他表现出的所有情感。请回到 6.25，再次选择。

6.28　**你的回应：**　*你真的爱他吗？*

这个封闭式问题仅仅关注了来访者陈述中的一个方面。你没有鼓励他继续探讨他复杂的情感。请回到 6.25，再次选择。

6.29

概述让来访者回顾他在会谈中说过的话，能让来访者就到此刻为止他已经告诉过你的内容进行思考。

来访者：是的，我想我既担心他也担心我们自己。我不知道我们怎么做才能让他改变。

选择最恰当的回应。

会谈者：或许你应该鼓励他待在家里。（请阅读 6.30）

会谈者：所以，他犯法了，他晚上不回家，你想找到解决这些问题的方法。（请阅读 6.31）

会谈者：嗯，法庭可能会在这件事情上为你做出决定。（请阅读 6.32）

6.30　**你的回应：**　*或许你应该鼓励他待在家里。*

你的回应表明你认为来访者没有尽力这样做。如果他已经做了，你的解释会让他气愤；如果他还没有找到鼓励他儿子待在家里的办法，你的话会让他产生防御心理，导致他不再与你进行互动。请回到 6.29，再次选择。

6.31　**你的回应：**　*所以，他犯法了，他晚上不回家，你想找到解决这些问题的方法。*

正确。这个回应很好地概述了来访者告诉你的内容。这一概述将来访者的注意力集中于他到此刻为止已经和你讨论过的内容上。你已经开始和来访者建立会谈工作关系，也已经开始发现他的问题了。请阅读 6.33。

6.32　**你的回应：**　*嗯，法庭可能会为你在这件事情上做出决定。*

你表现出对来访者的话语缺少关注，对他的内心感受也没什么兴趣。你的回应没能帮助他澄清问题。请回到 6.29，再次选择。

6.33

对会谈中陈述过的内容进行释义是将来访者注意力聚焦的另一种方式，可以让他或她关注已经告诉了你的内容。 117

来访者：正是这样。我妻子和我试过所有的办法，但是都没有用。

选择最恰当的回应。

会谈者：或许你应该把你妻子带来见我。（请阅读 6.34）

会谈者：你认为是否有可能忽略了某一个解决方法？（请阅读 6.35）

会谈者：所有你想到的方法都没有效果。（请阅读 6.36）

6.34　**你的回应：**　**或许你应该把你妻子带来见我。**

你的回应表明你并没有聚精会神地听来访者讲述。请回到 6.33,再次选择。

6.35　**你的回应：**　**你认为有没有可能忽略了某一个解决方法?**

这个封闭式问题需要回答“是”或“不是”。请回到 6.33,再次选择。

6.36　**你的回应：**　**所有你想到的方法都没有效果。**

正确。重述来访者告诉你的内容可以将会谈重点放在他正在讨论的问题上。请阅读 6.37。

6.37

最小鼓励表明你在关注来访者的叙述,希望他能继续讨论。

来访者：是的。我跟你说过他是领养的吗?

选择最恰当的回应。

会谈者：从哪儿领养的?(请阅读 6.38)

会谈者：嗯……(请阅读 6.39)

会谈者：啊……嗯……继续说。(请阅读 6.40)

6.38　**你的回应：**　**从哪儿领养的?**

这个回应打断了来访者的讨论。好的问题应该聚焦于来访者,而不应该来自会谈者的好奇心。请回到 6.37,再次选择。

6.39　**你的回应：**　**嗯……**

这个回应暗示了不确定。最小鼓励应该有利于讨论的开展,而不是让讨论变得难以理解。请回到 6.37,再次选择。

6.40　**你的回应：**　**啊……嗯……继续说。**

正确。这个最小鼓励让来访者继续和你讨论。

在回顾这些基本技巧的过程中,你开始和来访者建立良好的关系,并发现他的一些问题。本章第二个部分将会给你提供综合运用这些基本技巧的机会。在综合运用技巧的练习中,本章第二部分提供了多种学习路线可供选择。根据你的选择,你将会进入下一组小节内容的学习。学完一种路线的内容后,回到 6.41,选择另外一条路线,再次学习。通过两次学习本章第二部分的内容,你会看到不同技巧和回应的组合能够促进会谈探索阶段目标的实现。请阅读 6.41。

---

118 **6.41**

综合运用会谈技巧会培养你自己自然的会谈风格,即,在你觉得合适的时候自如地使用每一个技巧。

来访者：我们是在他 6 个月大的时候领养了他,因为我们不能生育自己的孩子,我们很沮丧。

选择最恰当的回应。

会谈者：他是一个健康的婴儿吗?(请阅读 6.42)

会谈者：你能再多说说这件事吗?(请阅读 6.43)

会谈者：你们当时真的很想要一个孩子。(请阅读 6.44)

6.42　**你的回应：**　他是一个健康的婴儿吗？

这个问题只需要回答“是”或“不是”，不能帮助来访者继续讨论。此外，你表现出对那个婴儿很好奇，却没有关注来访者正在讲述的内容。请回到 6.41，再次选择。

6.43　**你的回应：**　你能再多说说这件事吗？

正确。这个开放式问题将继续讨论的责任和确定会谈方向的责任交给了来访者。请阅读 6.45。

6.44　**你的回应：**　你们当时真的很想要一个孩子。

正确。这个情感反映鼓励来访者告诉你更多关于他想要孩子的这件事情。请阅读 6.46。

6.45

来访者：是这样的，妻子和我结婚六年，我们没有孩子。我们真的很想要一个孩子。

选择最恰当的回应。

会谈者：有一个孩子对你们很重要。（请阅读 6.47）

会谈者：你们有没有去找医生检查一下你们的问题？（请阅读 6.48）

会谈者：因为没有孩子，所以你们非常担心。（请阅读 6.49）

6.46

来访者：嗯，是的。在那六年中，我们一直尝试要孩子。

选择最恰当的回应。

会谈者：你能和我再多说说这件事吗？（请阅读 6.50）

会谈者：你们家其他人有没有这种问题？（请阅读 6.51）

会谈者：但是没有成功。（请阅读 6.52）

6.47　**你的回应：**　有一个孩子对你们很重要。

正确。对内容的重述表明你正在关注讨论，希望来访者继续讲下去。请阅读 6.56。

6.48　**你的回应：**　你们有没有去找医生检查一下你们的问题？　119

这个封闭式问题对来访者进一步详细讲述没有帮助。一旦他回答“有”或“没有”，你必须承担起下一个回应的责任。请回到 6.45，再次选择。

6.49　**你的回应：**　因为没有孩子，所以你们非常担心。

正确。这个反映强调了来访者想要孩子的情感。请阅读 6.55。

6.50　**你的回应：**　你能和我再多说说这件事吗？

正确。这个开放式问题鼓励来访者继续讲下去。请阅读 6.54。

6.51　**你的回应：**　你们家其他人有没有这种问题？

这个回应不能帮助来访者处理他当前的问题。请回到 6.46，再次选择。

6.52　**你的回应：**　但是没有成功。

正确。这个最小鼓励表明你在关注来访者的叙述，并请他继续讲下去。请阅读 6.53。

6.53

来访者：是的。所以，最后我们决定去看医生，检查我们有什么问题。那是一个艰难的决定。

选择最恰当的回应。

会谈者：看完医生之后你是怎么想的？（请阅读 6.57）

会谈者：决定去看医生是很困难的。（请阅读 6.58）

会谈者：医生让你和你妻子消除了疑虑。（请阅读 6.59）

6.54

来访者：妻子和我都做了检查，我们不能生孩子并没有明显的原因。所以，我们决定做点什么……我们就做了。

选择最恰当的回应。

会谈者：你们最后做出了一个决定。（请阅读 6.60）

会谈者：你们决定……（请阅读 6.61）

会谈者：你们考虑过做养父母吗？（请阅读 6.62）

6.55

来访者：是的，我们真的想要孩子。别人也不再邀请我们参加聚会和其他的活动，因为他们有孩子，我们没有。

选择最恰当的回应。

会谈者：所以，这既是社交问题也是个人问题。（请阅读 6.63）

会谈者：请继续说。（请阅读 6.64）

会谈者：社交生活对你们来讲最重要。（请阅读 6.65）

6.56

120 来访者：我想是这样的。我们所有的朋友都有孩子，每个人都不断地问我们什么时候要孩子。我们觉得非常不舒服。

选择最恰当的回应。

会谈者：或许你应该告诉他们这不是他们操心的事。（请阅读 6.66）

会谈者：对于你们来说，这真的很尴尬。（请阅读 6.67）

会谈者：那么接下来发生了什么事？（请阅读 6.68）

6.57　**你的回应：** **看完医生之后你是怎么想的？**

正确。这个开放式问题聚焦于来访者诉说的内容，可以让他继续进行讨论。请阅读 6.76。

6.58　**你的回应：** **决定去看医生是很困难的。**

正确。你的回应准确地反映了来访者诉说的内容，表明你在关注他的讲述，同时，这个回应给出的信息也能让你核实你对来访者谈话内容的理解。请阅读 6.75。

6.59　**你的回应：** **医生让你和你妻子消除了疑虑。**

你的反映是不准确的，因为你没有相关信息依据。医生有可能已经证实了他们最糟糕的噩梦，让他们觉得非常沮丧。请回到 6.53，再次选择。

6.60　**你的回应：** **你们最后做出了一个决定。**

正确。重述的内容表明你在关注来访者的讲述，并鼓励他继续与你讨论。请阅读 6.74。

6.61　**你的回应：**　**你们决定……**
正确。这个最小鼓励表明你在倾听来访者，请他继续讲下去。请阅读 6.73。

6.62　**你的回应：**　**你们考虑过做养父母吗？**
你改变了讨论的话题。请回到 6.54，再次选择。

6.63　**你的回应：**　**所以，这既是社交问题也是个人问题。**
正确。这个重述的内容表明你正在听来访者讲述，为他后面的叙述提供了交流的起点。请阅读 6.72。

6.64　**你的回应：**　**请继续说。**
正确。这个最小鼓励表明你正在听来访者讲述，希望他继续讲下去。请阅读 6.71。

6.65　**你的回应：**　**社交生活对你们来讲最重要。**
这句引导性的话可能会让来访者生气。你可以仔细关注来访者正在讲述的内容，以此来帮助他探讨自己的问题。请回到 6.55，再次选择。

6.66　**你的回应：**　**或许你应该告诉他们这不是他们操心的事。** 121
你的回应表明你自己对这个话题的情感已经妨碍了你的倾听。来访者如能自己找到解决问题的方法，将会从中获益。请回到 6.56，再次选择。

6.67　**你的回应：**　**对于你们来说，这真的很尴尬。**
正确。这个反映聚焦于来访者的情感，让他能继续讲下去。请阅读 6.70。

6.68　**你的回应：**　**那么接下来发生了什么事？**
正确。这个简单的开放式问题表明你在关注来访者，鼓励他把正在讲述的内容进一步详细阐述。请阅读 6.69。

6.69

来访者：嗯，我们去看医生，他说我们可能不会有自己的孩子了。所以，和他谈完之后，我们就考虑领养一个孩子。

选择最恰当的回应。

会谈者：然后呢……（请阅读 6.77）
会谈者：这是一个办法，能够给你们一点希望。（请阅读 6.78）
会谈者：你是通过家庭医生安排领养的事情吗？（请阅读 6.79）

6.70

来访者：是的。我们甚至很少出去，因为我们害怕这个话题会不时出现。我们必须做点什么。

选择最恰当的回应。

会谈者：你们觉得很丢人，所以你们藏起来了。（请阅读 6.80）
会谈者：嗯，嗯。（请阅读 6.81）
会谈者：你们决定做什么？（请阅读 6.82）

6.71

来访者：我想他们不愿在我们面前讨论他们的孩子以免让我们尴尬。如果他们不邀请我们，这种事就不会发生。

选择最恰当的回应。

会谈者：　所以你们就没被邀请去参加活动了。(请阅读 6.83)

会谈者：　我感觉他们的行为伤害了你们。(请阅读 6.84)

会谈者：　我想你们本可以做点其他的事情。(请阅读 6.85)

6.72

来访者：　是的。我们觉得我们必须做点什么。

选择最恰当的回应。

会谈者：　我不确定你是否必须那样想。(请阅读 6.86)

会谈者：　然后呢……(请阅读 6.87)

会谈者：　你们决定做什么?(请阅读 6.88)

122 **6.73**

来访者：　是的,我们决定领养。在他们审查我们的资料时,我们必须等待,但是我们成功了。那一天是多么让人开心啊!

选择最恰当的回应。

会谈者：　他们审查的是什么资料?(请阅读 6.89)

会谈者：　所以你们能够领养了。(请阅读 6.90)

会谈者：　那肯定让人很激动。(请阅读 6.91)

6.74

来访者：　是的,做这个决定很困难,但是我们决定领养一个孩子。

选择最恰当的回应。

会谈者：　一个重大决定……(请阅读 6.92)

会谈者：　现在你认为这个决定怎么样?(请阅读 6.93)

会谈者：　你的朋友是如何反应的?(请阅读 6.94)

6.75

来访者：　当然是的,但是,医生告诉我们的话让我们很庆幸去看了医生。

选择最恰当的回应。

会谈者：　医生跟你说了什么?(请阅读 6.95)

会谈者：　那时你真的觉得轻松了。(请阅读 6.96)

会谈者：　肯定是好消息。(请阅读 6.97)

6.76

来访者：　嗯,我们得知我们可以生孩子,但是很困难。医生建议我们领养一个。

选择最恰当的回应。

会谈者：　所以,看起来答案是领养。(请阅读 6.98)

会谈者：　一开始你们拒绝这个想法吗?(请阅读 6.99)

会谈者：　那么,后来……(请阅读 6.100)

6.77　**你的回应：**　*然后呢……*

正确。这个最小鼓励有助于来访者继续讲述。

我们复习一下最后几个回应。从 6.41 开始,在学习中,你先做了一次开放式提问,然后进行内容反映,接着又做了一次开放式提问,最后做了最小鼓励。到现在为止,你已经知道,在会谈的探索阶段,很多种回应都是恰当的。现在请回到 6.41,选择另外一个恰当的回应。你已经选择了 6.43,所以不要再次选择它了。如果这是你第二次学习,请阅读 6.101。

6.78　**你的回应：**　这是一个办法，能够给你们一点希望。

正确。这是一个准确的情感反映，帮助你建立和来访者之间的良好关系。

我们复习一下最后几个回应。从 6.41 开始，在学习中，你先做了一次开放式提问，然后进行内容反映，接着又做了一次开放式提问，最后进行了情感反映。到现在为止，你已经知道，在会谈的探索阶段，很多种回应都是恰当的。现在请回到 6.41，选择另外一个恰当的回应。你已经选择了 6.43，所以不要再次选择它了。如果这是你第二次学习，请阅读 6.101。

6.79　**你的回应：**　你是通过家庭医生安排领养的事情吗？ 123

这个封闭式问题改变了话题。如果这个信息对来访者是重要的，他会找时间告诉你的。请回到 6.69，再次选择。

6.80　**你的回应：**　你们觉得很丢人，所以你们藏起来了。

这是一个过度的情感反映。不要对来访者的话进行过度解释或假设。请回到 6.70，再次选择。

6.81　**你的回应：**　嗯，嗯。

正确。这个最小鼓励请来访者继续讨论。

我们复习一下最后几个回应。从 6.41 开始，在学习中，你先做了一次开放式提问，然后进行了内容反映，接着进行了情感反映，最后做了最小鼓励。到现在为止，你已经知道，在会谈的探索阶段，很多种回应都是恰当的。现在请回到 6.41，选择另外一个恰当的回应。你已经选择了 6.43，所以不要再次选择它了。如果这是你第二次学习，请阅读 6.101。

6.82　**你的回应：**　你决定做什么？

正确。这个开放式问题表明你在倾听来访者，请他继续讲下去。

我们复习一下最后几个回应。从 6.41 开始，在学习中，你先做了一次开放式提问，然后进行了内容反映，接着进行了情感反映，最后又做了一次开放式提问。到现在为止，你已经知道，在会谈的探索阶段，很多种回应都是恰当的。现在请回到 6.41，选择另外一个恰当的回应。你已经选择了 6.43，所以不要再次选择它了。如果这是你第二次学习，请阅读 6.101。

6.83　**你的回应：**　所以你们就没被邀请去参加活动了。

正确。这是一个恰当的内容反映，在来访者探讨自己的问题时能够支持他。

我们复习一下最后几个回应。从 6.41 开始，在学习中，你先做了一次开放式提问，然后进行了情感反映，接着做了最小鼓励，最后进行了内容反映。到现在为止，你已经知道，在会谈的探索阶段，很多种回应都是恰当的。现在请回到 6.41，选择另外一个恰当的回应。你已经选择了 6.43，所以不要再次选择它了。如果这是你第二次学习，请阅读 6.101。

6.84　**你的回应：**　*我感觉他们的行为伤害了你们。*

正确。这是一个准确的情感反映，能让来访者觉得受到了支持。

我们复习一下最后几个回应。从6.41开始，在学习中，你先做了一次开放式提问，然后进行了情感反映，接着做了最小鼓励，最后又进行了情感反映。到现在为止，你已经知道，在会谈的探索阶段，很多种回应都是恰当的。现在请回到6.41，选择另外一个恰当的回应。你已经选择了6.43，所以不要再次选择它了。如果这是你第二次学习，请阅读6.101。

124 6.85　**你的回应：**　*我想你们本可以做点其他的事情。*

来访者已经表明他和妻子觉得被抛弃了。你的回应表明你没有理解他的感受。你用自己的观点解释了他的话。请回到6.71，再次选择。

6.86　**你的回应：**　*我不确定你是否必须那样想。*

这句话否认了来访者有权拥有自己的情感，妨碍了他解决任何因情感造成的问题。请回到6.72，再次选择。

6.87　**你的回应：**　*然后呢……*

正确。这个最小鼓励帮助来访者继续讲下去。

我们复习一下最后几个回应。从6.41开始，在学习中，你先做了一次开放式提问，然后进行了情感反映，接着进行了内容反映，最后做了最小鼓励。到现在为止，你已经知道，在会谈的探索阶段，很多种回应都是恰当的。现在请回到6.41，选择另外一个恰当的回应。你已经选择了6.43，所以不要再次选择它了。如果这是你第二次学习，请阅读6.101。

6.88　**你的回应：**　*你们决定做什么？*

正确。这个开放式问题聚焦来访者正在讨论的话题，为你提供了具体的信息。

我们复习一下最后几个回应。从6.41开始，在学习中，你先做了一次开放式提问，然后进行了情感反映，接着进行了内容反映，最后又做了一次开放式提问。到现在为止，你已经知道，在会谈的探索阶段，很多种回应都是恰当的。现在请回到6.41，选择另外一个恰当的回应。你已经选择了6.43，所以不要再次选择它了。如果这是你第二次学习，请阅读6.101。

6.89　**你的回应：**　*他们审查的是什么资料？*

这个回应与讨论无关。你的任务是和来访者建立良好关系，帮助他探讨他的问题。请回到6.73，再次选择。

6.90　**你的回应：**　*所以你们能够领养了。*

正确。这是恰当的内容反映。

我们复习一下最后几个回应。从6.41开始，在学习中，你先进行了情感反映，然后做了一次开放式提问，接着做了最小鼓励，最后进行了内容反映。到现在为止，你已经知道，在会谈的探索阶段，很多种回应都是恰当的。现在请回到6.41，选择另外一个恰当的回应。你已经选择了6.44，所以不要再次选择它了。如果这是你第二次学习，请阅读6.101。

6.91 **你的回应：** 那肯定让人很激动。

正确。这是一个恰当的情感反映，有助于建立良好的关系。

我们复习一下最后几个回应。从6.41开始，在学习中，你先进行了情感反映，然后做了一次开放式提问，接着做了最小鼓励，最后又进行了情感反映。到现在为止，你已经知道，在会谈的探索阶段，很多种回应都是恰当的。现在请回到6.41，选择另外一个恰当的回应。你已经选择了6.44，所以不要再次选择它了。如果这是你第二次学习，请阅读6.101。

6.92 **你的回应：** 一个重大决定…… 125

正确。这个最小鼓励会帮助来访者继续讨论。

我们复习一下最后几个回应。从6.41开始，在学习中，你先进行了情感反映，然后做了一次开放式提问，接着进行了内容反映，最后做了最小鼓励。到现在为止，你已经知道，在会谈的探索阶段，很多种回应都是恰当的。现在请回到6.41，选择另外一个恰当的回应。你已经选择了6.44，所以不要再次选择它了。如果这是你第二次学习，请阅读6.101。

6.93 **你的回应：** 现在你认为这个决定怎么样？

正确。这个开放式问题保持了话题不变，让来访者能够讨论他的问题。

我们复习一下最后几个回应。从6.41开始，在学习中，你先进行了情感反映，然后做了一次开放式提问，接着进行了内容反映，最后又做了一次开放式提问。到现在为止，你已经知道，在会谈的探索阶段，很多种回应都是恰当的。现在请回到6.41，选择另外一个恰当的回应。你已经选择了6.44，所以不要再次选择它了。如果这是你第二次学习，请阅读6.101。

6.94 **你的回应：** 你的朋友是如何反应的？

你改变了话题，你向来访者表明，你更感兴趣的是你自己的想法而不是关注他正在讨论的事情，这会让来访者分散注意力。请回到6.74，再次选择。

6.95 **你的回应：** 医生跟你说了什么？

正确。这个开放式问题保持了话题不变。

我们复习一下最后几个回应。从6.41开始，在学习中，你先进行了情感反映，然后做了最小鼓励，接着进行了内容反映，最后做了开放式提问。到现在为止，你已经知道，在会谈的探索阶段，很多种回应都是恰当的。现在请回到6.41，选择另外一个恰当的回应。你已经选择了6.44，所以不要再次选择它了。如果这是你第二次学习，请阅读6.101。

6.96 **你的回应：** 那时你真的觉得轻松了。

正确。这是一个恰当的情感反映。

我们复习一下最后几个回应。从6.41开始，在学习中，你先进行了情感反映，然后做了最小鼓励，接着进行了内容反映，最后又进行了情感反映。到现在为止，你已经知道，在会谈的探索阶段，很多种回应都是恰当的。现在请回到6.41，选择另外一个恰当的回应。你已经选择了6.44，所以不要再次选择它了。如果这是你第二次学习，请阅读6.101。

6.97	你的回应：	肯定是好消息。 来访者前面说的话并没有暗示他得到的消息是好的；因此，你的话是一个假设，有可能不正确。如果你错了，你的假设就会对你和来访者之间的关系产生负面影响。请回到 6.75，再次选择。
126 6.98	你的回应：	所以，看起来答案是领养。 正确。这是一个准确的释义，有助于建立良好关系。 我们复习一下最后几个回应。从 6.41 开始，在学习中，你先进行了情感反映，然后做了最小鼓励，接着做了一次开放式提问，最后进行了内容反映。到现在为止，你已经知道，在会谈的探索阶段，很多种回应都是恰当的。现在请回到 6.41，选择另外一个恰当的回应。你已经选择了 6.44，所以不要再次选择它了。如果这是你第二次学习，请阅读 6.101。
6.99	你的回应：	一开始你们拒绝这个想法吗？ 这个问题可能让来访者生气，妨碍你和他建立良好关系。请回到 6.76，再次选择。
6.100	你的回应：	那么，后来…… 正确。这个最小鼓励会帮助来访者继续讲下去。 我们复习一下最后几个回应。从 6.41 开始，在学习中，你先进行了情感反映，然后做了最小鼓励，接着做了一次开放式提问，最后又做了一次最小鼓励。到现在为止，你已经知道，在会谈的探索阶段，很多回应都是恰当的。现在请回到 6.41，选择另外一个恰当的回应。你已经选择了 6.44，所以不要再次选择它了。如果这是你第二次学习，请阅读 6.101。
6.101		本章内容是为了巩固和综合运用会谈探索阶段使用的具体技巧。在实际的会谈中，技巧之间的区别不一定总是很清晰。有时，在一句话中使用几个技巧也是恰当的。例如，"嗯……你听起来生气了"（最小鼓励，情感反映）；或者"你听起来很担心，你能和我说说吗？"（情感反映，开放式问题）。综合运用这些技巧来增进与来访者的良好关系并识别来访者的问题，这是成为有效会谈者的重要的步骤。 你应该认识到，在探索阶段，有些障碍会影响有效倾听，包括： ● 倾向于判断和评价来访者叙述的内容 ● 由于噪声、时间或者话题的原因造成的注意力不集中 ● 过早尝试提供建议，解决问题或寻找答案 ● 一心想着你自己接来下怎么回应 ● 打断来访者，对来访者正在讲述的内容提出你自己的意见

▶ 文化考量

1. 开展心理会谈时，与来访者相关的多元文化因素很多，当会谈者尝试平衡这些因素的共性与差异时，很容易因为归纳概括而产生不准确、无效的**刻板印象**

(stereotypes)。对多元文化主义进行定义时最好宽泛一些。RESPECTFUL 模型列举了文化差异的许多潜在方面(D'Andrea & Daniels,1991;Ivey, D'Andrea & Ivey,2012)。在阅读下面模型的时候,请思考你自己的文化身份,并思考你能在多大程度上理解每一个领域的差异。

R 宗教/精神信仰 127

E 经济/阶层背景

S 性取向和/或性别身份

P 个人风格和教育

E 民族/种族身份

C **时间顺序的**(chronological)/人生阶段的挑战。童年、少年、青年、中年和老年等各个年龄段的人面临不同的问题和挑战。

T 创伤。据估计,90%及以上的人在生活当中经历过严重的创伤。

F 家庭背景。我们在家庭中学习文化。

U 独特的身体特征。残疾/健全,健康。

L 居住地点和语言差异。

记住这个模型能够帮助会谈者对如何看待来访者的问题进行批判性思考,避免形成偏见,特别是对于少数族裔人群的偏见。

2. 记住,来访者带到心理会谈中的问题是在某个文化环境下形成的。心理会谈的目标是帮助来访者在该文化环境中解决问题。对 RESPECTFUL 模型的各个方面要保持敏感性。

3. 与来自其他文化的来访者进行心理会谈时,会谈者应该保持灵活性,使用技巧时要做出调整,以适应来访者的文化要求。

6.102

你正在给一位单身女性来访者做心理会谈,她想探讨一下从中国收养孩子的问题。她很直率,在她的圈子里,因为她的女性主义观点,她是很出名的。她不确定别人会怎么看领养这件事。下面的交谈发生在本次会谈结束前的 10 分钟。

你简短概述了本次会谈讨论的主要观点和情感:

会谈者:　苏珊,今天我们已经讨论了你要领养孩子的想法。我感觉到你对领养、照顾孩子既有愿望也有热情。这件事看起来会给你的生活带来新的视角。同时,我也感觉到,你对邻居、学校以及整个社区会怎么看待这件事感到担心和忧虑。这个变化已经给你的生活带来压力和焦虑。即使是今天,我看得出来,你仍然因为这个决定而倍感压力。对我们讨论的内容,这样总结可以吗?

来访者：基本上是这样……(暂停)但是我仍在想我接下去的几步该怎么做。我不太确定你在这件事情上的立场是什么。你认为我下面该怎么做？

选择能描述来访者恰当行为的最佳回应。

会谈者：我感觉到你想让我帮你做出决定。嗯，我的想法是这样的。你在解决这个问题时做得挺好的；到目前为止，你的邻居看起来也是支持的。所有这些听起来都不错，但是当地的学校是出了名的保守。我认为你应该考虑一下私立学校。我很讨厌看到你的孩子受到歧视。(请阅读 6.103)

会谈者：(暂停)在我看来很有道理。你的愿望和价值观看起来很清楚。你有很多优点，以前也处理过歧视问题，尽管不是这一类的。让我们一起想一想，如果你继续做下去的话，你可能需要面对哪些类型的问题。我们现在可以先简单理一下，下周再深入讨论。(请阅读 6.104)

128 会谈者：我感觉到你很想解决这个问题。这段时间以来，你的情感看起来更加明确，你似乎已经开始行动，准备办理领养事务了。这样说对吗？(请阅读 6.105)

6.103 你的回应： 我感觉到你想让我帮你做出决定。嗯，我的想法是这样的。你在解决这个问题时做得挺好的；到目前为止，你的邻居看起来也是支持的。所有这些听起来都不错，但是当地的学校是出了名的保守。我认为你应该考虑一下私立学校。我很讨厌看到你的孩子受到歧视。

会谈者意图很好，但是已经脱离了来访者正在考虑和感受到的事情，在问题没有充分明确之前就给了一个答案。孩子上学之前还有很长一段时间。当来访者直接问你是怎么想的时候，我们建议以一种平等的方式进行回应，但是仍要把关注的重点放在来访者身上。请回到 6.102，再次选择。

6.104 你的回应： (暂停)在我看来很有道理。你的愿望和价值观看起来很清楚。你有很多优点，以前也处理过歧视问题，尽管不是这一类的。让我们一起想一想，如果你继续做下去的话，你可能需要面对哪些类型的问题。我们现在可以先简单理一下，下周再深入讨论。

正确。会谈者在回答问题之前，先思考一下是明智的做法。这个回应对会谈中已经讨论过的内容再次进行概述。会谈者不是提供一个答案，而是表达了和来访者讨论问题的意愿。会谈者还建议来访者做一下准备工作，以便来访者能更深入地考虑，做出一个计划。

6.105 你的回应： 我感觉到你很想解决这个问题。这段时间以来，你的情感看起来更加明确你似乎已经开始行动，准备办理领养事务了。这样说对吗？

这个回应绕开并避免了回答问题，方式上也还可以。使用反映和贯注技巧一般都是安全的做法，在这里的作用也不错。但是会谈者做此反映时没有充分认识到来访者目前的立场，也没有注意到她要继续行动下去的愿望。请回到 6.102，再次选择。

参考资料

D'Andrea, M., & Daniels, J. (2000). RESPECTFUL counseling: An integrative model for counselors. In D. Pope-Davis & H. Coleman (Eds.), *The interface of class culture and gender in counseling* (pp. 417–466). Thousand Oaks, CA: Sage.

Ivey, A., D'Andrea, M., & Ivey, M. (2012). *Counseling and psychotherapy* (7th ed.). Thousand Oaks, CA: Sage.

129

▶ 伦理考量

保密是比隐私范围更窄的一个概念(Stromberg et al.,1998)。保密包括将来访者分享的信息保持为隐私状态,并且对信息披露的方式和时间进行限制。会谈者应该让自己熟悉联邦、州和地方的法律,同时也应该让自己熟悉与保密性相关的地方性政策以及在地方性政策适用的情境中对保密的限制。保密及其限制常常包含在获得知情同意的过程之中。下面是几个职业组织在保密标准方面的总结。尽管下面的内容涵盖了与保密性相关的主要问题,但是仍有一些问题没有在这里讨论。

保密原则

1. 会谈者有义务保护从来访者那里获取的保密信息。

2. 只有获得来访者的有效同意或者获得来访者合法授权代表的同意后,会谈者才能披露保密信息。

3. 保密的范围和限制可以由法律来规定,也可以由机构的规定或职业关系的性质来确定。

4. 在心理会谈初期及整个会谈过程中,会谈者要向来访者披露保密的性质及其限制。会谈者要和来访者仔细研究必须违反保密规定的情况,包括在法律上要求违反保密规定的情况。

5. 例外:

a. 会谈者对信息进行保密的一般要求不适用于为保护来访者或其他已知人士免遭严重的和可预见的伤害而进行必要的信息披露。

b. 会谈者对信息进行保密的一般要求不适用于法律要求必须披露保密信息的情况。

c. 会谈者在法律事务程序中对来访者的信息进行保密,但应在法律允许的范围之内。当法庭或其他法律机构要求在没有来访者同意的情况下公开保密信息或特殊信息时，会谈者应该寻求获得来访者书面的知情同意，或者采取措施禁止信息披露，或者让信息披露控制在尽可能小的范围之内，因为这样做会对来访者或会谈关系造成潜在的危害。

6. 会谈者应该尽可能地在保密信息披露之前，最大限度地告知来访者关于保密信息披露的情况及其可能后果。这一条适用于会谈者根据法律要求或者来访者知情同意披露保密信息的情况。

7. 当要求披露保密信息时，会谈者应该披露最少量的保密信息，达到预期的目的即可；只有和信息披露目的直接相关的信息才能公开。

8. 会谈者只有在下列情况下才可以在教学、写作、研究和公开演讲时使用来访者的材料：

a. 已经获得来访者的书面同意。

b. 已经采取恰当的步骤掩盖来访者的身份。

c. 有法律授权，可以这样做。

9. 会谈者咨询同事或咨询转诊病人的推荐人时，除非事先获得来访者的书面同意，否则不可以披露可能导致识别来访者身份的保密信息。信息分享的范围仅限于达到咨询目的的必要内容。

10. 在记录来访者的音像之前，会谈者应获取来访者或其法律代表的允许。

11. 会谈者应尽力确保全体工作成员以及其他相关工作人员能共同保护来访者的隐私和保密信息。

130 12. 当为来访者提供的服务中包括治疗小组的参与时，应该告知来访者该小组的存在及其人员构成，还应该告知来访者被分享信息的内容以及信息被分享的目的。

13. 会谈者只有在确保来访者隐私的情况下才能讨论保密信息。保密信息不应该在公开或半公开区域，如走廊、候客室、电梯和餐馆等地方进行讨论。

14. 会谈者只有在来访者授权的情况下才可以向第三方披露信息，如保险公司。

15. 会谈者应该采取预防措施以保证所有保密信息在使用任何媒体传输时的安全性。应该避免披露能识别身份的信息。

6.106

你是言语病理学家，在为一名中年男子做心理会谈。他因中风而影响了言语能力，正在恢复当中。他仍能理解别人对他说的话。你现在正在和来访者讨论保密及其限制。

会谈者：在我们对你进行评估之前，我需要告知你保密原则的有关内容。你应该知道，没有你的授权，我不可以向任何其他人披露我收集的关于你的专业的或个人的信息。然而，对于这一点有一些限制。

来访者：有哪些限制呢？

会谈者：首先，如果我需要向其他人披露信息以便保护你的利益或社区的利益，我会这样做。第二种情况是法律要求我披露信息。对此，你有什么问题要问吗？

来访者：在什么样的情况下法律会要求你披露关于我的信息？

会谈者：举个例子，如果我收到了法庭的传票，要我在听证会上提供我为你做的记录。关于这一点，你还有什么要问的吗？

来访者：没有，我想没有了。

会谈者：还有任何其他问题吗？

来访者：没有了。

会谈者：那么我们开始吧！

文献来源

American Association of Marriage and Family Therapy. (2015). *Code of Ethics*. Standard II 2.1, 2.4, 2.7 (p. 4).

American Association of Pastoral Counselors. (2012). *AAPC Code of Ethics*. Principle IV F., G., H., I.

American Counseling Association. (2014). *ACA Code of Ethics*. B1c, d, B2 a-e, B3 a-f, B5 a-c (p. 7).

American Nurses Association. (2015). *Code of Ethics for Nurses with Interpretive Statements*. 3.1 (p. 9).

American Psychological Association. (2010). *Ethical Principles of Psychologists and Code of Conduct*. 4.01-03, 4.05-07 (pp. 7–8).

American Speech-Language-Hearing Association. (2014). *Code of Ethics*. Principle I, Rule N (p. 2).

National Association of Social Workers. (2014). *Code of Ethics*. 1.07 (b-e, h-r) (pp. 7–8).

Stromberg, C. D., Haggarty, D. J., Leibenluft, R. F., McMillian, M. H., Mishkin, B., Rubin, B. L., et al. (1988). *The psychologist's legal handbook*. Washington, DC: National Register of Health Service Psychologists.

131

▶ 复习问题

下面是来访者的话，选自你一直在做的一个会谈。按照要求对每句话做出回应，并将回应写在单独的一张纸上。将你的回应与本章结束处列举的例子进行对比。

1. 或许当我考虑他的行为时，我会后悔领养了他，但想到这么多年来我们的快乐，我很高兴我们这么做了。(释义)

2. 是的。如果我们发现一些迹象，知道在发生些什么就好了。但是突然，警察

就到了门口。而且不是一起案件，是五起。（情感反映）

3. 我想，就我所看到的，这个问题可能是在过去三四年中形成的。开始的时候，他是上学迟到……（最小鼓励）

4. 我不知道。他不再做我们要求他做的事情了。（开放式问题）

5. 在过去几年的夏天里，他和我达成了一致意见，他割草坪并且得到报酬。嗯，他每个夏天都做好几个星期，然后他就不做了。情况就像这样。就他而言，他在家里应该承担的责任都不是责任了。他认为他只是一个寄宿者。（对 1～5 的回应内容进行概述）

▶ 记忆要点：综合运用探索阶段的技巧

1. 在使用贯注、开放式问题、最小鼓励、情感反映和内容反映这些技巧时：

a. 要尽最大能力掌握每一个技巧，因为有效地综合运用会谈技巧取决于你使用每个技巧的能力。

2. 在会谈中使用单项技巧时：

a. 用你感觉到舒适的方式回应来访者。

b. 必要时综合运用各种单项技巧。

c. 不要过度使用某一个技巧或者只使用某几个技巧。

3. 到目前为止，本书里的技巧适合：

a. 回应来访者的大部分叙述，只要这些技巧表现出良好的贯注性。

132

▶ 6.1　活动单元

和另外两个已经阅读过本章内容的人一起，进行简短会谈的角色扮演。你们轮流扮演来访者、会谈者和观察者的角色。本次练习的简短会谈需要 10～15 次的会谈者回应。使用录音/录像设备对每次简短会谈进行记录。

会谈者角色　练习保持恰当的眼神接触，语音语调以及专业姿势，并在整个会谈过程中保持倾听。练习恰当使用开放式问题、最小鼓励、情感反映、释义或概述等这些技巧来回应来访者。使用封闭式问题来获取重要的具体信息。也可以综合使用各种技巧进行回应，比如同时使用释义和开放式问题。

来访者角色　和会谈者合作，为会谈者练习提供足够的信息。你可以扮演一个有问题需要解决的朋友或者家人，也可以扮演下列角色之一：

1. 某个三四年里第一次看望家人的人。
2. 某个为失去配偶而哀伤的鳏夫/寡妇。
3. 某个害怕自己正在养成酗酒习惯的职员。
4. 某人要从东海岸搬家到西海岸，讨论如何应对这个即将到来的居住地变化。

观察者角色　操作录音/录像设备，完成会谈练习检查表。(见表 6.2)。

表 6.2　会谈练习检查表

	会谈者回应[a]														
活动	1	2	3	4	5	6	7	8	9	10	11	12	13	14	15
有效的贯注行为															
开放式问题															
封闭式问题															
最小鼓励															
情感反映															
释义															
概述															
有效回应[b]															

[a]检查体现每个回应特点的活动。

[b]在表格中对回应的有效性从 1～5 进行 5 级评分，1 表示有效性最低，5 表示有效性最高。

会谈后讨论　参与者使用会谈记录和练习会谈检查表的数据，讨论会谈者的表 133
现。所有参与者都要从讨论中学习，讨论应该是客观的，既要关注有效的回应，也要关注不太有效的回应，并鼓励所有人改善会谈表现。有些人将反馈视为批评，因此很难做出反馈。将反馈视为一种学习技巧的机会更恰当一些。这种机会让参与者可以从他们的错误中学习，成长为熟练的会谈者。

▶ 6.2　活动单元

使用**活动单元** 6.1 中的会谈记录或者其他会谈练习的录音/录像记录，在下面"原来的回应"的空格处写下这些练习中的会谈回应。然后，做出更好的回应替代它们，写在"更好的回应"的空格处。

原来的回应 1____

____

____

更好的回应______________________________________

____

____

原来的回应 2____________________________________

____

____

更好的回应______________________________________

____

____

原来的回应 3____________________________________

____

____

更好的回应______________________________________

____

____

原来的回应 4____________________________________

____

____

更好的回应______________________________________

____

____

原来的回应 5____________________________________

____

____

134　更好的回应__________________________________

原来的回应 6

更好的回应

原来的回应 7

更好的回应

原来的回应 8

更好的回应

原来的回应 9

更好的回应

原来的回应 10

更好的回应

原来的回应 11

更好的回应

135 原来的回应 12

更好的回应

原来的回应 13

更好的回应

原来的回应 14

更好的回应

原来的回应 15

更好的回应

▶ 6.3　活动单元

小组练习

1. 选择一名志愿者扮演来访者，按照**活动单元** 6.1 中来访者的角色要求做。

2. 组成一个/几个小组，小组成员轮流或自愿扮演会谈者，按照会谈者的角色要求做，尽可能地做出回应。

3. 使用会谈练习检查表作为参考，讨论回应的有效性。

记住，本活动对所有人而言都是一次小组学习经历，讨论应该是客观的，相互鼓励的。还要记住，你是在学习新的行为，学习不是瞬间能完成的。显性或隐性的练习是必要的。

▶ 探索阶段技巧：年幼的来访者 136

除了家人、家人的朋友或老师，很多儿童不习惯和别的成年人交谈。一些儿童可能从来没有跟这样一个成人讲过话：这个成年人的重点是倾听并理解儿童正在讲述内容。因为会谈者是一个陌生的成年人，对儿童而言，和会谈者讲话可能是一个新的经历。会谈者和年幼来访者互动时的方式要非常谨慎，要让儿童对谈话不太紧张，让儿童理解和会谈者见面的原因，并鼓励儿童积极参与谈话。从这个方面来说，用儿童能够听懂的语言告诉他们即将会发生什么是很重要的。另外一个要点是，不仅要倾听儿童说什么，也要记下儿童的非言语行为，因为儿童会用行为和肢体语言进行交流。

和儿童进行心理会谈时，要营造一种让儿童感到亲切的气氛。如果有必要，设定限制，让儿童知道哪些行为是可以接受的，并保障儿童的安全。例如，如果一个儿童从在纸上画画转到在墙上画，要告诉他“墙不是画画的地方”。

儿童们会对成人的温暖、热情、友好、幽默、好玩、照顾和关注进行回应。要像尊重成年人一样尊重儿童，这一点很重要；对儿童的喜爱则更是必不可少。

在探索阶段使用的倾听和观察技巧既适用于成人，也同样适用于儿童。然而，要用儿童的语言进行交流，会谈者要做好理解儿童经历的准备。在你和年幼来访者进行会谈时，了解下列观点将会对你有所帮助。

贯注行为

- 行为方式友好，眼神接触恰当。
- 交谈时，音量适中、声音友好。
- 使用符合儿童认知发展水平的词汇，使用熟悉的用语和人名。
- **和**儿童讲话而不是**对**儿童讲话。
- 因为儿童注意力保持的时间短，使用具体的短句子和简单的词语。
- 儿童天生好奇，他们的思想可能从一个话题跳到另一个话题。当这种情况发生时，跟上儿童的思路，等待时机将关注点拉回到要讨论的重要问题上。

提问

- 聚焦于儿童的视角，尽力避免封闭式或引导性问题，特别是当问题很敏感时。
- 要有意识地为会谈建立一个“提问与回应”模式。
- 记住一旦开始询问，会谈者就失去了倾听者的角色，并最终变成了问题的发起者。
- “给我讲讲……”是鼓励儿童开口讲话的好方式。
- 诸如“接着发生了什么?”“然后发生了什么?”以及“之前发生了什么?”之类的问题会有助于儿童的叙述。

内容反映和情感反映

- 不断地进行内容反映和概述会鼓励年幼的来访者集中注意力，继续讲述。
- 儿童会从听到对情感的重述中获益，在为情感命名方面，儿童比成年人需要更多的帮助。
- 必要时，会谈者应该准备好追溯自己的童年经历，以帮助识别年幼来访者的情感。

137 要注意，儿童在会谈中可能比成年人更加活跃，这一点很重要。他们会在屋子里走来走去，东张西望，左摸摸右玩玩。一些儿童喜欢一边和你说话一边玩耍、画画或者走动。记住，像成年人一样，儿童们也将自己特有的品质带到了心理会谈之中，会谈者回应时必须将每一个儿童视作一个独特的个体。如果会谈者要理解儿童的世界，倾听、观察并用儿童的语言和他们进行交流都是重要的途径。有时这也意味着要和他们一起坐在小椅子上或者地板上。

▶ 复习问题答案

下面是对复习问题部分来访者的话进行回应的参考例句：

1. a. 这些年你们感受到的快乐远比你现在面对的问题重要。

   b. 总的来说，对于领养他，你们的遗憾比较少，尽管你们目前的困难让你们怀疑那个决定。

2. a. 发现那样的情况让你们不知所措。

   b. 这个问题非常突然，很严重，让你高度警觉。

3. a. 嗯……嗯……

   b. 并且……

4. a. 你能给我举个例子吗？

   b. 还有什么其他的事情让你们担忧吗？

5. a. 那么，总结一下到此刻为止你告诉我的内容：儿子给你们带来了很多快乐，尽管你很担心他的行为，但是你对这次警察的突然到访完全没有心理准备。

   b. 你看一下我的理解对不对：尽管你们也担心儿子的行为，但是你对这次警察的到访完全没有心理准备之前，你们和他的关系一直良好，但是最近变了。

第二阶段

澄清阶段：帮助来访者澄清他们的经历并制定目标

与第一阶段相同，本阶段也有两个目标：一是会谈双方对来访者每一个问题的精确定义达成一致意见，并识别需要进一步关注的问题；二是帮助来访者对需要关注的问题进行优先性排序，并为每一个问题制定可实现的目标。从第七章到第十章，你将学习许多技巧来帮助你澄清来访者的问题，并将问题转化为可实现的目标。这些技巧包括： 139

- **面质**(Confronting)
- **情感交流和即时性**(Communicating feeling and immediacy)
- **自我表露**(Self-disclosing)
- **解释**(Interpreting)

当你将这些技巧与你在探索阶段学习的技巧联合使用时，你会成功地帮助来访者实现本阶段的目标。

第七章

面质

141 本章旨在帮助你掌握面质技巧。面质也被称为**挑战**(challenging)。学完本章后,你将能够:

1. 展示你可以识别来访者交流内容中的**不一致**(discrepancies)。
2. 在心理会谈过程中,用识别出的不一致与来访者面质。
3. 解释面质的目的。
4. 判断心理会谈中恰当的面质时机。

面质在一般用法中常被视为是惩罚性或敌对性的行为,但在心理会谈中,面质或挑战是一种高水平技能。会谈者用这种技能可以让来访者关注到自己在言语或非言语行为中不一致的地方。来访者常常对自己、对自己的世界或对他人有一种歪曲的认识,面质可以让他们探索用其他方式来看待自己、他人或某些问题。面质用于帮助来访者识别并思考他们在思想、行为和情感方面的不一致或冲突,从而解决他们的问题和争论。有效地使用面质可以帮助来访者在生活中做出改变。表 7.1 对来访者表现出的某些不一致的类型进行了综述。

142 *表 7.1 来访者表现出的某些不一致的类型*

不一致的类型	例　　子
来访者的实际情况与他们看待自己的情况	(一名成功的商人)在生意上,我做得不太好,公司只能勉强经营下去。

(续表)

不一致的类型	例　　子
来访者的行为与言谈	(一名女性,坐立不安,看上去总是非常紧张)大部分时间里我很放松,很从容。
来访者的言语行为与非言语行为	(一名男性,双拳紧握,面呈怒色)不,我对开除我的事情不生气。
来访者使用防御策略来避免改变	(一名女性,决定参加更多社交活动)上周,我真的没时间参加"会议主持人"的活动。
个人价值观与社会价值观的矛盾	(一名家长,相信应该鼓励孩子做出他们自己的决定)我已经决定了,我女儿明年要上艺术学院。

面质应该是温和的、试探性的、有礼貌的、**客观的**(nonjudgmental),能够鼓励来访者探索他们的不一致。一旦使用面质,会谈者应该同时使用前面学习过的技巧,以便帮助来访者讨论并解决这种不一致。面质的基础是稳固的信任关系。因此,会谈者和来访者在探索阶段花充足的时间建立良好的关系就尤为重要。一旦建立了良好的关系,来访者就比较容易倾听会谈者的面质。面质的基础是会谈者对来访者言谈举止的有效倾听和细致观察,因此也会增加来访者对自身行为的意识;而面质的时机也很重要,要选择来访者最有可能从中获益的时机来进行。有时候,让来访者理解为什么你要挑战他们也会有所帮助。

本章内容的前半部分主要是让你熟悉面质技巧,后半部分列举了适合使用面质的情境。本章前面小节的内容是会谈者与一名婚姻失败的中年妇女之间的心理会谈。在这次会谈中,来访者因为不会理财而寻求帮助。在本章后半部分,每一个小节内容独立,自成一体。请阅读 7.1。

7.1

面质时,会谈者要让来访者注意到不一致的具体内容,包括行为上、言语上以及行为和言语之间的不一致。来访者的不一致和矛盾很重要,因为它们指向了未解决的问题、内心的矛盾以及压抑或抑制的情感。有效面质能够引导来访者更加清楚地理解自身的问题并做出建设性的改变。

来访者:(她说起刚刚买过一件昂贵的衣服)我真的很担心该怎么付这个月的房租。

选择最恰当的回应。

会谈者:钱不够用真是让人很有压力。(请阅读 7.2)

会谈者:或许银行会给你提供贷款。(请阅读 7.3)

会谈者:我有点不明白。前面你说买了条很贵的裙子,现在你说担心付不起房租。看起来,管钱对你而言有点困难。(请阅读 7.4)

143 7.2 **你的回应：** 钱不够用真是让人很有压力。

尽管你的回应准确地反映了来访者的苦恼，但你没有对她有问题的行为进行面质。你对来访者行为暗含的接受会让她相信她的行为是恰当的。请回到 7.1.再次选择。

7.3 **你的回应：** 或许银行会给你提供贷款。

尽管贷款可能为来访者当前的经济困难提供一个解决方案，但并不会帮助她解决潜在的理财问题。此外，你没有就理财问题和她面质，回避了讨论这个相关话题。请回到 7.1.再次选择。

7.4 **你的回应：** 我有点不明白。前面你说买了一条很贵的裙子，现在你说担心付不起房租。看起来，管钱对你而言有点困难。

正确。这个回应是试探性的、客观的，关注来访者讲述内容中一个具体的不一致之处。请阅读 7.5。

7.5

有效使用面质会让会谈者成为真诚交流的榜样。不要因为担心来访者会受伤或者因为害怕危害你和来访者的关系就避免使用面质。反之，当然也不要为表达愤怒、惩罚或者报复而使用面质。面质时尊重来访者会让其觉察自身未曾识别或尚未意识到的不一致。

来访者：这是我前夫的错。我们离婚时，我要的东西，他不肯给。

选择最恰当的回应。

会谈者：你说你前夫导致了你的经济问题，可是你花钱买很昂贵的衣服。你很难看到你自己在目前的处境中要承担什么责任。(请阅读 7.6)

会谈者：像你这样花钱然后再去责怪别人只是在自欺欺人。(请阅读 7.7)

会谈者：离婚时，财产上公平的分割非常重要。你能给我讲一下你得到的离婚补偿金为什么不够吗？这一点我不太明白。(请阅读 7.8)

7.6 **你的回应：** 你说你前夫导致了你的经济问题，可是你花钱买很昂贵的衣服。你很难看到你自己在目前的处境中要承担什么责任。

正确。你让来访者注意到她在行为和语言信息之间的不一致，帮助她聚焦于她一直在逃避的问题——她自己在其经济困境中的责任。请阅读 7.9。

7.7 **你的回应：** 像你这样花钱然后再去责怪别人只是在自欺欺人。

这句话是陈述观点而不是进行面质。另外，这个回应不会帮助来访者检查她的行为，对你们的关系也没有任何作用。请回到 7.5，再次选择。

7.8 **你的回应：** 离婚时，财产上公平的分割非常重要。你能给我讲一下你得到的离婚补偿金为什么不够吗？这一点我不太明白。

你正在针对来访者没有管理钱财的能力这一点进行面质。这个回应改变了会谈的重点，让来访者避开了她真正的问题。请回到 7.5，再次选择。

7.9

144 面对面质，来访者必须思考另一种行动方式，从而可能采用新的行为方式。使用面质时，你对来访者在行为和交流内容上的不一致进行反馈，帮助来访者探索这些不一致的内容，引导他们更深刻地理解自己。

来访者：我需要足够的钱付房租。我的失业救济金下周才能领，我打算用那笔钱买一台更好的电视机。

选择最恰当的回应。

会谈者：上次会谈时，你告诉我你已经买了一台电视。为什么你想再买一台呢？(请阅读 7.10)

会谈者：你难道不应该把钱花在别的事情上吗？(请阅读 7.11)

会谈者：你缺钱用，但你发现不让自己花钱真的很困难。(请阅读 7.12)

7.10 **你的回应：** 上次会谈时，你告诉我你已经买了一台电视。为什么你想再买一台呢？

这个面质只关注了一个很小的不一致的方面。你的回应应该引导来访者关注她的全局性问题。请回到 7.9，再次选择。

7.11 **你的回应：** 你难道不应该把钱花在别的事情上吗？

这个回应可能被来访者看作是批评，会让她产生**防御性**(defensive)心理，不能促进她敞开心扉，探讨并且澄清她的问题。请回到 7.9，再次选择。

7.12 **你的回应：** 你缺钱用，但你发现不让自己花钱真的很困难。

正确。你保持客观立场，用来访者自己的困难与其面质，让她能反思自己目前的行为，并考虑做出改变的可能性。请阅读 7.13。

7.13

只有当会谈者和来访者之间有良好关系时才可以使用面质。关系良好很重要，因为面质通常关注的是让来访者感到有压力的内容。所以，会谈者使用面质时，来访者可能觉得很沮丧或者不理解。

来访者：(流泪)我知道债务是我的责任，但是承认这一点真的很困难。自从我离婚后，我出门去买东西，根本不考虑后果。买东西只是让我有事可干。

在来访者面对她的责任后，她和会谈者一起建立了一个解决预算问题的计划。来访者也想找一份工作来补充有限的收入。

来访者：(正讨论一个她不能胜任的工作)我想要那个工作还有一个原因，我想它能帮助我和人接触。我真的想要那个工作。

选择最恰当的回应。

会谈者：这是一个好工作，对吗？也许很快就会有另一个像这样的工作机会。我相信那个工作会适合你。(请阅读 7.14)

会谈者：看起来你寻找的工作类型和你实际的职业资格之间有些差距。似乎你要找到符合你职业资格的工作有些困难。(请阅读 7.15)

会谈者：以你的职业资格和经验，你不应该想要得到那种工作。(请阅读 7.16)

7.14 **你的回应：** 这是一个好工作，对吗？也许很快就会有另一个像这样的工作机会。我相信那个工作会适合你。 145

你没有用来访者不恰当的工作选择与其面质，这会强化她的行为。她可能会因为你的面质而沮丧，但是如果你不挑战她，她有可能会继续寻找不适合她的工作。请回到 7.13，再次选择。

7.15　**你的回应：**　看起来你寻找的工作类型和你实际的职业资格之间有些差距。似乎你要找到符合你职业资格的工作有些困难。

正确。通过强调来访者职业资格与工作实际要求之间的不一致，你帮助来访者去关注她在回避或不曾觉察的问题。请阅读 7.17。

7.16　**你的回应：**　以你的职业资格和经验，你不应该想要得到那种工作。

这个面质语气太强，表达方式也过于直接。来访者通常会觉得受到了面质的威胁。你的回应应该是去帮助来访者，而不是粗暴地对待或惩罚来访者。请回到 7.13，再次选择。

7.17

来访者常常更能接受试探性的、客观的面质。试探性的面质可以使用下面这些短语，如，“我能不能这样说”“你好像是在暗示”“我得到了矛盾的信息”“一方面……另一方面……”，以及“你说的是……但是……”。

来访者：嗯，这个工作正是我想要的。我不想去找我不想要的工作。

选择最恰当的回应。

会谈者：你好像是在暗示，你只考虑一件事，即，你想不想要这个工作。你很难去考虑其他的因素。（请阅读 7.18）

会谈者：我能不能这样说，你选工作的方式是一个短视的行为？（请阅读 7.19）

会谈者：我能不能这样说，你只想按照自己的方式行事？（请阅读 7.20）

7.18　**你的回应：**　你好像是在暗示，你只考虑一件事，即，你想不想要这个工作。你很难去考虑其他的因素。

正确。这个试探性面质会帮助来访者探讨她找工作的行为。请阅读 7.21。

7.19　**你的回应：**　我能不能这样说，你选工作的方式是一个短视的行为？

尽管你的回应开始时是试探性的，但是在结束时，你用自己对于来访者行为的感受和看法直接与她进行面质。你的回应应该让来访者检查她自己的行为而不是让她做出防御性反应。请回到 7.17，再次选择。

7.20　**你的回应：**　我能不能这样说，你只想按照自己的方式行事？

在你试探性的开场白之后应该是一个同样试探性的面质。这个生硬直白的回应对来访者没有帮助。请回到 7.17，再次选择。

146 **7.21**

在面质中以及面质后要关注来访者的情绪。来访者通常很难面对和探讨自己的不一致，好的面质通常也要对来访者这种困难感受进行情感反映。

来访者：那才是重点。多年来我一直做着其他人要我做的事情。现在，是时候做我自己想要做的事情了。

选择最恰当的回应。

会谈者：但是如果每个人都那样做的话，会发生什么事呢？（请阅读 7.22）

会谈者：听起来似乎你的生活一直以来糟糕透了。你能跟我说说吗？（请阅读 7.23）

会谈者：过去你一直很沮丧没有办法选择，现在你决定做你想要做的事情。但是，找到一份工作需要的不仅仅是想要这个工作的想法。然而，对你而言，要认识到这一点很困难。（请阅读 7.24）

7.22　**你的回应：**　**但是如果每个人都那样做的话，会发生什么事呢？**

这个面质太直接了。此外，这会让来访者泛泛地讨论社会问题而不是具体讨论她自己的问题。请回到 7.21，再次选择。

7.23　**你的回应：**　**听起来似乎你的生活一直以来糟糕透了。你能跟我说说吗？**

通过关注来访者的过去，你帮助她逃避了一个困难但很重要的问题。请回到 7.21，再次选择。

7.24　**你的回应：**　**过去你一直很沮丧没有办法选择，现在你决定做你想要做的事情。但是，找到一份工作需要的不仅仅是想要这个工作的想法。然而，对你而言，要认识到这一点很困难。**

正确。你在关注与来访者的问题相关的情感，并与其进行面质。你在面质的同时给予支持，让来访者可以面对并处理她的问题。请阅读 7.25。

7.25

做出面质的依据是来访者所说的话或所做的行为，而不是会谈者推测的信息。面质不应该包括指责、评价或者是问题的解决方案。相反，面质是让来访者觉察到适应不良的问题、想法、情感和行为。

来访者：是的。我想我害怕再次受人摆布。我不知道为什么他们对我的工作资格感到担心。我想要做这份工作，难道这不重要吗？

选择最恰当的回应。

会谈者：我想因为你不符合职业资格要求，所以做这份工作有困难。（请阅读 7.26）

会谈者：你发现很难去面对这个事实：即你的职业资格妨碍了你对工作的选择。考虑你自己的职业资格让你觉得害怕。（请阅读 7.27）

会谈者：你似乎忘记了，人们需要努力才能得到他们的职业资格。（请阅读 7.28）

7.26　**你的回应：**　**我想因为你不符合职业资格要求，所以做这份工作有困难。** 147

你的这句陈述没有根据。以来访者说过的话或做过的事情为根据来进行面质。请回到 7.25，再次选择。

7.27　**你的回应：**　**你发现很难去面对这个事实：即你的职业资格妨碍了你对工作的选择。考虑你自己的职业资格让你觉得害怕。**

正确。通过强调来访者想要做的工作类型与她有资格做的工作类型之间的不一致，你帮助她更现实地看待自己的状况。面质能够鼓励来访者接受自己，正常地应对生活。请阅读 7.29。

7.28　**你的回应：**　**你似乎忘记了，人们需要努力才能得到他们的职业资格。**

这个回应不能帮助来访者探讨她的工作资格或者她的行为。你的面质应该聚焦于来访者给出信息中的不一致的部分。请回到 7.25，再次选择。

7.29

当你使用面质时，来访者可能不信任你，争辩说你的观察是错误的，或者假装同意你的观点。如果发生这种情况，继续温和地面质，帮助他们表达并处理他们的情感。

来访者：你有份好工作……我和你一样也有资格得到一份好工作。你就是不想让我得到个好工作。

选择最恰当的回应。

会谈者：你看起来生我的气了，因为我讨论了你的职业资格。回避这个问题要比仔细研究它更容易。(请阅读 7.30)

会谈者：我很努力才拿到我的职业资格。你必须努力拿到你自己的。(请阅读 7.31)

会谈者：当然，我希望你有一个好工作。我会帮助你找一个。(请阅读 7.32)

7.30 **会谈者：** **你看起来生我的气了，因为我讨论了你的职业资格。回避这个问题要比仔细研究它更容易。**

正确。继续和来访者面质时，你从她的情感入手，邀请她仔细研究并讨论自己的行为。这种面质方式给来访者提供了支持。请阅读 7.33。

7.31 **会谈者：** **我很努力才拿到的我的职业资格。你必须努力拿到你自己的。**

你的回应是防御性的，让来访者有机会改变话题。你没有帮助她检查她自己的行为。请回到 7.29，再次选择。

7.32 **会谈者：** **当然，我希望你有一个好工作。我会帮助你找一个。**

这个回应不是面质。尽管你可能平息了来访者的怒火，你没有帮助她面对并且仔细研究她自己的行为。请回到 7.29，再次选择。

148

7.33

在危机的情境中常常需要使用面质，因为此时来访者的行为对其自身或其他人的利益产生了威胁。

来访者：有什么意义呢？没有用的……没有希望了。我根本得不到我想要的。为什么我还要继续下去呢？

选择最恰当的回应。

会谈者：对你来讲，现在真的很艰难。找工作看起来几乎是不可能完成的任务。(请阅读 7.34)

会谈者：对于找一份好工作，你讨论时很积极，但又说没有希望了。有时候，不断尝试是很难的。(请阅读 7.35)

会谈者：我真的很担心你。听起来你好像要做什么极端的事情。(请阅读 7.36)

7.34 **你的回应：** **对你来讲，现在真的很艰难。找工作看起来几乎是不可能完成的任务。**

这是一个不错的情感反映，但是为了尽快探讨来访者的低落情绪的严重程度，你应该用她刚刚说的那句话的意思和与其面质。请回到 7.33，再次选择。

7.35 **你的回应：** **对于找一份好工作，你讨论时很积极，但又说没有希望了。有时候，不断尝试是很难的。**

正确。这个支持性的面质是快速探索来访者低落情感严重程度的最有效方式。请阅读 7.37。

7.36 **你的回应：** **我真的很担心你。听起来你好像要做什么极端的事情。**

你的面质太直接了，具有威胁性，可能导致来访者感觉更加沮丧。面质应该关注不一致，引导来访者做出积极的改变。请回到 7.33，再次选择。

7.37

面质应该指向不一致,可以与来访者的长处和资源有关,也可以与其缺点和局限有关。

来访者：这只是……我知道我有能力接受再就业培训并且得到我想要的那种工作。但是,我想我发觉待在家里,从前夫那里拿钱更容易些。

选择最恰当的回应。

会谈者：你知道你有能力赚钱买你想要的东西,但看起来有些事情让你很难这样做。(请阅读 7.38)

会谈者：难道你不认为你应该改变你的态度吗?以你的能力,你能够出去工作为自己赚钱。(请阅读 7.39)

会谈者：难道你不认为你是在报复你的前夫吗?(请阅读 7.40)

7.38 **来访者：** **你知道你有能力赚钱买你想要的东西,但看起来有些事情让你很难这样做。**

正确。这个面质聚焦于来访者此时没有使用的能力。你用这种方式和来访者面质,会鼓励她探索自己的长处,并采取积极的行动。请阅读 7.41。

7.39 **来访者：** **难道你不认为你应该改变你的态度吗?以你的能力,你能够出去工作** 149
为自己赚钱。

这个面质不仅太过生硬,而且是表达会谈者观点的引导性的问题,可能会导致来访者产生防御心理或者做出过激行为。请回到 7.37,再次选择。

7.40 **来访者：** **难道你不认为你是在报复你的前夫吗?**

这个面质是以引导性问题的形式出现,暗示的事情可能是实情也可能不是。面质的基础必须是实际信息,而不是假设或者观点。请回到 7.37,再次选择。

7.41

对于会谈者而言,知道面质的恰当时机是很重要的。下面的小节提供了一些例子,说明在哪些情境中应该使用面质。每个小节呈现一次单独的会谈。

来访者：(记录表明,他在过去两周的吸烟量有些许增加)我知道吸烟对我的健康不好;我已经吸得少了。

选择最恰当的回应。

会谈者：如果你想戒烟,你要更加努力才行。(请阅读 7.42)

会谈者：听到你说你吸烟少了,这很好。听起来你已经决心戒烟了。(请阅读 7.43)

会谈者：一方面你说你吸烟量少了,但是另一方面,你的记录显示你吸烟量在增加。(请阅读 7.44)

7.42 **你的回应：** **如果你想戒烟,你要更加努力才行。**

来访者可能已经多次听到这种建议了。要用来访者自己陈述的目标和他的行为之间的不一致与他面质,帮助他解决这个不一致,从而让来访者负起责任,减少吸烟量。请回到 7.41,再次选择。

7.43 **你的回应：** **听到你说你吸烟少了，这很好。听起来你已经决心戒烟了。**

尽管积极回应来访者的努力是好的，但是你忽视了他的语言与行为之间的不一致。为了帮助他，你必须用这种不一致与他面质。请回到7.41，再次选择。

7.44 **你的回应：** **一方面你说你吸烟量少了，但是另一方面，你的记录显示你吸烟量在增加。**

正确。通过用来访者的语言和其行为之间的不一致与其面质，你可以帮助来访者面对这种不一致，帮助他为自己的行为担负起责任。请阅读7.45。

150 **7.45**

会谈者常常会注意到来访者的自我感知和他们实际外貌之间的不一致。

来访者：（相貌中等水平之上）我真受不了我自己，我这么丑。

选择最恰当的回应。

会谈者：你知道吗，你完全错了！你真的非常有吸引力。我确信你以前常常听别人这么说。（请阅读7.46）

会谈者：你说你很丑，但是你展现出的自己很好啊，令我印象深刻。我不知道你怎么解决这种矛盾。（请阅读7.47）

会谈者：我想你可能是电视看太多了。你知道的，我们都不需要性感模特。（请阅读7.48）

7.46 **你的回应：** **你知道吗，你完全错了！你真的非常有吸引力。我确信你以前常常听别人这么说。**

你假设过去人们对来访者外貌有所评价，这可能是正确的。因此，你再告诉来访者这一点就不太可能对她有帮助了。与此相反，你要做的是让来访者直接注意到她看到的情形与你看到的二者之间的不一致。请回到7.45，再次选择。

7.47 **你的回应：** **你说你很丑，但是你展现出的自己很好啊，令我印象深刻。我不知道你怎么解决这种矛盾。**

正确。这个面质聚焦于来访者所见与你所见之间的不一致，并要求来访者对其进行检查。面质是描述性的，以客观的方式描述了让会谈者迷惑不解的内容。请阅读7.49。

7.48 **你的回应：** **我想你可能是电视看太多了。你知道的，我们都不需要性感模特。**

你没有考虑来访者的感受，你这样做会让来访者很难检查她错误的自我认知。用来访者的观点和你的观点之间的不一致来与她面质。请回到7.45，再次选择。

7.49

面质可用于让来访者注意到不协调(incongruous)或矛盾的话语和行为。

来访者：（犹豫着断言他的婚姻没有问题）我妻子这周末又走了。就像我以前告诉过你的一样，有这么美好的婚姻真是太幸运了。

选择最恰当的回应。

会谈者：你觉得你的婚姻很好。（请阅读7.50）

会谈者：根据我的经验，美好的婚姻不会每周末分居。（请阅读7.51）

会谈者：你说你的婚姻很美好，但是看上去你对你妻子周末离开这一点并不满意。(请阅读 7.52)

7.50 **你的回应：** 你觉得你的婚姻很好。　151

这是一个不错的情感反映。但是，尽管来访者声称他的婚姻一切都好，你还是应该用来访者妻子的行为与他所持观点之间的矛盾来和他面质。请回到 7.49，再次选择。

7.51 **你的回应：** 根据我的经验，美好的婚姻不会每周末分居。

这个面质可能让来访者产生防御行为。你的面质应该能够支持、帮助来访者。请回到 7.49，再次选择。

7.52 **你的回应：** 你说你的婚姻很好，但是看上去你对你妻子周末离开这一点并不满意。

正确。你用来访者对婚姻的描述与其对妻子行为的感受之间的不一致来和他面质。请阅读 7.53。

7.53

面质可用于让来访者注意到他们叙述的内容与他们表达的方式之间的不一致。

来访者：(头低着；声音很低，单调，没有情感)我真的很幸福。我不知道为什么我坐在这里。所有的事情都很好。

选择最恰当的回应。

会谈者：我得到的信息有点混乱。你说你幸福，但是你的表情和嗓音所传达的信息却刚好相反。(请阅读 7.54)

会谈者：听到你说所有的事情都好，这很好。好多人都没有这样的感受呢。(请阅读 7.55)

会谈者：我真不相信这一点。你怎么能坐在这里带着一副沮丧的表情却告诉我说你很幸福？(请阅读 7.56)

7.54 **你的回应：** 我得到的信息有点混乱。你说你幸福，但是你的表情和嗓音所传达的信息却刚好相反。

正确。你聚焦于来访者的陈述与表达方式之间的矛盾，用这种矛盾和来访者进行面质，鼓励她进一步思考这种矛盾。请阅读 7.57。

7.55 **你的回应：** 听到你说所有的事情都好，这很好。好多人都没有这样的感受呢。

你忽视了来访者传递的大部分信息。如果来访者要去面对她所逃避的困难，她需要得到你对她行为的反馈。请回到 7.53，再次选择。

7.56 **你的回应：** 我真不相信这一点。你怎么能坐在这里带着一副沮丧的表情却告诉我说你很幸福？

这个面质太激烈了，可能会让来访者产生防御心理。你的面质应该鼓励来访者去探讨她的行为，而不是让她为其行为进行辩护。请回到 7.53，再次选择。

7.57

来访者常常不是尝试去改变自己的行为，而是找借口、责备他人、忘掉问题或仅仅是为他们的行为道歉。面质能让来访者注意到这些防御性策略。　152

来访者：（超重，因为健康原因，尽力节食）我不明白为什么我不能想吃什么就吃什么。别人都是这样做的。我喜欢吃东西。

选择最恰当的回应。

会谈者：你必须认识到减肥对你很重要，你越早接受这一点，结果就越好。（请阅读 7.58）

会谈者：是不是你对食物的喜欢可能比你减肥的愿望更重要？（请阅读 7.59）

会谈者：似乎你真的不想对体重问题做任何处理。（请阅读 7.60）

7.58　**你的回应：**　你必须认识到减肥对你很重要，你越早接受这一点，结果越好。

因为来访者为他的行为辩护，他不太可能注意到你的建议。让来访者注意到他的行为，鼓励他处理自己的行为问题。请回到 7.57，再次选择。

7.59　**你的回应：**　是不是你对食物的喜欢可能比你减肥的愿望更重要？

正确。这个面质让来访者关注到自己的行为，并能就此进行探讨。请阅读 7.61。

7.60　**你的回应：**　似乎你真的不想对体重问题做任何处理。

这句话表达了你自己的观点，可能会引起来访者的防御心理。请回到 7.57，再次选择。

7.61

来访者个人价值观与**社会价值观**（social values）的矛盾常常是必须面质的内容。面质不是批评，而是鼓励来访者更深入地检查问题。

来访者：我相信女性有工作的权利，为社会做出贡献。我和一些非常有能力的女性在一起工作。但是我很高兴我妻子待在家里帮助我接待客户。我不可能让她出去工作……她要是工作了那可怎么办呢？

选择最恰当的回应。

会谈者：你认为你妻子支持你的商务活动很重要。（请阅读 7.62）

会谈者：你对你妻子的态度是不是有点观念狭隘了？（请阅读 7.63）

会谈者：我听到你表达了女性有权利工作的观点，但是我也听到你很难将这个观点用到你妻子身上。（请阅读 7.64）

153　7.62　**你的回应：**　你认为你妻子支持你的商务活动很重要。

这可能是一个不错的解释，但是没有对来访者陈述中的不一致进行面质。你的任务是去面质来访者陈述中的矛盾，以便他能够检查自己的态度。请回到 7.61，再次选择。

7.63　**你的回应：**　你对你妻子的态度是不是有点观念狭隘了？

这个回应会让来访者产生防御心理或者敌对态度。用来访者个人价值观和社会价值观的不一致来同其面质，帮助他解决这个不一致问题。请回到 7.61，再次选择。

7.64　**你的回应：**　我听到你表达了女性有权利工作的观点，但是我也听到你很难将这个观点用到你妻子身上。

正确。这个回应面质了来访者的个人价值观和社会价值观的不一致。请阅读 7.65。

7.65

面质来访者不现实的目标，帮助他们制定可行的目标。

来访者：（收入稳定，有债务）我一直在看房子。我相信，如果有房子，孩子们就能够安定下来。

选择最恰当的回应。

会谈者：拥有房子对你来讲很重要，但是我在想，鉴于你目前的经济状况，这个想法有多少现实性。（请阅读 7.66）

会谈者：你给孩子们带来家的安全感是很重要的。你已经为自己找到了一个目标。（请阅读 7.67）

会谈者：我不确定那个主意好不好。如果你能稳定下来，不再负担更多的债务，孩子们情况改善的可能性更大。（请阅读 7.68）

7.66　**你的回应：**　拥有房子对你来讲很重要，但是我在想，鉴于你目前的经济状况，这个想法有多少现实性。

正确。这个面质鼓励来访者检查他的**愿望**（aspirations），并为他自己设定现实的目标。请阅读 7.69。

7.67　**你的回应：**　你给孩子们带来家的安全感是很重要的。你已经为自己找到了一个目标。

如果你不和来访者面质，他会认为你在支持他不现实的目标。请回到 7.65，再次选择。

7.68　**你的回应：**　我不确定那个主意好不好。如果你能稳定下来，不再负担更多的债务，孩子们情况改善的可能性更大。

能够帮助来访者检查并改变其目标的是面质，而不是建议。请回到 7.65，再次选择。

7.69

由于面质会对来访者有很大的影响，因此，要始终在适当的语境中使用面质，而且绝不要使用过多。太频繁或太强烈的挑战会引起来访者的防御心理，导致会谈工作关系破裂。 154

来访者：我知道我们上个星期商量好要讨论什么，但是如果我希望今天和你讨论一下这个星期让我很焦虑的问题，希望你不介意。

选择最恰当的回应。

会谈者：上周我们商量好继续讨论一个重要的方面，但现在你想讨论别的事情。我有种感觉，你在尽力回避我们上周讨论的问题。（请阅读 7.70）

会谈者：没关系。听起来这是你真正担心的事情。想说什么就说吧。（请阅读 7.71）

会谈者：我想我们应该继续处理我们上周讨论的内容。（请阅读 7.72）

7.70　**你的回应：**　上周我们商量好继续讨论一个重要的方面，但现在你想讨论别的事情。我有种感觉，你在尽力回避我们上周讨论的问题。

如果你能评估来访者今天想要讨论问题的重要程度，这个面质可能是合适的。但此刻，来访者的行为看起来是恰当的；此处不需要面质。请回到 7.69，再次选择。

7.71 **你的回应：** 没关系。听起来这是你真正担心的事情。想说什么就说吧。

正确。此时不需要面质。有时候，来访者在会谈时，在回到前面讨论过的问题之前，确实有紧急需要考虑的事情。在这个回应中，你鼓励来访者根据他自己需要的开始讨论。请阅读 7.73。

7.72 **你的回应：** 我想我们应该继续处理我们上周讨论的内容。

对你而言，此刻和来访者意见不一致并不合适。倾听他一定要讲的事情。如有必要，当你有确定信息表明需要与来访者面质时再这样做。请回到 7.69，再次选择。

7.73

在探索阶段，一旦会谈者和来访者之间建立了稳固的信任关系，温和的面质将为来访者提供一个安全的方式来考虑自己的不一致。在会谈早期不要使用面质，也不要在会谈后期使用，因为那时没有足够的时间回应和讨论。使用面质的最佳时刻是当来访者注意力集中，能够控制自己的情感并且显示出改变自己的意愿的时候。

155

▶ 文化考量

1. 心理会谈过程中会出现很多“**文化偏见**(cultural bias)假设”，我们应该对会谈行为中的这些假设保持警惕。下面这些假设就非常突出，我们需要避免。

a. 认为所有文化中的正常行为都是一样的。

b. 假设所有文化都非常重视个人主义。

c. 将来访者问题的定义限制在一个学科范围之内，而没有考虑来自心理学、社会学、人类学、神学或医学等领域的影响。

d. 假设独立是有价值的，依赖是不受欢迎的。

e. 没有认识到个体原有支持系统的重要性。

f. 假定**线性思维**(linear thinking)具有**普遍性**(universality)，行为之间存在严格因果关系。

g. 假定个体应该改变自己来适应社会而不是与此相反。

h. 关注当下情况而忽视了个人过去的经历或个人所属民族的历史。

i. 假定会谈者充分意识到自己的文化假设，但实际情况正好相反，会谈者可能出现“**文化封闭**”(culturally encapsulated)，不曾意识到其他文化的存在。

2. 一些文化群体的来访者，包括北美原住民、加拿大因纽特人、传统的拉丁裔，可能把面质视为感觉迟钝、不尊敬别人的做法。面对这样的来访者，会谈者应该选择可替代的技巧，满足他们文化的要求。

7.74

你在一个北美原住民社区附近的精神健康中心工作。你不是北美原住民。不过你经验丰富,知道将你自己介绍给社区是很重要的。你参加社区的祈祷仪式,进行家访,对当地文化有了一定的了解。你认识到老人在社区中的重要作用,所以安排与他们见面以获得支持,并借此了解在社区中有没有可以帮助你和来访者的重要人物。你明白,要赢得社区的信任需要时间。

一个妈妈和她 9 岁的女儿,两个人都有糖尿病,被介绍给你。由于你努力了解这个社区并且理解当地文化,第一次会谈进行得很好。女儿特雷莎看起来喜欢你,这让她妈妈很开心。在这次会谈中,你首先讨论了当地的一些事情,发现有一些人是你和这位妈妈都认识的(这种类型的讨论在跨文化交际中常常很重要)。你能够与她们建立关系,看到这对母女第二次来会谈,你感觉很宽慰。

第二次会谈时,你们的新关系进一步发展,这位妈妈讲述了她的故事。她自己因为肥胖,进行了很多治疗。女儿有点超重,刚诊断出得了Ⅱ型糖尿病,这意味着她也要接受治疗,并且终身使用胰岛素。你们讨论了这个发现带来的影响,再次回顾了这种疾病的基本事实,因为你知道内科医生对这种疾病的大致介绍很可能让人无所适从。这种消息是创伤性的,听到坏消息时,人们常常很难完全理解医生在讲什么。

你感觉到这位妈妈对糖尿病有一定的了解,但是她不能充分理解饮食和控制体重对这种疾病的意义。她看起来似乎相信糖尿病是"上帝的意愿"。 156

来访者:(叹气)……事情就是这样的。我们很多人有糖尿病。有时我想糖尿病是一种惩罚,它似乎永远都不会消失。

会谈者:它总是存在,似乎让你感觉它永远不会消失,对你女儿特蕾莎也是这样。我在想你能否告诉我她吃的东西是什么。你知道的,我们可以采取很多措施控制血糖,有的时候甚至可以逆转Ⅱ型糖尿病。

来访者:我猜是吧。这种话我听过很多。但是特蕾莎喜欢吃东西。我想让她健康,但是我不知道该怎么做。

选择回应,对会谈者恰当的行为做最好的描述。

会谈者:一方面你想她身体好,另一方面你似乎并没有尽力帮助她。你爱她,但除此以外你还要做更多的事情。(请阅读 7.75)

会谈者:雷德文夫人,我非常同情你讲述的事情。这是一个棘手的问题,但需要解决。我们试试另一种方式;我打算和你分享一些简单的饮食方式,可能会帮助特蕾莎。(请阅读 7.76)

会谈者:雷德文夫人,我听到你很关心特蕾莎,也想帮她恢复健康,但是,另一方面,我也感觉到,改变饮食和生活方式并不容易。那你能不能再说说,你既担心特蕾莎,又很难做出改变,那接下来你打算怎么做?(请阅读 7.77)

7.75　**你的回应:**　一方面你想她身体好,另一方面你似乎并没有尽力帮助她。你爱她,但除此以外你还要做更多的事情。

这个回应几乎等同于说"我可逮着你了",甚至还表达出了会谈者的愤怒和挫折。一个本性善良的会谈者在面对极具挑战性的问题时可能会这样的感觉。仅有爱肯定是不够的,但指责性的面质不会让你有所收获,反而可能会导致下一次会谈时来访者就不来了。请回到 7.74,再次选择。

7.76	你的回应：	**雷德文夫人，我非常同情你讲述的事情。这是一个棘手的问题，但需要解决。我们试试另一种方式；我打算和你分享一些简单的饮食方式，可能会帮助特蕾莎。** 此处的面质比较温和。会谈者表现出对问题有一定的了解，这一点可能会得到来访者的感谢。会谈者感觉到改变现在这种情况并不容易，所以通过分享恰当饮食方式的信息来回避问题，但这样做不太可能解决这个问题。请回到 7.74，再次选择。
7.77	你的回应：	**雷德文夫人，我听到你很关心特蕾莎，也想帮她恢复健康，但是，另一方面，我也感觉到，改变饮食和生活方式并不容易。那你能不能再说说，你既担心特蕾莎，又很难做出改变，那接下来你打算怎么做？** 正确。如果我们总是能够直接面质并且看到情况在我们面前变化，我们会感觉很好。但如果你和来访者在文化上不同，面质则常常应该是支持性的，以温和的方式进行挑战，这样才能为深入讨论打开通道。此处我们看到一种温和的面质，这个面质既看到了雷德文夫人对特蕾莎的关心，也看到了她做出改变的困难，这种困难与关心是冲突的。这个更加有支持性的面质常常能够为更完整、更直接地讨论深层差异并为解决问题铺平道路。

157

参考资料

保罗·佩德森长期在这一领域做出贡献。以下是他的主要著作：

Paul Pedersen has long been a major contributor in this area. Here are three of his important works:

Pedersen, P. (1987). Ten frequent assumptions of cultural bias in counseling. *Journal of Multicultural Counseling and Development, 15*, 16–24.

Pedersen, P. (2000). *A handbook for developing multicultural awareness* (3rd ed.). *Alexandria, VA:* American Counseling Association.

Pedersen, P. B. (2008). Ethics, competence, and professional issues in cross-cultural counseling. In P. B. Pedersen, J. G. Draguns, W. J. Lonner, & J. E. Trimble (Eds.), *Counseling across cultures* (6th ed., pp. 5–20). Thousand Oaks, CA: Sage.

▶ 伦理考量

应用于会谈者—来访者互动记录的伦理原则与应用于隐私和保密性的伦理原则紧密相关。为了有助于为来访者提供服务，会谈互动过程的记录和保存可以在较晚的时候进行，这样可以满足机构的要求，或者符合相关法律的规定。与互动记录相关的伦理原则涉及：① 记录的制作、保存和保护；② 来访者使用他们的记录；③ 向其他方提供记录。

记录

1. 会谈者对来访者相关记录的保存要内容准确、数量充足，以便可以提供专业服务并符合法律要求。保存的文档内容仅限于与提供服务直接相关的信息。

2. 会谈者存储、保管及处置来访者相关记录时要确保安全性和保密性，符合法律与专业标准要求。保管记录和文档的任何媒介都应该安全可靠，只有获得授权的人才可以使用记录和文档。

3. 在有能力的来访者要求下，会谈者要提供适当的记录获取渠道。在有明显证据证明来访者阅读记录会对其造成严重伤害的情况下，会谈者要对来访者阅读部分或者全部记录的行为进行限制。如果这种情况出现，会谈者应该对来访者的要求以及限制来访者接触部分或全部记录的标准等资料进行记录。

4. 当来访者使用他们的文件档案时，会谈者应采取措施对其他在记录中可识别身份或被讨论过的人员进行保密。

5. 当来访者要求阅读他们的记录时，会谈者应该为解释记录提供帮助和咨询。

6. 除非有保密例外的情况发生，否则会谈者应该获得来访者书面允许，才能披露记录或者向其他合法方转移记录。

7.78

你是一名心理学家，开始给一个年轻人做会谈。该年轻人经由一名医生推荐过来，他觉得这个年轻人有恐高症，妨碍他找工作。在那位年轻人等着和你会谈的时候，你的助手已经让他浏览了有关保密性的规定。 158

会谈者：下午好！你的医生琼斯让你到我这儿来。我们开始之前，你有任何问题吗？

来访者：刚才我和你的助手谈过了，我有点担心，我未来的雇主可能想看一下你们的记录。如果他们有要求，你们会给他们看吗？

会谈者：除非你告诉他们你正在我这儿做咨询，否则未来的雇主不太可能会要求我给出一份咨询记录。如果他们真的要看一下你的记录，只有在你书面告知我同意这样做时，我才能将记录给他们看。你还有别的问题吗？

来访者：你会把我的记录送一份给琼斯医生吗？

会谈者：同样的，只有在你书面告知我同意时，我才能这么做。你还有其他担心的问题吗？

来访者：嗯，我想我没有什么问题了。我顾虑的主要就是这些。

会谈者：那你能跟我说一下，琼斯医生将你转诊到我这里的原因吗？

文献来源

American Association for Marriage and Family Therapy. (2015). *Code of Ethics*. Standard II 2.1-2.3, 2.5-2.7 (p. 4).

American Association of Pastoral Counselors. (2012). *AAPC Code of Ethics*. Principle IV A. and B.

American Counseling Association. (2014). *ACA Code of Ethics*. B.6. a. to i. (pp. 7–8).

American Psychological Association. (2010). *Ethical Principles of Psychologists and Code of Conduct*. 6.01-02 (pp. 8–9).

American Speech-Language-Hearing Association. (2014). *Code of Ethics*. Principle I, Rule M. (p. 2).

National Association of Social Workers. (2014). *Code of Ethics*. 1.07(l), 1.08(a.-b.), (pp. 7–8).

▶ 复习问题

判断以下陈述是否正确：

1. 面质可以让来访者注意到行为中具体的不一致处。

2. 会谈者是否与来访者面质取决于他/她对来访者的情感。

3. 来访者和会谈者之间的情感与是否适合做面质没有关系。

159 4. 试探性的而不是直接的面质更有可能对来访者产生影响。

5. 来访者的情感在面质过程中以及面质结束后都应该得到尊重。

6. 面质常常包括评价性的语言或者问题的解决方案。

7. 面质应该仅仅用于处理来访者的弱点或者局限性。

8. 会谈者不应该用他们自己的视角与来访者视角的不一致来与来访者面质。

答案在本章结尾处。

▶ 记忆要点：贯注行为

1. 在识别不一致时：

a. 聚焦于观察到的不一致。

b. 聚焦于与来访者优点及其局限性相关的不一致。

2. 当你面质时：

a. 要陈述来访者信息中的不一致因素，鼓励来访者探索这些不一致处。

b. 要是试探性的。

c. 要准备探讨情感。

d. 不能使用这种技巧作为惩罚或报复的手段。

e. 你的话语里不应该包含指责、评判、建议或问题的解决方法。

3. 使用面质：

a. 来向来访者展示如何识别矛盾并予以解决。

b. 帮助来访者识别并解决不一致处。

c. 要在你和来访者建立良好关系之后。

d. 在来访者的行为对其自身利益或其他人利益构成威胁的任何时刻。

e. 在你认识到来访者言行不一时，在来访者视角和你的视角不一致时，在来访者传递的信息内容和信息表达方式之间不一致时，或者在来访者个人价值观与社会价值观不一致的时候。

f. 在来访者表现出不一致或矛盾的行为模式时。

g. 在来访者使用防御性策略时。

h. 在来访者设定不切实际的目标时。

▶ 7.1　活动单元

和另外两个已经阅读过本章内容的人一起，进行简短会谈的角色扮演。你们轮流扮演来访者、会谈者和观察者的角色。使用录音/录像设备对每次简短会谈进行记录。对本练习而言，每个会谈有 2～3 个面质以及解决每个面质所需的相关回应就够了。

会谈者角色　练习使用面质并做出相应的回应，完成会谈。 160

来访者角色　和会谈者合作，促进会谈的进展，以便会谈者能够练习使用面质的技巧。你可以扮演一个有问题需要解决的朋友或者家人，也可以扮演下列角色之一：

1. 丈夫/妻子，总在工作，表示将更多地关注家庭。在会谈期间讨论了本周活动，却没有变化发生。

2. 某人，刚刚取得重要的成绩，但总是否定这个成绩。

3. 某人，语言上表达着自己对于孩子离开家庭这件事感到非常痛苦，但是很愤怒地声称对孩子的幸福没有兴趣。

4. 某职员，与同事合作有困难，坐下时紧抱双臂；在人事专员尝试讨论问题的时候，此人回避讨论，避免眼神接触。

观察者角色　操作录音/录像设备，完成会谈练习检查表。（见表 7.2）

表 7.2 会谈练习检查表

	会谈者回应[a]				
活动	1	2	3	4	5
恰当的非言语行为					
保持话题					
面质回应					
其他的会谈回应					
有效回应[b]					

[a]检查体现每个回应特点的活动。

[b]在表格中对回应的有效性从 1～5 进行 5 级评分，1 表示有效性最低，5 表示有效性最高。

会谈后讨论 参与者使用会谈记录和练习会谈检查表的数据，讨论会谈者的表现。所有的参与者都要从讨论中学习，讨论应该是客观的，既要关注有效的回应，也要关注不太有效的回应，并鼓励所有人改善会谈表现。

161 ▶ 7.2 活动单元

使用**活动单元** 7.1 中的会谈记录或者其他会谈练习的录音/录像记录，在下面"原来的回应"的空格处写下这些练习中的面质回应。然后，做出更好的面质回应替代它们，写在"更好的回应"的空格处。

原来的回应 1____

____

____

更好的回应____

____

____

原来的回应 2____

____

____

更好的回应____

____

____

原来的回应 3______________________________

____

____

更好的回应______________________________

____

____

▶ 7.3 活动单元

小组练习

1. 选择一名志愿者扮演来访者,按照**活动单元** 7.1 中来访者的角色要求做。

2. 组成一个/几个小组,小组成员轮流或自愿扮演会谈者,按照会谈者的角色要求做,尽可能地对会谈进行回应。

3. 使用会谈练习检查表作为参考,讨论回应的有效性。

记住,本活动对所有人而言都是一次小组学习经历,讨论应该是客观的,相互鼓励的。还要记住,你是在学习新的行为,学习不是瞬间能完成的。显性或隐性的练习是必要的。

▶ 复习问题答案 162

1. **正确**。如果你的答案是"错误",请回到 7.1 复习。
2. **错误**。如果你的答案是"正确",请回到 7.5 复习。
3. **错误**。如果你的答案是"正确",请回到 7.13 复习。
4. **正确**。如果你的答案是"错误",请回到 7.17 复习。
5. **正确**。如果你的答案是"错误",请回到 7.21 复习。
6. **错误**。如果你的答案是"正确",请回到 7.25 复习。
7. **错误**。如果你的答案是"正确",请回到 7.37 复习。
8. **错误**。如果你的答案是"正确",请回到 7.45 复习。

如果你的回应中有六个及以上的答案不正确,请回到 7.1,复习本章内容。

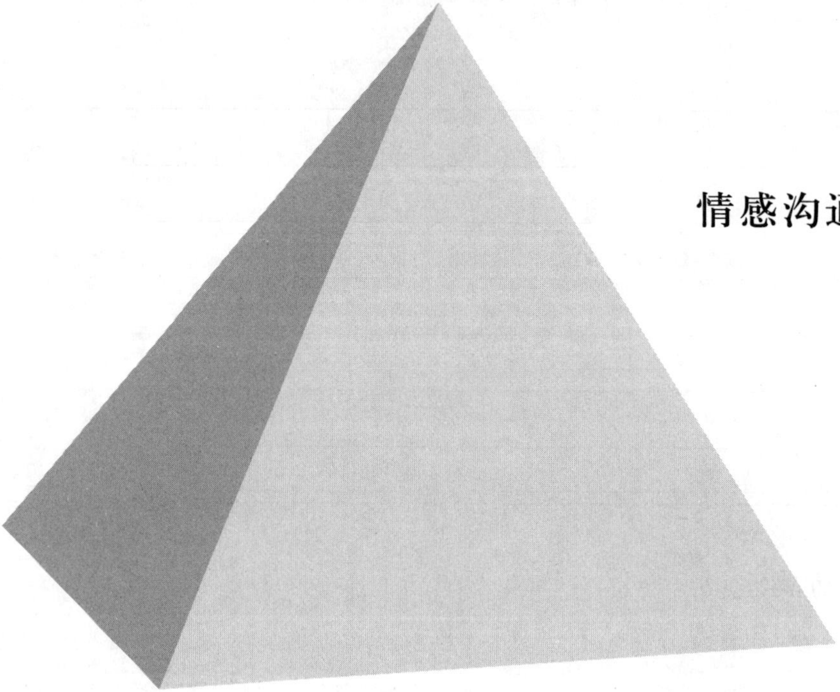

第八章

情感沟通与即时化

163 本章旨在帮助你掌握情感沟通与即时化的技巧。学完本章后，你能够：

1. 在与来访者互动时，表现出你能分辨自己的感受。
2. 在会谈中，和来访者沟通你的感受。
3. 判断在特定情境中的情感沟通是否合适。
4. 在会谈中，将你自己和来访者之间的沟通聚焦于需要即时解决的问题。
5. 判断何时适合将会谈聚焦于需要即时解决的问题。

情感沟通是即时化的一种重要形式，包括会谈者分享自己对会谈关系、对来访者的行为、对来访者说过的或未曾说出的话所体验的种种情感。即时化包括关注会谈
164 内容中或会谈关系中的各种问题，如果忽略了这些问题，会谈关系的发展或者会谈的进展就会受到阻碍。

情感沟通与即时化主要用于建立并保持开放、信任的会谈关系，帮助解决会谈中潜在的破坏性因素。也有些人认为情感沟通与即时化是自我表露的一种特殊方式，主要关注的是会谈中此时此地的具体事件或者是会谈关系。会谈中即时化技巧的使用能够提供给来访者一种学习体验，来访者可以将这种体验延伸至他们自己的人际关系之中。

分辨自身感受的能力可以增加你识别他人情感的能力。本章第一部分帮助你识别你自己的情感；第一部分将提供材料帮助你对当下的会谈关系中或整体会谈关系中正在发生事情进行沟通，表达出你的情感和关注。

本章大部分小节的内容自成一体,即,每个小节聚焦于一个不同的来访者。请阅读 8.1。

8.1

人们通常发现分辨情感和沟通感受都很困难。在会谈中,你应该能够分辨你的情感并能和来访者沟通你的感受。情感沟通和情感反映类似,只是前者的重点是会谈者本人的情感而不是来访者的情感。

来访者：我工作才刚刚上手,他们就不让我干了。我刚开始申请这个工作的时候,我就知道那是我想要的工作。他们打来电话,说我被录用了,那时我非常激动。我工作真的很努力,大家都说我做得不错……我真的尽力了。上周五,经理打电话叫我去,给我离职金,他说他很抱歉,但是因为裁员,他必须让我走。

选择最恰当的回应。

会谈者：我很高兴你有能力得到那份工作。那才是重要的。(请阅读 8.2)

会谈者：他妈的！有些公司让我抓狂。(请阅读 8.3)

会谈者：听到你的不幸遭遇,我真的很难过。(请阅读 8.4)

8.2　你的回应： **我很高兴你有能力得到那份工作。那才是重要的。**

你可能很高兴听到来访者成功地找到一份工作;然而这样表达情感是不合适的,因为来访者现在已经失去这份工作。这个回应表明你没有听完来访者的叙述。请回到 8.1,关注来访者说了什么以及你自己有什么感受,再用合适的情感表达进行回应。

8.3　你的回应： **他妈的！有些公司让我抓狂。**

这个回应有点过头,也太宽泛了。表达情感时,你话语的力度应该适合具体的情境。此外,你选择的回应把话题从来访者身上转到对某些公司及其人事政策不公平方面的宽泛讨论上。请回到 8.1,再次 165
选择。

8.4　你的回应： **听到你的不幸遭遇,我真的很难过。**

正确。考虑到让来访者失望的经历,这个情感表达很恰当。请阅读 8.5。

8.5

能够识别并监控自己的情感是情感沟通的一个重要方面。当你专注倾听来访者时,要意识到你自己对来访者所说的话做出的反应。直接而适度地情感表达能够帮助来访者做出改变。不管你的反应是什么,你的回应必须尊重来访者和会谈关系。

来访者：(没有带来与其问题有关的重要信息)我很抱歉。我又把记录忘在家里了。其实也没那么重要,对吗？我保证下周会记得带过来。

选择最恰当的回应。

会谈者：我对你忘带你的记录有点沮丧。这是我们能够评价你进展程度的唯一方式。(请阅读 8.6)

会谈者：不要再忘记了。嗯,我想我们能够想点别的办法。(请阅读 8.7)

会谈者：我们怎么能有进展呢？不配合的来访者真让我生气。(请阅读 8.8)

8.6　你的回应：　**我对你忘带你的记录有点沮丧。这是我们能够评价你进展程度的唯一方式。**
正确。你沟通情感的方式对来访者是有帮助的。记住，表达情感的方式要尊重来访者和会谈关系。请阅读 8.9。

8.7　你的回应：　**不要再忘了。嗯，我想我们能够想点别的办法。**
你回应的前面部分表明你没有和来访者分享你的全部感受。为了能够让来访者行为发生改变，你有必要分享这些感受。否则，它们会妨碍你和来访者建立开放性关系的努力。请回到 8.5，再次选择。

8.8　你的回应：　**我们怎么能有进展呢？不配合的来访者真让我生气。**
你表达的不仅仅是对这位来访者的愤怒，也是你在和其他来访者互动中积累的愤怒。注意你对每一位来访者的反应，用谨慎的、建设性的方式表达你的情感，尊重来访者和会谈关系。请回到 8.5，再次选择。

166 **8.9**

除了注意你的想法和感受，也要注意你的身体反应（咬牙、皱眉、轻敲手指或脚尖，诸如此类）。

来访者：（某学生来讨论其糟糕的成绩）上个星期六，公寓经理发现我做热狗就说，热狗的味儿很难闻。她怎么能认为是我做的东西产生了那种味道呢？热狗什么时候有那种味道了？我才不觉得这要怪我呢？
选择最恰当的回应。

会谈者：（来访者说话的时候，会谈者看着窗外，坐立不安）好像你和公寓经理之间真的有些麻烦。（请阅读 8.10）

会谈者：（来访者说话的时候，会谈者看着窗外，坐立不安）如果有人用食物把一个地方弄的味儿很大，我会生气的。（请阅读 8.11）

会谈者：（来访者说话的时候，会谈者看着窗外，坐立不安）你说的话让我有点不明白，我很奇怪这和你的成绩问题有什么关系？（请阅读 8.12）

8.10　你的回应：　**（来访者说话的时候，会谈者看着窗外，坐立不安）似乎你和公寓经理之间真的有些麻烦。**
来访者是来谈成绩很差这个问题的。因为来访者很难讨论这个问题，他可能聚焦于一些无关的事情。你是在对来访者不切题的讨论进行回应。请回到 8.9，再次选择。

8.11　你的回应：　**（来访者说话的时候，会谈者看着窗外，坐立不安）如果有人用食物把一个地方弄的味儿很大，我会生气的。**
你忽略了自己坐立不安这个情况，表达了一种无关的偏见，这可能会导致进一步讨论热狗和做饭的问题。识别你的身体反应，并和来访者分享你的感受，以便利用这些方面来推进会谈。请回到 8.9，再次选择。

8.12　你的回应：　**（来访者说话的时候，会谈者看着窗外，坐立不安）你说的话让我有点不明白，我很奇怪这和你的成绩问题有什么关系？**
正确。这个回应有效地和来访者沟通了你的感受。请阅读 8.13。

8.13

在第二章，我们强调了在倾听来访者时，保持恰当的眼神接触、放松而专业的姿势很重要。在你和来访者进行信息沟通时，眼神接触和姿势也同样重要。

来访者：（讨论她儿子行为的改善）我真的很高兴来见你。我第一次来的时候，约翰真的没法管，但是现在他完全没问题了。他在学校里面表现不错。我不知道该怎么谢谢你……这都是你的功劳。

选择最恰当的回应。

会谈者：（看着来访者，放松，温和）我很高兴你能更好地处理事情了。（请阅读 8.14）

会谈者：（坐立不安，不看着来访者）你这样说让我觉得……真高兴。（请阅读 8.15）

会谈者：（直接看着来访者）这一切都是你做的。（请阅读 8.16）

8.14　**你的回应：**　（看着来访者，放松，温和）我很高兴你能更好地处理事情了。 167

正确。你的姿势、眼神接触和说话方式补充了你的言语信息，向来访者表明你听到她的话非常开心。请阅读 8.17。

8.15　**你的回应：**　（坐立不安，不看着来访者）你这样说让我觉得……真高兴。

这个反应可能让来访者迷惑不解，感到不安。在你直接和来访者讲话时，用肢体语言和眼神补充你的言语信息。请回到 8.13，再次选择。

8.16　**你的回应：**　（直接看着来访者）这一切都是你做的。

当会谈者对来访者积极的或者恭维的话感到尴尬的时候，他们有时候会说与来访者相反的话。这种情况发生时，来访者表达积极情感的权利就被否定了。作为会谈者，要觉察自己对积极反馈的反应。请回到 8.13，再次选择。

8.17

在保持恰当的眼神接触和放松的姿势的同时，情感沟通不要跑题。

来访者：（讨论减肥计划的失败）我真的做了所有我们决定要做的事情，但是我的体重还是没有减下来。我非常担心，如果我不能尽快把体重减下来，我可能会再次心脏病发作。我现在特别压抑。我做了所有我应该做的事情，但是没有效果……（叹气）我不明白！

选择最恰当的回应。

会谈者：我对现在讨论的许多事情很担心。我想我们还是应该继续尝试。（请阅读 8.18）

会谈者：你说的话让我很担心。（请阅读 8.19）

会谈者：我很高兴今天见到你。之前我不确定你是不是能来。（请阅读 8.20）

8.18　**你的回应：**　我对现在讨论的许多事情很担心。我想我们还是应该继续尝试。

你的回应应该表现出你正在倾听来访者，对他/她要说的内容感兴趣。这个回应忽略了来访者的担忧，给出了虚假的安慰。请回到 8.17，再次选择。

8.19　**你的回应：**　你说的话让我很担心。

正确。你表现出你理解了针对话题进行情感沟通的重要性。请阅读 8.21。

8.20　**你的回应：**　我很高兴今天见到你。之前我不确定你是不是能来。

这个回应跑题了。要关注来访者正在讲述的内容。请回到 8.17，再次选择。

168 **8.21**

当会谈者进行情感沟通时，他们要澄清自己的反应，展现如何识别、表达感受，并帮助建立与来访者之间的开放、信任关系。在使用情感沟通和即时化技巧时，使用“我”或“我的”这种表达，可以向来访者表明会谈者个人会对这句话负责。

来访者：(一个寡妇，最近经常去见她的牧师，讨论她刚刚去世的丈夫以及她找工作的尝试。她不工作已经有好几年了)我找到了！我找到了！我就是来告诉你的。我真的得到了这份工作，周一就开始上班。

选择最恰当的回应。

会谈者：我真的有点惊讶，之前我都不确定你能做这份工作。(请阅读 8.22)

会谈者：我放心了。你看起来找不到工作这件事儿一直让我不安。(请阅读 8.23)

会谈者：太高兴了……真替你高兴。我想这是最好的消息。(请阅读 8.24)

8.22　会谈者：**我真的有点惊讶，之前我都不确定你能做这份工作。**

你的回应是情感沟通，但不是一种能够建立信任、开放关系的沟通。来访者可能会将你的惊讶当作是对她的轻视。请回到 8.21，再次选择。

8.23　会谈者：**我放心了。你看起来找不到工作这件事儿一直让我不安。**

来访者刚才告诉你的事情可能会让你感到很高兴，这种感觉最适合此刻表达。你回应中的负面情感内容无助于建立一种信任、开放的关系。请回到 8.21，再次选择。

8.24　会谈者：**太高兴了……真替你高兴。我想这事最好的消息。**

正确。来访者急于和你分享这个消息表明你们之间的会谈关系很好；你回应中的积极情感内容会进一步促进这种关系。请阅读 8.25。

8.25

作为会谈者，当你怀疑你的偏见和情感已经妨碍了你和来访者之间的关系时，要告知来访者。如果来访者也愿意，为她另作安排。

来访者：(讨论她怀孕的感受)我们第一个孩子有**遗传疾病**(genetic disorder)。医生认为这个孩子也可能得病，我应该流产。他说起来容易……这个想法让我难受，但我在心中又不能不想它。我知道养两个有遗传疾病的孩子很艰难。或许对于我们来讲，流产可能更好一些……我真不知道怎么办！

选择最恰当的回应。

会谈者：我想流产可能是解决你问题唯一的答案。(请阅读 8.26)

会谈者：听到你要做这个困难的决定，我真的很为你担忧。(请阅读 8.27)

会谈者：听到你讨论流产，我真的很担心。当人们鼓励流产的时候，我很难受。(请阅读 8.28)

169　8.26　**你的回应：** **我想流产可能是解决你问题唯一的答案。**

这句话表明你对支持流产怀有强烈情感，还让这种感情影响了你的回应。如果你的观点和价值观可能影响你与来访者正在进行的互动，鼓励来访者到别处去寻求帮助。请回到 8.25，再次选择。

8.27　**你的回应：**　**听到你要做这个困难的决定让我真的很为你担忧。**

正确。这个回应传达了你对来访者的问题不带偏见的情感。每个人都有偏见。重要的是会谈者要意识到自己的偏见，并且采取行动，确保来访者不会受这些偏见的影响。请阅读 8.29。

8.28　**你的回应：**　**听到你讨论流产，我真的很担心。当人们鼓励流产的时候，我很难受。**

这个回应表达了你个人的偏见。如果你真的反对流产这个观念，你的观点会妨碍你与来访者之间的互动。鼓励来访者到别的地方去咨询。请回到 8.25，选择一个更恰当的回应。

8.29

即时化（公开、直接地讨论在会谈过程或者在会谈关系中正在发生的事情的能力）和情感沟通技巧紧密相关。

来访者：（一位年轻女士，想要离开家，却很难实现这个目标）今天我真不知道从什么地方说起。（暂停，看看窗外）我和妈妈聊过想找一个地方我自己住。（看看窗外）我们进行了长谈。（看着地板）我们谈得很好。（坐立不安，看着地板）

选择最恰当的回应。

会谈者：那么，你认为你很快就要搬家了吗？（请阅读 8.30）

会谈者：我有一种感觉，你好像很难告诉我发生了什么。（请阅读 8.31）

会谈者：我听起来似乎你们的确谈得很好。（请阅读 8.32）

8.30　**你的回应：**　**那么，你认为你很快就要搬家了吗？**

来访者的行为表明她和你交谈有点困难。你应该解决这个困难，让她觉得更加放松。请回到 8.29，再次选择。

8.31　**你的回应：**　**我有一种感觉，你好像很难告诉我发生了什么。**

正确。通过关注来访者的不适感，你在鼓励她讨论这种不舒服的感受并探讨其意义。请阅读 8.33。

8.32　**你的回应：**　**我听起来似乎你们的确谈得很好。**

你准确地反映了来访者谈话的内容，但是你没有关注她的行为以及你对此的反应。通过关注来访者行为的意义，你能够帮助她更直接地探讨她的问题。请回到 8.29，再次选择。

8.33

为了使用“即时化”技巧，你不仅要关注会谈中正在说的是哪些内容，也要关注哪些内容没有说。例如，你可能会关注来访者的自我表达方式，或者你和来访者之间的情感发展，或者伴随你们的谈话而出现的非语言行为等。当你使用“即时化”技巧时，要用现在时来进行回应。 170

来访者：（因为社交困难，被转诊给一个心理学家）哼，我能不生气吗？周二我去就业办公室——一点用没有。我在报纸上看，但什么也没找到。我来这儿 3 个月了，到现在还找不到一份工作。你到底在做什么？我来这里就是为了让你能帮我找份工作。

选择最恰当的回应。

会谈者：根据你刚才说的，你似乎已经努力找工作，但又一次失望了。（请阅读 8.34）

会谈者：你正在说的这些给我一种感觉，你认为我没有做好我的工作。你很生气因为我没有做你认为我应该做的事情。（请阅读 8.35）

会谈者：我记得，你对我们上周的决定也感觉很不舒服。（请阅读 8.36）

8.34　**你的回应：**　**根据你刚才说的，你似乎已经努力找工作，但又一次失望了。**

你关注到了来访者说话的内容，但是你忽略了一个更应该关注的部分，就是你和来访者之间当下的情感体验。面对来访者的指责，你很难不产生防御心理。所以，在你能够帮助来访者沟通并且解决他对你的敌意之前，要解决他的问题几乎不可能有进展。请回到 8.33，再次选择。

8.35　**你的回应：**　**你正在说的这些给我一种感觉，你认为我没有做好我的工作。你很生气因为我没有做你认为我应该做的事情。**

正确。这是一个很好的回应。你用一般现在时表达出了来访者言谈中暗含的信息。请阅读 8.37。

8.36　**你的回应：**　**我记得，你对我们上周的决定也感觉很不舒服。**

即时化的一个重要方面是处理会谈关系中此刻正在发生的事情。这个回应处理的是以前会谈中的重要问题，却避开了讨论来访者当前对你的敌意。讨论来访者对你的负面情感很困难，但是为了能够让讨论进行下去，这么做是必不可少的。请回到 8.33，再次选择。

8.37

当你使用即时化技巧时，来访者可能进行开放、坦率的讨论。因此，你也必须要用开放、非防御性的方式进行交谈。

来访者：（接着刚才的讨论）你说得太对了。就在过去的几周，我越来越害怕我再也找不到工作了，而你所做的就是给我安排这些愚蠢的作业。你一点忙都帮不上。

选择最恰当的回应。

会谈者：我认为我们不应该讨论我做了什么。我们还是回到你的问题上去。（请阅读 8.38）

会谈者：你根本就没有做我要求你做的事情。（请阅读 8.39）

会谈者：你现在很生气，很着急，你担心我根本帮不了你。（请阅读 8.40）

171　8.38　**你的回应：**　**我认为我们不应该讨论我做了什么。我们还是回到你的问题上去。**

在你关注当前情境时，你必须做好准备，用开放、坦率的讨论来帮助来访者。如果你产生了防御心理，你就不会允许来访者处理他的敌意，而这会阻止他和你合作。请回到 8.37，再次选择。

8.39　**你的回应：**　**你根本就没有做我要求你做的事情。**

当你回应时反唇相讥，来访者要么后退，要么会更加激烈的回应。不管是哪一种情况，来访者都会认为，他不可能继续开放、坦率地和你沟通他当前的情感。记住，当你开始使用即时化技巧时，你必须准备好，在随后的会谈中始终进行开放的讨论。请回到 8.37，再次选择。

8.40　**你的回应：**　**你现在很生气，很着急，你担心我根本帮不了你。**

正确。你以一种开放、非防御性的方式关注了来访者的陈述，你在鼓励他进一步的讨论。请阅读 8.41。

8.41

讨论会谈关系中正在发生的事情，对于来访者而言常常是一个新的经历，有点困难。如果你太直接，来访者可能会退出讨论；如果你细心又敏感，来访者就可能觉得和你在一起很舒服。

来访者：(这位女士已经和治疗师已经建立了良好的关系)我晚上睡不着……我总是有这些可怕的想法。我知道你可能要问我这些想法是什么，但是我不能告诉你。我和你相处得很好，可一旦我告诉你，你可能不想再见我了……难道你不能告诉我该怎么办吗?

选择最恰当的回应。

会谈者：你觉得我们关系不错，但是如果和我讨论这些想法，就会改变这种关系。(请阅读 8.42)

会谈者：你觉得我们关系不错，但是如果你不能相信我，这种关系能有多好呢?(请阅读 8.43)

会谈者：如果你觉得我们关系很好，为什么你不能够告诉我这些想法呢?(请阅读 8.44)

8.42　**你的回应：**　**你觉得我们关系不错，但是如果和我讨论这些想法，就会改变这种关系。**

正确。这个回应有助于让来访者更舒服地参与讨论一个敏感话题。请阅读 8.45。

8.43　**你的回应：**　**你觉得我们关系不错，但是如果你不能相信我，这种关系能有多好呢?**

你的回应太直接了。因为来访者显然很难与你讨论这个话题。为了帮助来访者，你回应时要谨慎一些。请回到 8.42，再次选择。

8.44　**你的回应：**　**如果你觉得我们关系很好，为什么你不能够告诉我这些想法呢?**

来访者已经告诉你，她发现和你讨论这些想法有困难。这种做法会让来访者感到羞愧而不得不出说自己的想法，但也会让来访者觉得内疚，并产生防御心理。你的回应应该鼓励来访者，让她谈谈为什么不愿意说出自己的想法。请回到 8.42，再次选择。

8.45

当会谈者使用即时化技巧时，来访者会对自己的行为及其给其他人造成的影响更加敏感。随着不断接触这种技巧，来访者应该能够将这种敏感性拓展到其他的关系之中。 172

来访者：(和以前类似的话)根据我以前说的话，我相信你对我妻子印象很差。我真的不是想要把她说成那样。她实际上是一个非常好的人。我希望你不要对她有什么坏的看法。

选择最恰当的回应。

会谈者：当然不会，我相信她是个好人。(请阅读 8.46)

会谈者：你看起来对你妻子比较满意。(请阅读 8.47)

会谈者：你经常发现有必要为你说过的话道歉。看起来你好像很难为自己说过的话负责任。(请阅读 8.48)

8.46　**你的回应：**　当然不会，我相信她是个好人。

通过关注来访者说话的内容，你强化了他的行为。让来访者为他自己说过的话和他的情感负责是很重要的。通过关注并讨论来访者目前的行为，你将帮助他意识到自己正在做什么。请回到 8.45，再次选择。

8.47　**你的回应：**　你看起来对你妻子比较满意。

尽管这个回应可能安抚来访者，但并不能帮助他培养直接、真诚的沟通能力。请回到 8.45，选择一个回应，关注自己和来访者之间的互动，仔细观察。

8.48　**你的回应：**　你经常发现有必要为你说过的话道歉。看起来你好像很难为自己说过的话负责任。

正确。这个回应对来访者表达自己的方式进行了反馈，鼓励他重新考虑怎么对自己的表达方式负责。请阅读 8.49。

8.49

当来访者使用即时化技巧时，直接讨论他/她的担忧，即使这个讨论可能让你感到不安。有时候来访者的反馈会是有效的、有帮助的。

来访者：我总是到你这儿来，一周又一周地讨论同样的事情。我肯定你现在很烦我。

选择最恰当的回应。

会谈者：我当然没有对你感觉到厌烦。你能告诉我，这一周你碰到什么事情了吗？（请阅读 8.50）

会谈者：你不太确定自己有没有进展，你也想知道我是怎么看这一点的。（请阅读 8.51）

会谈者：这个并不重要。我是来帮助你的。（请阅读 8.52）

173　8.50　**你的回应：**　我当然没有对你感觉到厌烦。你能告诉我，这一周你碰到什么事情了吗？

当来访者表达对当前情况的担忧时，你需要对此进行讨论。你的回应应该表现出你愿意和来访者讨论他/她对当前进展的担心。请回到 8.49，再次选择。

8.51　**你的回应：**　你不太确定自己有没有进展，你也想知道我是怎么看这一点的。

正确。这个回应直接关注了来访者当前的担忧，鼓励他/她就此继续讨论。请阅读 8.53。

8.52　**你的回应：**　这个并不重要。我是来帮助你的。

来访者提出了自己的担忧，需要你立即关注。而你的回应不仅忽略了来访者的担忧，而且贬低了它的重要性。当来访者关注他/她与会谈者之间的互动时，会谈者有责任帮助来访者处理这个担忧。请回到 8.49，再次选择。

8.53

年龄、性别、种族、观点、宗教和社会经济背景的不同常常会影响来访者与会谈者之间**关系融洽**(compatibility)的程度，导致出现会谈者需要使用即时化回应的情境。

来访者：（一位年长的男性，发现自己面对的是一个年轻的会谈者）我觉得和你讨论我的问题有点不合适。你做这个工作多久了？

选择最恰当的回应。

会谈者：因为我年轻，所以你在想我是不是有足够的经验能够帮助你。（请阅读 8.54）

会谈者：我相信我能够帮助你。你能告诉我，你到我这里来有什么事吗？（请阅读 8.55）

会谈者：年龄和我的能力没有关系。我有非常优秀的资格证书。（请阅读 8.56）

8.54 **你的回应：** **因为我年轻，所以你在想我是不是有足够的经验能够帮助你。**

正确。你已经觉察到了来访者当前的担心，并鼓励开放、坦率地讨论他对于你年龄的担忧。请阅读 8.57。

8.55 **你的回应：** **我相信我能够帮助你。你能告诉我，你到我这里来有什么事吗？**

只有在你已经回应并帮助来访者解决他当前的担忧之后，你才有可能获得他对你的信心。请回到 8.53，再次选择。

8.56 **你的回应：** **年龄和我的能力没有关系。我有非常优秀的资格证书。**

尽管你已经识别出来访者的担忧，你用权威式的又带有防御性的语气则很可能会让他进一步疏远你。你的回应应该让来访者以开放、坦率的方式讨论他的担忧。请回到 8.53，再次选择。

8.57

即时化回应可以建立会谈者和来访者之间的信任关系。 174

来访者：我不知道我是否想回答这个问题。毕竟你是人事经理，这个信息是非常个人的。我怎么能知道你会怎样处理它？

选择最恰当的回应。

会谈者：我向你保证，你在这里说的所有内容都会保密。（请阅读 8.58）

会谈者：我没有意识到我的问题会对你有这样的影响。你不该有事情瞒着我。（请阅读 8.59）

会谈者：在这个信息方面，你觉得很难信任我。（请阅读 8.60）

8.58 **你的回应：** **我向你保证，你在这里说的所有内容都会保密。**

无论何时，一旦涉及来访者或会谈者在多大程度上能够被信任这个问题，立刻对此加以讨论是非常重要的。考虑到你的职位，你不可能做到完全保密，你应该早一点对来访者解释保密的限制条件。请回到 8.57，再次选择。

8.59 **你的回应：** **我没有意识到我的问题会对你有这样的影响。你不该有事情瞒着我。**

你对你和来访者之间当前的情境进行了回应，但是，你的回应暗示来访者的确隐瞒了一些事情。为了获得来访者的信任，你要以一种更加尝试性、无威胁的方式来关注信任问题。请回到 8.57，再次选择。

8.60 **你的回应：** **在这个信息方面你觉得很难信任我。**

正确。这个回应在鼓励来访者讨论信任问题。请阅读 8.61。

8.61

一些来访者**过度依赖**(overdependent)会谈者；另一些则拒绝会谈者的帮助。在依赖程度成为会谈者或来访者担心的原因时，采用“即时化”回应就是恰当的。

来访者：上周我做了所有你建议我做的事情，效果不错。但是又出现了别的情况，我需要你告诉我该怎么处理。

选择最恰当的回应。

会谈者：你为什么不给我讲讲它们的情况呢？这样我们就可以决定哪个是最重要的。(请阅读 8.62)

会谈者：我在想，你能否把上周学到的一些东西运用到这些问题上，自己来处理？(请阅读 8.63)

会谈者：我担心的是，你把我当成解决你问题的人了。(请阅读 8.64)

---

175 **8.62　你的回应：** 你为什么不给我讲讲它们的情况呢？这样我们就可以决定哪个是最重要的。

这个回应表明，当来访者依赖你时，你觉得很舒服。为了和来访者建立平等的工作关系，你必须对依赖问题进行开放、坦诚的讨论。请回到 8.61，再次选择。

8.63　你的回应： 我在想，你能否把上周学到的一些东西运用到这些问题上，自己来处理？

这是一个**值得称赞**(laudable)的目标，但是你们没有提前对依赖问题进行讨论，你的回应可能会让来访者感到惊讶和不安。请回到 8.61，再次选择。

8.64　你的回应： 我担心的是，你把我当成解决你问题的人。

正确。这个回应聚焦于一个事实：来访者依赖你去解决问题。此外。这个回应邀请来访者和会谈者就此问题进行开放、坦诚的讨论。请阅读 8.65。

8.65

当来访者的讨论漫无目的、总在兜圈子时，或者在来访者不采取任何行动来实现某个明确的目标时，即时化回应就十分必要了。

来访者：(本次会谈的前 10 分钟都在讨论他平静的一周)这个星期非常安静。我想我大部分时间就只是坐着。

选择最恰当的回应。

会谈者：听你说这些话的时候，我发现自己一直在想我们为什么不讨论一些更重要的事情呢？(请阅读 8.66)

会谈者：今天你还有别的事情要说吗？(请阅读 8.67)

会谈者：我想这样下去我们不会取得任何进展。为什么你不下周再来呢？(请阅读 8.68)

8.66　你的回应： 听你说这些话的时候，我发现自己一直在想我们为什么不讨论一些更重要的事情呢？

正确。来访者的谈话明显没有方向，你对此提出了自己的担心，为进行开放、相关的讨论打开了的大门。请阅读 8.69。

8.67　**你的回应：**　今天你还有别的事情要说吗？
这个回应会引起更多毫无目标地闲谈。你的回应应该聚焦于你的担忧，并邀请来访者对此进行开放的讨论。请回到8.65，再次选择。

8.68　**你的回应：**　我想这样下去我们不会取得任何进展。为什么你不下周再来呢？
尽管这个回应聚焦于你当前的担忧，但是太过唐突，不会有任何益处。请回到8.65，再次选择。

8.69

来访者常常在和会谈者建立关系的初期和结束会谈关系的时候感到不适应。当这种情况发生时，会谈者应该关注这些情感并帮助来访者加以解决。 176

来访者：我以后不来这里了……难道这不奇怪吗？我已经习惯来这里了……在这儿感觉很好。但是我想，不再见我了，你会感到很开心。
选择最恰当的回应。

会谈者：你来这里见我有很长时间了，但是你现在能控制得很好了。（请阅读8.70）

会谈者：我们见面有很长时间了，我们关系不错。我猜你是在告诉我，你会想念我的。我也会想念你的。（请阅读8.71）

会谈者：见不到你我会不开心，但是你不再需要我了。你现在有足够坚强，可以自己处理事情了。（请阅读8.72）

8.70　**你的回应：**　你来这里见我有很长时间了，但是你现在能控制得很好了。
这个回应有点跑题，太突然了。你的回应应该鼓励来访者和你讨论结束会谈关系时的种种感受。请回到8.69，再次选择。

8.71　**你的回应：**　我们见面有很长时间了，我们关系不错。我猜你是在告诉我，你会想念我的。我也会想念你的。
正确。这个回应综合运用了即时化和情感表达技巧，鼓励来访者对当下关心的事情进行讨论。请阅读8.73。

8.72　**你的回应：**　见不到你我会不开心，但是你不再需要我了。你现在有足够坚强，可以自己处理事情了。
当会谈者和来访者关系很好时，对于来访者而言，分别是困难的。你的回应禁止对来访者的情感进行讨论，也就否定了处理这些情感的任何可能性。请回到8.69，再次选择。

8.73

和其他澄清阶段的技巧一样，在来访者和会谈者之间建立了良好的关系时，情感表达和即时化技巧的使用效果最好。使用即时化技巧解决会谈者和来访者之间的问题能够给来访者示范如何解决人际关系问题。没能在需要时使用即时化技巧会使讨论停滞，或伤害需要反馈才能进步或做出改变的来访者。即时化技巧可以用于恢复会谈的方向，消除会谈者和来访者之间的紧张气氛，或者解决信任、文化多样性和依赖等问题。

177 ## ▶ 文化考量

1. 在会谈中，有效沟通的“障碍”几乎在任何群体中都会出现，但是在多元文化语境中出现得特别多。下面列举了你可能碰到的四种沟通障碍。

a. 语言。沟通问题可能是由于词汇、**句法**(syntax)、**(语言)风格**(idiom)、俚语以及方言等方面的误解而造成的。如果来访者的主要语言不是英语，但是他们仍然能够理解英语，说英语也很熟练，你不要认为这样就足够了。你会发现，如果让来访者用他们自己的语言分享重要的想法，他们的感受便能得到最好的理解，然后他们就可以把这些感受翻译给你听。情感常常在母语中才能得到最深刻的“感受”。

此外，要学习来访者语言中的一些关键词语。这一点常常为来访者所感激。当然，如果你能自己学习那种语言并参加社区的事务和庆祝活动，那就更好了。

如果你必须依赖翻译，那么风险总是存在的。还要避免让孩子为父母做翻译。专业翻译的能力差异也很大，因此和翻译一起工作的时候要特别小心。**尤其重要的是，要和来访者，而不是翻译，保持眼神的接触**。

b. 非言语沟通。来自不同文化的个体会习惯于使用不同的非语言沟通行为，因而很容易会误解对方想要传递的信息。

不要忘了，你的工作环境需要反映社区的文化。美洲原住民、亚裔及非洲裔美国人就是三种例子。

c. 评估倾向。来自不同文化的个体可能会采取“赞成/反对”的态度来看待彼此，而不是尽力去理解另一方的观点。

观察你自己，诚实地看待自己潜在的偏见，超越你现有的观点，研究并记住尊重和无条件积极关注的重要性。你能够给予那些有着不同宗教传统的人(美洲原住民、基督徒、穆斯林、犹太人等)多大程度的共情？

与和你的种族/民族不同的来访者交谈时，你的会谈效果有多大？不要忘记评估是双向的。来访者也在不断地对你进行评估，从而决定在多大程度上可以信任你。

d. 累增的焦虑。这个障碍本身并不明显，但总是存在，由上述三个领域问题结合而成。在多元文化语境中，会谈中一方或双方的焦虑会增加，因为面对来自不同文化的个体，人们会担心自己表现得好不好。

明智的做法是在会谈早期就坦率地讨论这些问题。先花一点时间鼓励来访者问你任何类型的问题。然后，对具体的差异进行概括，询问来访者的看法，这两点常常会很有用。例如，“我是一名男性，你对跟我交谈而不是跟女性咨询师交谈有什么看法？”

8.74

你是一个社区咨询师，工作对象是犯法的青少年。在你工作领域里，有很多近期从亚洲国家来的移民。由于这个社区的文化和你自己的文化背景不同，你主要任务之一是建立和这个社区的关系，以便居民愿意和你交流。你很明智，你在社区里面走动，经常去商店，尝试参加主要的社区庆祝活动。你已经逐渐结交了一群亚洲朋友。

通过这些真诚的努力，你现在已经被看成这个社区的一分子，是一个在 178
需要时能够帮忙的人。尽管如此，你仍然很清楚，你总是有一些新的东西要学，你会在必要时寻求帮助和指导，以此来增进你的文化意识、知识和技能。

一名 45 岁的亚裔女性到你这儿来寻求帮助她 17 岁的儿子。她儿子被发现在当地公园破坏公物。

这位妈妈英语掌握得不错，但是不能够使用常见的语法规则。尽管如此，总体上，你是可以理解她的。你为只能讲英语而道歉。你决定继续交谈。你知道如果交流太困难，你将需要一个熟练的口译员。

下面内容代表了在任何会谈中可能会出现的对话。即使那些和你说同样语言的人，对同一句话也可能有不同的解释。

来访者：　阿进以前是个好孩子。在家很乖。现在惹下这么大的法律麻烦。怎么办呢？

会谈者：　听到这些麻烦我很难过。我想帮助你。我的确知道很多人认为你们一家人很好。他表现得像(like)个麻烦制造者真的很伤人感情。

来访者：　(生气地)我一点都不喜欢(like)！为什么你说我认为他做得好？他做得不好。

选择最恰当的回应。

来访者：　我知道他做了你不喜欢的事情，我能理解你的沮丧。(请阅读 8.75)

来访者：　梁女士，我们能暂停一会儿吗？我想我刚才说的不正确。我应该说得更清楚一点。我再说一次。首先在英语里面，“like”这个词有两个非常不同的意思，可以指一个人同意或喜欢某事。“like”的意思也可以是“类似”，或者说两个人有点相同。我实际想说的是你儿子的行为和其他惹麻烦的孩子类似。我知道这种情况让你非常沮丧，也伤害了你的心。我想表达的意思，你懂了吗？(请阅读 8.76)

来访者：　我刚才说的不正确。非常抱歉我没有说清楚。让我们忘了我刚才说的，我再试一次。首先，这件事情伤害了你，你对发生的事情很生气。我知道你不同意你儿子做的事情。他看起来花太多的时间和错误的群体待在一起。我们一起努力看看我们做些什么能够帮助你的儿子。如果你同意，我们一起努力对此采取措施。(请阅读 8.77)

8.75　你的回应：　我知道他做了你不喜欢的事情，我能理解你的沮丧。

在这个回应中，有一件事情做对了——它针对了梁女士的沮丧。但是会谈者不理解在这个情境中出现的情感性内容。对于妈妈而言，这种经历让人紧张和尴尬，这个妈妈在多个层面上感觉是在受伤害。会谈者重复了“like”这个词，这个词在英语里面有两个意思，但是来访者不知道。请回到 8.74，再次选择。

179 **8.76　你的回应：**

梁女士，我们能暂停一会儿吗？我想我刚才说的不正确。我应该说得更清楚一点。我再说一次。首先在英语里面，“like”这个词有两个非常不同的意思，可以指一个人同意或喜欢某事。“like”的意思也可以是“类似”，或者说两个人有点相同。我实际想说的是你儿子的行为和其他惹麻烦的孩子类似。我知道这种情况让你非常沮丧，也伤害了你的心。我想表达的意思，你懂了吗？

会谈者明白了：他认识到在跨文化交际中的一个潜在问题并且清楚地解释了这个问题。他是在教来访者如何使用语言，但是这个回应很长又有点复杂，可能会让来访者招架不住，难以理解。在结束的时候，来访者感觉被理解了，然而“你懂了吗？”这个问题看起来有点不够尊重来访者。请回到 8.74，再次选择。

8.77　你的回应：

我刚才说的不正确。非常抱歉我没有说清楚。让我们忘了我刚才说的，我再试一次。首先，这件事情伤害了你，你对发生的事情很生气。我知道你不同意你儿子做的事情。他看起来花太多的时间和错误的群体待在一起。我们一起努力看看我们做些什么能够帮助你的儿子。如果你同意，我们一起努力对此采取措施。

正确，或者说这至少是三个回应中相对最正确的一个。会谈者重复了对话中所说的内容并且说明是他没有说清楚。心理会谈中，沟通的误解不是来访者的错——会谈者有责任准确地听清来访者的信息。会谈者接着继续阐明他的意思。他的确简单地说明了情感(再说多了可能在文化上是不恰当的)。他提到了和错误的群体待在一起，这本身就表明了未来一种可能的解决方案。然后他又和来访者以平等的方式沟通，说我们“能够帮助你的儿子”并且“一起努力”。这样做很可能建立了一个平台，让会谈关系可以发展得更好，并提出更加有用的解决方案。

参考资料

Ekman, P. (2009). *Emotions revealed, second edition: Recognizing faces and feelings to improve communication and emotional life*. New York: Owl Books.

France, M. H. (2001). *Nexus: Transpersonal approach to groups*. Calgary, AB: Detselig Enterprises.

France, M. H. (2004). Counselling across cultures: Identity, race and communication. In M. H. France, M. del Carmen Rodriguez, & G. Hett (Eds.), *Diversity, culture and counselling* (pp. 9–29). Calgary, AB: Detselig Enterprises.

Gruber, J. (2013). Culture and Emotion. https://www.youtube.com/watch?v=6xEr_nJHc2s

▶ 伦理考量

在随后的四章中，我们将讨论四个相互关联的伦理问题：多重关系、边界管理、180
利益冲突(conflict of interest)和性亲密。这些话题涉及对立的非专业关系，而这些非专业关系可能会伤害到来访者和会谈者之间的专业关系。在本章中，我们将讨论与会谈者和来访者之间的多重关系有关的伦理原则。如果会谈者和来访者之间除了专业关系之外，还有一个或多个专业或非专业的关系，在这类情况下，双重或多重关系就出现了。由于对之前会谈的来访者的专业责任常常在会谈结束之后仍然存在，多重关系也可能出现在会谈者与以前的来访者之间。例如，当你正在办理新的银行业务时，你见到银行经理时，却发现他或她就是你以前的来访者。

多重关系

1. 会谈者应尽力避免与来访者或以前的来访者之间的双重或多重关系，以免损害专业判断，或者令来访者有被利用的风险或有可能受到伤害。这种关系包括(但不仅限于)与来访者之间或者与来访者直系亲属之间的商务关系或者亲密的个人关系。

2. 在双重或多重关系无法避免的时候，会谈者应采取合理的措施保护来访者，并且有责任设定清晰合适的边界。

3. 由于非专业关系会持续存在，会谈者不应该为朋友、家庭成员、现在的学生、被督导者或者雇员提供专业服务，因为会谈者没有能力保持客观。

4. 因为无法合理预期而让来访者遭受损害，或承受被利用，或受伤害风险的多重关系不属于违反伦理要求的范围。

5. 如果会谈者发现，因为不可预见的因素，在心理会谈过程中间出现了可能伤害来访者的多重关系时，会谈者应该采取合理的步骤来解决问题，维护来访者最大的利益。

8.78

你是一个婚姻家庭治疗师。在一次社交活动中，你和你的伴侣被介绍给一对夫妇。在整个晚上，你和你的伴侣与这对夫妇相处很愉快。在随后的几个月中你和你的伴侣与这对夫妇参加了多次社交活动。在最后一次与这对夫妇交往后的几周，你意识到这对夫妇的关系破裂了。随后不久这对夫妇中的一人打电话给你，要求预约见你，寻求专业帮助。

会谈者：　早上好，我能帮你做点什么吗？

来访者：　我想你知道我和我丈夫的关系破裂了。我非常不安，想重建我们的关系。我想你能否开始和我做心理会谈，以便我能做到这一点？

会谈者：　非常抱歉听到发生这种事。我理解，现在见一个你认识的人，比如像我，会让你觉得更容易一些。然而因为我认识你们两个，你们两个都是我的朋友，到我这里来寻求专业帮助是不行的。因为你们两个都是我
181 的朋友，很可能在某些时候我做不到不偏不倚。我们是朋友，我也担心我无法忽视因为以前交往而了解到的一些信息。因此，如果你能和其他不认识你的人做会谈，这会是最好的。我有很多同事可以推荐给你。你愿意我这样做吗？

来访者：　我更愿意见你因为我认识你，但是我理解你所说的话。你想推荐谁？

文献来源

American Association for Marriage and Family Therapy. (2015). *Code of Ethics*. Standard I 1.3, Standard IV 4.2 (pp. 3, 6).

American Association of Pastoral Counselors. (2012). *AAPC Code of Ethics*. Principle III E, Principle V A.

American Counseling Association. (2014). *ACA Code of Ethics*. A.5. d., e., A.6. e. (p. 5).

American Psychological Association. (2010). *Ethical Principles of Psychologists and Code of Conduct*. 3.05 (p. 6).

Hearn, M. T. (2011). Dual relationships: Managing the boundaries. In D. R. Evans (Ed.), *Law, standards, and ethics in the practice of psychology* (3rd ed., pp. 123–177). Toronto, ON: Carswell.

National Association of Social Workers. (2014). *Code of Ethics*. 1.06 (c), (p. 6).

▶ 复习问题

判断以下陈述是否正确：

1. 会谈者的情感沟通有助于来访者的情感沟通。

2. 对于会谈者而言，与来访者沟通他或她全部的情感是恰当的。

3. 为了恰当使用即时化回应，会谈者只需要关注来访者的言语信息就够了。

4. 为了沟通情感，会谈者不仅必须知道来访者的信息，还要知道自己对此信息作何反应。

5. 即时化聚焦于会谈关系中此时此地正在发生的事情。

6. 在做即时化沟通时，直接而不是试探性的方式才会引发坦率、开放的讨论。

182 7. 会谈者应该是唯一一个发起讨论会谈关系的人。

8. 讨论会谈者和来访者之间的信任问题会对他们的关系造成伤害。

9. 会谈关系会由于使用即时化技巧而得到增强。

10. 当会谈者使用即时化技巧时，他或她应准备好进行直接、坦诚的讨论。

答案在本章结尾处。

▶ 记忆要点：情感沟通与即时化

1. 在识别你的情感时：

a. 识别你由于思考来访者正在沟通的内容而激发的情感。

b. 识别你因为来访者谈话内容产生的与身体反应有关的情感。

2. 在交流你的情感时：

a. 保持恰当的眼神接触和放松而专业的姿势。

b. 情感沟通应该与当前正在讨论的话题相关。

c. 使用恰当、有节制的情感表达形式。

3. 情感沟通：

a. 用于当你想要向来访者澄清你的反应时，当你为来访者做出示范时，或当你与来访者建立信任、开放的关系时。

b. 用于当你由于不偏不倚地对来访者谈话内容做出反馈而激发起情感时。

4. 沟通即时化关注的问题时：

a. 要聚焦于当前正在讲述的内容和没有被讲述的内容。

b. 用现在时进行回应。

c. 仔细而慎重地表达自己。

d. 为开放、无防御的后续讨论做好准备。

5. 沟通即时化关注的问题是为了：

a. 促进直接相互沟通。

b. 消解紧张和不适感。

c. 关注并解决不协调问题。

d. 澄清有关信任的问题。

e. 关注并解决来访者的依赖性问题。

f. 解决循环讨论及来访者缺乏主动性的问题。

g. 在会谈的开始和结束阶段解决来访者的情绪问题。

▶ 8.1　活动单元

和另外两个已经阅读过本章内容的人一起，进行简短会谈的角色扮演。你们轮流扮演来访者，会谈者和观察者的角色。使用录音/录像设备对每次简短会谈进行记录。对本练习而言，每个会谈有4到5个会谈者回应就够了。

会谈者角色　练习使用情感沟通和即时化技巧回应来访者。通常在简短的会谈中，练习使用情感沟通和即时化技巧是困难的。然而，在简短的角色扮演中，练习这些技巧能让你知道它们是如何使用的。

来访者角色　和会谈者合作，并为会谈者练习提供足够的信息，以便会谈者练习使用情感沟通和即时化技巧。你可以扮演一个有问题需要解决的朋友或者家人，也可以扮演下列角色之一：

1. 某来访者，因担心自己与会谈者在年龄、性别或种族等方面的差异而感到不安，声称会谈者不理解自己。

2. 某来访者，超重，连续几周没有来咨询了，因为没有进展而对治疗师很生气，正在考虑是否中止咨询。

3. 某来访者，刚刚升职，要更换居住地点，担心与会谈者失去联系。

4. 某来访者，被法庭要求必须来见会谈者。来访者感到愤怒并充满敌意，认为自己没有任何问题，不应该来参与会谈。

观察者角色　操作录音/录像设备，完成会谈练习检查表。(见表8.1)

表8.1　会谈练习检查表

	会谈者回应[a]				
活动	1	2	3	4	5
恰当的非言语行为					
保持话题					
情感沟通					
即时化沟通					
有效回应[b]					

[a] 检查体现每个回应特点的活动。
[b] 在表格中对回应的有效性从1～5进行5级评分，1表示有效性最低，5表示有效性最高。

184 **会谈后讨论**　参与者使用会谈记录和练习会谈检查表的数据，讨论会谈者的表现。所有的参与者都要从讨论中学习，讨论应该是客观的，既要关注有效的回应，也要关注不太有效的回应，并鼓励所有人改善会谈表现。

▶ 8.2　活动单元

使用**活动单元** 8.1 中的会谈记录或者其他会谈练习的录音/录像记录，在下面“原来的回应”的空格处写下这些练习中的会谈回应。然后，做出更好的回应替代它们，写在“更好的回应”的空格处。

原来的回应 1____

____

____

更好的回应____

____

____

原来的回应 2____

____

____

更好的回应____

____

____

原来的回应 3____

____

____

更好的回应____

____

____

原来的回应 4____

____

____

更好的回应______________________________

____

____

原来的回应 5______________________________

____

____

更好的回应______________________________

____

____

185

▶ 8.3　活动单元

小组练习

1. 选择一名志愿者扮演来访者,按照**活动单元** 8.1 中来访者的角色要求做。

2. 组成一个/几个小组,小组成员轮流或自愿扮演会谈者;按照会谈者的角色要求做,尽可能地做出回应。

3. 使用会谈练习检查表作为参考,讨论回应的有效性。

记住,本活动对所有人而言都是一次小组学习经历,讨论应该是非评价性的,相互鼓励的。还要记住,你是在学习新的行为,学习不是瞬间能完成的。显性或隐性的练习是必要的。

▶ 复习问题答案

1. 正确。如果你的答案是“错误”,请回到 8.21 复习。
2. 错误。如果你的答案是“正确”,请回到 8.25 复习。
3. 错误。如果你的答案是“正确”,请回到 8.33 复习。
4. 正确。如果你的答案是“错误”,请回到 8.5 复习。
5. 正确。如果你的答案是“错误”,请回到 8.29 复习。
6. 错误。如果你的答案是“正确”,请回到 8.41 复习。

7. **错误**。如果你的答案是“正确”，请回到 8.49 复习。

8. **错误**。如果你的答案是“正确”，请回到 8.57 复习。

9. **正确**。如果你的答案是“错误”，请回到 8.45 复习。

10. **正确**。如果你的答案是“错误”，请回到 8.37 复习。

如果你的回应中有七个及以上的答案不正确，你应该回到 8.1 重新学习本章内容。

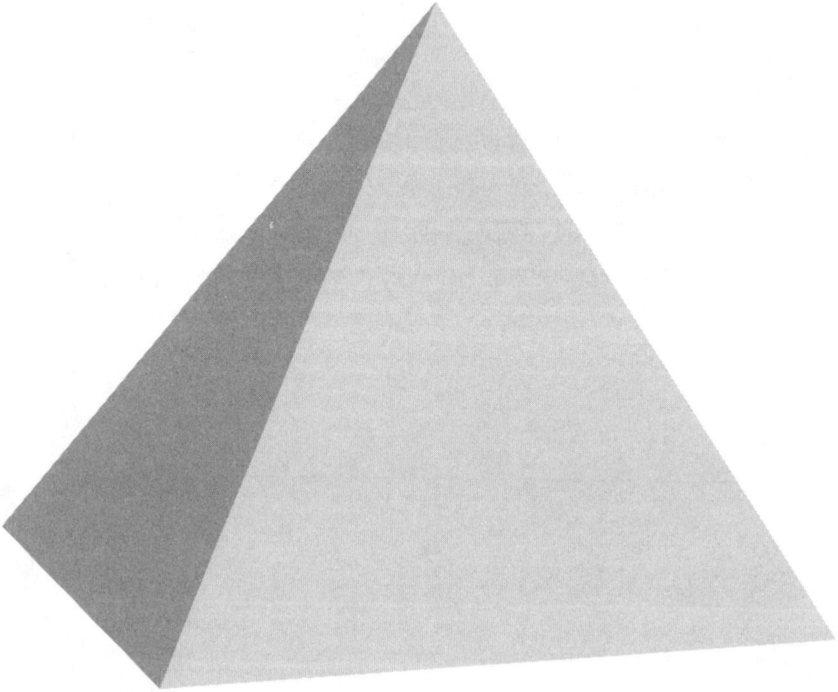

第九章

自我表露

187 本章旨在帮助你掌握自我表露技巧。学完本章后你能够：

1. 展示你可以向来访者做自我表露。
2. 解释自我表露的目的。
3. 展示你能够判断在特定情境中做自我表露是否合适。

自我表露指会谈者为帮助来访者而有意透露自己的个人信息。自我表露可以：帮助来访者理解他们自己的经历、想法、情感和行为；为他们提供信息；帮助他们培养策略，解决问题。会谈者的自我表露能够帮助来访者进行自我表露，增进彼此的信任，为感觉孤独、缺少支持的来访者注入希望，还能够鼓励来访者考虑不同的观点。

人们将自我表露视为一种会谈技巧，对其使用进行了大量的讨论。人本主义者、女权主义者以及一些人际关系取向的会谈者已经给出证据，证明会谈者的自我表露
188 能够有效促进心理会谈进程。相反，其他类型的会谈者则坚持认为，会谈者的自我表露会将讨论的重点从来访者关心的问题转移到会谈者关心的问题上。当这种情况发生时，心理会谈的自然进程就被打乱了。持这种观点的会谈者认为，会谈者只有在保持客观并避免自我表露时才是最高效的。自我表露的一些优点和缺点请见表 9.1。

表 9.1　会谈者自我表露的优点和缺点

优点	能帮助来访者理解他们自己的经历 能为来访者提供信息

（续表）

	能帮助来访者解决问题 建立信任 能注入希望
缺点	会改变会谈的重点 会打断会谈的进程 会危及会谈者的客观性 会导致会谈者控制讨论 会令本已不堪重负的来访者压力更大

尽管在大部分会谈中，会谈者的自我表露并不常见，但是研究结果通常表明，会谈者和来访者都认为这个技巧既有帮助，也很重要。观察发现，会谈者正确地使用自我表露技巧不仅能提高来访者参与讨论的数量和质量，还可以增进会谈双方的相互信任，促使双方的关系更加平衡。人们发现，这一技巧对自助团体特别重要。当自助团体成员做自我表露时，他们也在为彼此提供支持。

对于会谈者来说，重要的是要学习怎么样以及什么时候运用自我表露。会谈者必须对来访者的需求及其从披露信息中获益的能力形成自己的判断，并在此基础上决定在何时对哪些个人信息做自我表露。自我表露的内容不可过多，仅以能帮助来访者为限度，这一点很重要。

在本章中，你将学习如何建构自我表露、了解自我表露是如何影响来访者的以及何时是使用自我表露的恰当时机。在本章中，为了帮助你培养这种技巧，自我表露会在举例中一个接着另一个连续出现。然而，在实际的心理会谈过程中，会谈者不应该这样接二连三地使用自我表露技巧。

本章各小节呈现的内容是一名高中心理咨询师和学生之间的会谈。该咨询师以前帮助过这名学生，他们之间形成了很好的关系。此次心理会谈是应这名学生的要求进行的。会谈双方花了一些时间来了解来访者到目前为止的进步情况。来访者现在开始讨论一个新的问题。请阅读 9.1。

9.1

自我表露意味着分享你自己的个人信息，包括你的经历、态度和情感等。当这类信息看起来能够帮助来访者时，好的会谈者就会有意披露它们。

来访者：　我真的很不安，我刚刚发现我哥哥和姐姐吸毒。 189

选择最恰当的回应。

会谈者：　你是怎么确定他们在吸毒的？（请阅读 9.2）

会谈者：　我很高兴你发现了这个情况。我能理解你的担心。（请阅读 9.3）

会谈者：你肯定很担心。我哥哥吸毒时，我也很担心他。我能理解你的担忧。(请阅读 9.4)

9.2　你的回应： **你是怎么确定他们在吸毒的？**

这个问题可以引出重要的信息；然而，在本章中，你学习的是自我表露。自我表露包括告诉来访者一些你自己的个人信息，这个信息要和他/她的问题有关系。请回到 9.1，再次选择。

9.3　你的回应： **我很高兴你发现了这个情况。我能理解你的担心。**

这个自我表露基本没有透露关于你的信息。请回到 9.1，再次选择。

9.4　你的回应： **你肯定很担心。我哥哥吸毒时，我也很担心他。我能理解你的担忧。**

正确。你披露的个人信息让来访者知道你能理解他的感受。来访者更有可能放松地和你讨论他的问题。请阅读 9.5。

9.5

自我表露包括① 使用代词"我"；② 提及与来访者的讨论相关联的个人情感或事件。

来访者：是的，我很担心他们。我也不知道怎么处理这件事。你知道的，我父亲两年前去世了。如果我告诉妈妈关于哥哥和姐姐的事情，她会很不安的。我必须做点什么。

选择最恰当的回应。

会谈者：对你来讲肯定是很难办的。为什么你不去和亲戚说一下这件事呢？我会这么做的。(请阅读 9.6)

会谈者：当哥哥和姐姐出问题时，对你来讲肯定是很难办的。对我而言，和我最亲密的人商量这些问题非常重要。我和他们商量之后就不觉得孤立无援了。(请阅读 9.7)

会谈者：对你来讲肯定是很难办的。我真的认为，你应该告诉你妈妈。她最终还是要知道的。(请阅读 9.8)

9.6　你的回应： **对你来讲肯定是很难办的。为什么你不去和亲戚说一下这件事呢？我会这么做的。**

这个情感反映以及随后的引导性问题对来访者几乎没什么用处。你可以使用恰当的自我表露帮助来访者解决他的问题。请回到 9.5，再次选择。

9.7　你的回应： **当哥哥和姐姐出问题时，对你来讲肯定是很难办的。对我而言，和我最亲密的人商量这些问题非常重要。我和他们商量之后就不觉得孤立无援了。**

正确。这个自我表露是恰当的，你向来访者表明你理解这个情况。在会谈者使用自我表露时，来访者会觉得与会谈者更相像，关系更密切，因此，也更可能会敞开心扉。请阅读 9.9。

9.8　你的回应： **对你来讲肯定是很难办的。我真的认为，你应该告诉你妈妈。她最终还是要知道的。**

这个情感反映及后面不恰当的建议，不会帮助来访者解决他提出的问题。请回到 9.5，再次选择。

9.9 190

会谈者自我表露的时机很重要。过早自我表露会分散来访者的注意力，打断会谈的进程。自我表露的时机恰当，重点突出，能够帮助来访者继续会谈而不分散注意力。自我表露的范围也很重要。我们认为，披露的信息量适中，比一点信息也不披露或者过度披露信息更有帮助。

来访者：今年秋天我打算去上大学。如果我担忧这个问题，我不知道我还怎么能去上大学。

选择最恰当的回应。

会谈者：那肯定让情况变得复杂了。目前我也有类似的问题，我可能很快就要搬家，我不得不考虑我的家人。(请阅读 9.10)

会谈者：你肯定感觉到了很大的压力。当我面临像你这样的问题时，我尽力辨认出问题的主要方面。要同时面对整个问题的方方面面是很困难的。(请阅读 9.11)

会谈者：我发现只要一个问题出现，就会引起一系列其他问题。我希望有人能解释为什么这种情况会发生。(请阅读 9.12)

9.10　你的回应： 那肯定让情况变得复杂了。目前我也有类似的问题，我可能很快就要搬家，我不得不考虑我的家人。

这个不相关的自我表露会分散来访者的注意力。作为会谈者，你的作用是促进讨论的开展，而不是让讨论偏离重点。请回到 9.9，再次选择。

9.11　你的回应： 你肯定感觉到了很大的压力。当我面临像你这样的问题时，我尽力辨认出问题的主要方面。要同时面对整个问题的方方面面是很困难的。

正确。这个及时而相关的自我表露正中要点又很切题。它可以作为示范，帮助来访者探讨问题，并强化会谈者和来访者之间的关系。请阅读 9.13。

9.12　你的回应： 我发现只要一个问题出现，它会引起一系列其他问题。我希望有人能解释为什么这种情况会发生。

这种无关的自我表露在心理会谈中没有作用。它可能打断会谈，让来访者疏远你。请回到 9.9，再次选择。

9.13

使用自我表露时，你可以分享与你过去的经历、与你目前的状况或者与你未来可能发生的事件有关的信息。与你目前状况相关的自我表露非常有效，因为它们帮助来访者聚焦于一个特定问题，并对它进行具体地处理。

来访者：我有点不知所措。我想我应该为哥哥姐姐做点什么。如果我什么都不做，我去上大学时日子也不会好过。我不知道他们怎么解决(吸毒这件事)……我想我应该告诉我妈妈，让她处理这件事，但我就是不知道她能怎么处理。

选择最恰当的回应。

会谈者：有时候，我觉得我有责任保护我的父母。这种情况出现时，我常常低估了他们的知识和他们处理事情的能力。我和他们讨论问题时，我很惊讶他们能够想出那么好的解决办法。(请阅读 9.14)

会谈者：我父亲去世时，我知道我必须负起责任，就像你一样。这在我的生活中造成了很多问题。我想我应该尽力独立地找到问题的解决方案。(请阅读 9.15)

会谈者：我在你这个年纪的时候，常常发现和我妈妈讨论问题很困难。我尽力独立解决问题，但是后来我多么希望我那时向她寻求过帮助。（请阅读 9.16）

191 **9.14 你的回应：** **有时候，我觉得我有责任保护我的父母。这种情况出现时，我常常低估了他们的知识和他们处理事情的能力。我和他们讨论问题时，我很惊讶他们能够想出那么好的解决办法。**

正确。这个自我表露聚焦于当前的情况，帮助来访者发现了他问题中的一个重要方面。请阅读 9.17。

9.15 你的回应： **我父亲去世时，我知道我必须负起责任，就像你一样。这一点在我的生活中产生了很多问题。我想我应该尽力独立地找到问题的解决方案。**

这个回应的重点完全放在了你自己身上，为来访者提供的信息很少。自我表露若是要对来访者有所帮助，它所呈现的常常是已经得到解决的某一问题情境，而不是关于未来的想法。你的回应应该鼓励来访者，而不是分散他的注意力。请回到 9.13，再次选择。

9.16 你的回应： **我在你这个年纪的时候，常常发现和我妈妈讨论问题很困难。我尽力独立解决问题，但是后来我多么希望我那时向她寻求过帮助。**

这个披露是恰当的，但是不像聚焦于当前状况的自我表露那样有力。请回到 9.13，再次选择。

9.17

自我表露让来访者了解到会谈者作为普通人的一面，有利于将来访者和会谈者之间的信任程度提升到更高的水平，也有利于他们进行开放的讨论。然而，会谈者要评估自我表露的目的是非常重要的，这样才能确保自我表露的目的是为了来访者的利益而不是会谈者的利益。

来访者：我真的认为妈妈不能处理我哥哥姐姐的问题。然而，我的确不知道！自从我爸爸去世以后我都没有让她担负很多的责任。或许我应该告诉妈妈所有这些事情，但是我总发现很难开口和她说。我真不知道该怎么处理这件事。

选择最恰当的回应。

会谈者：我也没办法和我妈妈谈话。她总是很忙。（请阅读 9.18）

会谈者：你知道吗，我妈妈很有趣。当我认为她在听的时候，她什么也没听进去。（请阅读 9.19）

会谈者：和你一样，我发现和我妈妈讲话很困难。可我一旦真的开始说了就不再有问题；但是在开口讲的时候，我总是觉得很困难。（请阅读 9.20）

9.18 你的回应： **我也没办法和我妈妈谈话。她总是很忙。**

这个自我表露的内容基本与来访者的问题没有关系。你的回应分散了来访者的注意力，让他不能思考自己同母亲交流有困难这一问题。请回到 9.17，再次选择。

9.19 你的回应： **你知道吗，我妈妈很有趣。当我认为她在听的时候，她什么也没听进去。**

这个自我表露与来访者的问题无关。来访者已经告诉你，他同他母亲讨论事情时有困难，但是你对他母亲的倾听能力一无所知。为了建立互信关系，你分享的个人信息必须能帮助到来访者，并与正在讨论的话题相关。请回到 9.17，再次选择。

9.20　**你的回应：**　和你一样我发现和我妈妈讲话很困难。我一旦真的开始说了就不再有问题；但是在开口讲的时候，我总是觉得很困难。

正确。这个自我表露将你的反应聚焦于与来访者相类似的情境。通过披露这个信息，你帮助建立你与来访者之间的互信关系，并鼓励来访者进行相关讨论。请阅读 9.21。

9.21

来访者常常发现分享个人信息很困难。他们可能担心分享这种信息是 192
不恰当的，或者他们在做自我表露时可能觉得不舒服，或者他们不知道如何进行自我表露。在这些情况下，会谈者应该为来访者示范自我表露技巧。要注意，如果来访者直接询问有关你的问题，并不等于他们开始注意你所关注的（有关来访者）的问题了。如果这种情况发生，简洁地回答，再将会谈的重点拉回到来访者身上。

来访者：我真的应该和我妈妈讨论我的担心。我知道这一点已经很久了。我想，就像每次我必须和她讨论事情的时候一样，我不断地拖延，考虑……担心……然后，等我跟她讲的时候，我又在想我为什么要等那么久。我回到家就告诉她。这么做并不容易。但是我需要帮助哥哥和姐姐，我也要考虑我上大学的计划。

选择最恰当的回应。

会谈者：我常常发现，担心一件事情比实际做这件事更有压力。担心让我做不了其他事情。（请阅读 9.22）

会谈者：提前考虑事情实际上也是我的一个问题。我不知道我该怎么处理它。（请阅读 9.23）

会谈者：我也曾经考虑过上大学的事情，但是我现在不能决定是否回去上大学。这真是一个困难的决定。（请阅读 9.24）

9.22　**你的回应：**　我常常发现，担心一件事情比实际做这件事更有压力。担心让我做不了其他事情。

正确。你的自我表露让来访者保持话题不变，澄清了他问题的相关方面，并将他的状况变成常见状况。因此，你的自我表露方式对来访者而言是恰当的示范。请阅读 9.25。

9.23　**你的回应：**　提前考虑事情实际上也是我的一个问题。我不知道我该怎么处理它。

这个自我表露将话题转到你自己的一个问题上，很容易将会谈引向对你的情况而不是对来访者情况的讨论。自我表露应该保持话题不变，澄清情况，并推动会谈继续进行下去。请回到 9.21，再次选择。

9.24　**你的回应：**　我也曾经考虑过上大学的事情，但是我现在不能决定是否回去上大学。这真是一个困难的决定。

你的自我表露不是帮助来访者澄清他的情况，而是将会谈的重点从来访者身上转向到你自己身上。你改变了话题，并且让你的问题成为了来访者的负担。请回到 9.21，再次选择。

9.25

自我表露应该帮助来访者清晰、准确地聚焦于具体问题和可以用于解决这个问题的资源。会谈者需要在考虑清楚而不是在冲动之下决定做自我表露。

来访者：你知道吗，来的时候，我想我和哥哥姐姐的问题可能会让我上不了大学。但是现在我在谈论这个事情时，我认为情况不是那样的。我想我是担心离开家。

选择最恰当的回应。

会谈者：我上大学时，我想我也发现离开家很困难。(请阅读 9.26)

会谈者：在思考一个问题的时候，我有时关注的是我自己认为是造成问题的那个原因。后来我发现，在我把问题想明白之后，问题更核心的因素就开始浮现出来，等待解决。(请阅读 9.27)

193 会谈者：这很奇怪，但是一想到要搬到一个新城市去接受一个新职位，我也觉得很紧张。(请阅读 9.28)

9.26 **你的回应：** **我上大学时，我想我也发现离开家很困难。**

这个自我表露太宽泛，不能帮助来访者准确聚焦于具体问题或资源。请回到 9.25，再次选择。

9.27 **你的回应：** **在思考一个问题的时候，我有时关注的是我自己认为是造成问题的那个原因。后来我发现，在我把问题想明白之后，问题更核心的因素就开始浮现出来，等待解决。**

正确。这个自我表露与来访者正在描述的情况相关。你也提供了一个应对该情况的方法。请阅读 9.29。

9.28 **你的回应：** **这很奇怪，但是一想到要搬到一个新城市去接受一个新职位，我也觉得很紧张。**

这个自我表露跑题了，它聚焦的是你自己，没有为来访者提供有用的信息。请回到 9.25，再次选择。

9.29

会谈者必须能够合理地解释在哪些时间使用自我表露会对来访者有利。会谈者自我表露应该简洁，不应该遮蔽、否定或压制来访者讲述的内容。同时，有一点很重要，在自我表露之后，会谈者要将会谈的重心转回到来访者身上。

来访者：我真的害怕离开家去上大学。我结交新朋友非常困难。在大学里，我会很孤单。我想如果我知道如何结交新朋友，这对我会有很大的帮助。

选择最恰当的回应。

会谈者：我发现我觉得更舒服的是待在家里而不是出去费力地结交新朋友。(请阅读 9.30)

会谈者：努力也结交不到新朋友总是让我觉得更糟糕。我发现和老朋友在一起更好。(请阅读 9.31)

会谈者：我的经验是，提前学习新的技巧确实能够帮助到我。你有什么想法？(请阅读 9.32)

9.30 **你的回应：** **我发现我觉得更舒服的是呆在家里而不是出去费力地结交新朋友。**

你的自我表露不能让来访者探讨解决其困境的可能方法。你的自我表露聚焦在你自己身上，可能会颠倒你和来访者的角色。请回到 9.29，再次选择。

9.31　**你的回应：**　**努力也结交不到新朋友总是让我觉得更糟糕。我发现和老朋友在一起更好。**

来访者的话语中暗示了积极的行动，能够减少他去上大学的大部分焦虑。你这个自我表露让那个解决方案大打折扣。请回到 9.29，再次选择。

9.32　**你的回应：**　**我的经验是，提前学习新的技巧确实能够帮助到我。你有什么想法？**

正确。在自我表露之后紧随一个开放问题，将会谈的重点转回到来访者身上，并鼓励他继续探讨管理焦虑的恰当方式。请阅读 9.33。

9.33

如果自我表露没有效果，也就是说，如果来访者否认或者不承认他或她的情况与你的情况有任何相似点，或者对披露的信息感到不满意，最好不要再进一步使用自我表露技巧。 194

来访者：事前准备在过去并不能帮助我，特别是在我还有其他责任的情况下。

选择最恰当的回应。

会谈者：我发现，有时候如果事情真的很重要，我必须花时间准备。（请阅读 9.34）

会谈者：当你需要时间完成其他任务时，你不可能有时间来做准备。（请阅读 9.35）

会谈者：我的经验是，准备总是有用的。（请阅读 9.36）

9.34　**你的回应：**　**我发现，有时候如果事情真的很重要，我必须花时间准备。**

如果来访者没有发现他们的情况与你的情况有任何相似点，任何进一步的自我表露都是没有用的。请回到 9.33，再次选择。

9.35　**你的回应：**　**当你需要时间完成其他任务时，你不可能有时间来做准备。**

正确。来访者已经拒绝了你的自我表露。此刻，内容反映是让会谈进程从失败的自我表露中恢复过来的一种方式。请阅读 9.37。

9.36　**你的回应：**　**我的经验是，准备总是有用的。**

如果来访者否认他们的情况与你的情况有任何相似点，不要继续使用自我表露了。请回到 9.33，再次选择。

9.37

自我表露的危险：对于新手会谈者而言，自我表露是一个很有可能会出问题的技巧，新手常常相信他们用诸如“我完全知道你的感受。我的……”这类话能够帮助来访者，结果发现最后谈的都是他们自己。他们的观点或者关心让来访者不知所措。本书已经展示，如果使用恰当，自我表露是一项有效的心理会谈技巧。然而，会谈者大量使用自我表露是有问题的。会谈者过分使用自我表露存在风险，会被来访者认为是会谈者自己需要帮助，结果会严重影响来访者对会谈者的信心。使用这个技巧时，会谈者应该将关注焦点放在来访者本人及其需要上。

会谈者自我表露的优点：

- 为来访者示范如何使用该技巧。
- 帮助来访者将其情感和困难正常化。
- 鼓励讨论敏感内容。
- 提供新的见解和视角。
- 给予鼓励和安慰。

195 会谈者自我表露的缺点：

- 可能让来访者不知所措。
- 可能分散来访者的注意力并改变会谈的方向。
- 可能被来访者认为与自己关心的事项无关、脱节。
- 可能引起和来访者的竞争。
- 可能导致角色颠倒，变成来访者保护会谈者。

▶ 文化考量

1. 在职业生涯中，会谈者追求的目标之一是拥有多元文化能力。自我表露的用法可以不同，其差异取决于个人及其文化背景。下面的建议可以帮助你朝着有效使用自我表露更进一步。

a. 和来自不同文化群体的来访者会谈时，你要知道你面前的来访者出现不舒适以及与你产生差异的原因。

b. 有些来自其他多元文化群体的来访者可能妨碍你会谈的效果，你要知道你对他们有怎样的积极情感和消极情感。

c. 记住，文化多样性在任何文化群体的成员中都有可能出现。不要有成见：不管来访者来自哪里，他们都是不一样的。来访者文化适应的程度主要取决于他们对该主体文化的熟悉程度和他们在该文化中居住时间的长短。

d. 你要知道文化和权力(利)的关系。权力(利)问题在每次会谈中都会出现。你的身份是会谈者而不是来访者，这个事实本身就会导致权力(利)区别。总体而言，白皮肤、男性，几乎自动地就让会谈者拥有了更多的权力(利)。

e. 重视懂得一门以上语言的个体。当前的研究表明，懂得一门以上语言的人可以在认知方面获益。不要让口音欺骗了你。尊重是关键。

f. 知道歧视的呈现形式是多种多样的。

g. 认识到在沉默以及应对痛苦的其他方式背后，可能隐藏着的是害怕、焦虑和脆弱。

h. 认识到你自己多元文化能力的局限性。我们总是有新东西要学习。

2. 知道有些文化重视自我表露，但也有一些文化认为自我表露是不恰当的。那些有创伤经历的人会发现自我表露非常困难，更倾向于避免使用。

3. 在来自另一种文化的来访者面前做自我表露时，你自己先要知道在那种文化中自我表露的意义及使用方式。你要根据这种认知及心理会谈的进展，再对使用这种技巧以及示范使用这种技巧的好处做出判断。

4. 或许对你而言，随着你不断的学习与成长，总体上你在使用自我表露时也会更加开放。在首次会谈中，恰当的做法常常是花些时间来讨论一些明显的文化差异。回忆一下，与男性相比，女性不同的文化经历和权力(利)差异会对心理会谈产生什么样的影响。在心理会谈早期讨论这些差异常常是有帮助的。“你介不介意我问一下，你对与一个男性/女性做心理会谈有什么看法吗?”(或者识别你的文化背景并与来访者进行核实。)通常，更轻松自在的做法是你先做一个非常开放的自我表露，让来访者有机会问你问题。你可以就此来示范如何做开放的自我表露并建立相互信任关系。真实性在这里是很重要的。“我们开始之前，问些关于我个人的问题或者问问我们一起会谈的过程中会发生些什么，这样有时对你来讲会有帮助。你想知道些什么呢?”

9.38 196

现在，让我们尝试一下在一个真正有挑战性的情境中做自我表露。想象一下，你正在为一个饱受折磨的人做咨询。你在一个社区大学职业中心工作，你为来自乌干达的卢塔拉做咨询。他临近毕业，想去附近的那所四年制大学继续学习。

你发现，他理解申请程序有些困难，所以你帮助他做出了一些主要的决定。在你做这些工作的时候，你注意到他情绪很低落。他回答问题很慢，顾虑很多。因为你以前见过他并且你们关系不错，所以你问他，除了学校的事情以外，其他事情的进展情况怎么样。他告诉你他情绪很低落，很孤独。

然后，让你惊讶的是，他开始告诉你他如何从津巴布韦逃出来的经历。他谈到亲眼看到他的父母被叛军折磨后杀死。他从树林中逃亡，一路逃到了加拿大。这是一个让人震惊的经历。

来访者：……就这样，这就是我怎么到这里来的。我猜你能够理解，我有时候有点儿悲伤。多伦多离老家太远了。

会谈者：离家那么远，又必须面对这么多的事情，对你来讲肯定是非常艰难的。我在这里的工作是理解并支持你在生活中走向下一步。现在我能够做些什么?

来访者：我父母的死常常在我梦中出现，有时候几乎每天晚上都会梦见。我不知道怎么办。

选择回应，能最好描述会谈者最恰当的回应。

会谈者：我有点理解了，但是不全面。两年前我哥哥在一场车祸中去世了。这当然跟你失去亲人的情况不一样，但是我仍然感觉到生活中出现的巨大鸿沟。这和你的感觉有点类似吗? (请阅读 9.39)

会谈者：嗯，那是一种经历。我也做梦，梦也让我烦恼。我们可以开始分析你梦的隐藏意义吗? (请阅读 9.40)

会谈者：你的梦让我想起了自己的经历。我的确能比较好地理解你的感受。我在生活中经历了很多失去亲人的重要时刻。例如(会谈者开始详细地讲他过去几次失去亲人的事)……所以我想你能够明白，我能理解你经历的这些事情。另外，我也做梦(告诉来访者最近的一个梦)。哦，现在我们还是回到你的问题上。你对我刚才分享的内容有什么回应吗? (请阅读 9.41)

9.39　**你的回应：**　我有点理解了，但是不全面。两年前我哥哥在一场车祸中去世了。这当然跟你失去亲人的情况不一样，但是我仍然感觉到生活中出现的巨大鸿沟。这和你的感觉有点类似呢？

正确。会谈者也经历了至亲的去世，分享这一点相对比较安全。咨询师谨慎地表明，他仅仅"有点理解"。在这样一个伤感的情境中，说一个人能完全理解并能共情是错误的。咨询师自我表露非常简短，他用了一个句子进行核实（这和……有点类似吗？），让会谈重点回到来访者身上。最后，如果你要向来访者做自我表露，你自己的经历应该和来访者经历有点相似。然而，千万不要用你自己的经历去代替来访者的经历。

197 9.40　**你的回应：**　嗯，那是一种经历。我也做梦，梦也让我烦恼。我们可以开始分析你梦的隐藏意义吗？

会谈者做梦，但是几乎每个人都会做梦。这个自我表露等于什么也没说，基本没有共情性的理解，接着又转过去分析梦境。这个自我表露所关注的与来访者现在的需要相差甚远。这里没有平等的维度促使来访者与会谈者可以一起工作。会谈者明显占主导地位，是会谈的"决定者"。请回到 9.38，再次选择。

9.41　**你的回应：**　你的梦让我想起了自己的经历。我的确能比较好地理解你的感受。我在生活中经历了很多失去亲人的重要时刻。例如（会谈者开始详细地讲他过去几次失去亲人的事）……所以我想你能够明白，我能理解你经历的这些事情。另外，我也做梦（告诉来访者最近的一个梦）。哦，现在我们还是回到你的问题上。你对我刚才分享的内容有什么回应吗？

很明显，这个回应很不恰当，但恰好说明了一些关键点。首先，自我表露要简短，要尽快将重心转移到来访者身上。其次，自我表露时，没有必要探讨你的生活细节。自我表露要简要且相关。再次，不要假设你真的理解另一个人是如何感觉或思考的。要一直认为你的理解是不全面的，要更多地去了解来访者的观点。请回到 9.38，再次选择。

参考资料

Curran, L. (2013). *101 Trauma-informed interventions: Activities, exercises and assignments to move the client and therapy forward*. Eau Claire, WI: Premier.

Ivey, A. E., Ivey, M. B., & Zalaquett, C. P. (2014). *Intentional interviewing and counseling: Facilitating client development in a multicultural society*. Belmont, CA: Brooks/Cole Cengage.

Jouard, S. (1971). *The transparent self*. New York: Van Nostrard Reinhold.

▶ 伦理考量

许多作者已经暗示,会谈者过度使用自我表露会导致侵犯边界的问题(例如,Cormier, Nurius, & Osborn, 2013; Ivey, Ivey & Zalaquett, 2014; Koocher & Keith-Spiegel, 2008)。由于这个原因,本章来讨论涉及处理会谈关系边界的伦理原则似乎就正合适了。

边界是一个框架,会谈关系在其内部产生。边界让会谈关系对来访者而言是安全的;边界设置了提供专业服务的界限。在建立和处理边界问题时首先关注的是保证来访者的最大利益。在保持专业边界时,有许多领域可能会出现问题:会谈者自 198
我表露的数量;给予或接收重要的礼品;双重或重叠的关系(正如在上一章中讨论的那样);成为朋友;身体接触。

处理边界

1. 会谈者要认识到并保持恰当的专业边界。

2. 正常情况下,会谈者应该避免接受与他们以前有过非专业关系的人作为自己的来访者。在小社区里,这样做也许是不可能的。但是当会谈者接受了这类来访者时,他们应该采取恰当的专业预防措施,以确保他们的判断不会受到损害,不会利用来访者,并能谨慎的处理关系的边界。

3. 会谈者要考虑将现在会谈关系的边界拓展到其他非专业关系时所带来的影响(例如,社交的、商务的或家庭的关系)。当拓展专业关系的界限时,会谈者应该采取恰当的专业预防措施确保自己的专业判断不受损害,也不会产生伤害。

4. 接受来访者的礼品或者赠送来访者礼品,一般来讲是不合适的;应该考虑的因素包括礼物的目的、价值、性质、时机和来访者的文化惯例。在有些文化中,小礼物是表示尊敬和感谢。会谈者应该考虑接收或给予礼物可能对来访者造成的影响,也应该考虑此举对会谈者的品德和治疗关系效果的影响。

9.42

你是社区就业中心的咨询师,你一直在给一个与你年龄相仿的男性做会谈。这名男性单身,已经失业好几个月了。你们现在已经到了结束心理会谈的时候,他已经同意去尝试一下当前的几个工作机会。

会谈者: 今天,看起来你取得了很大的进展,我们今天发现的几个机会给你很大的鼓励。

来访者：是的。我对我们今天取得的成绩很开心——未来的几个工作机会看起来很有希望。或许你想来和我一起喝杯咖啡庆祝一下。

会谈者：我知道你很开心，想要庆祝一下，但保持我们的关系为专业关系非常重要。一起喝咖啡会将我们的关系转变为社交关系，这会危害我们的专业关系。

文献来源

American Association for Marriage and Family Therapy. (2015). *Code of Ethics*. Standard I 1.7, Standard III 3.8, 3.9 (pp. 3, 5).

American Counseling Association. (2014). *ACA Code of Ethics*. A.6. a., b., c., A.10. f. (pp. 5, 6).

American Nurses Association. (2015). *Code of Ethics for Nurses with Interpretive Statements*. 2.4 (p. 7).

College of Psychologists of Ontario. (1998). Professional boundaries in health-care relationships. *The Bulletin, 25*, pp. 1–4.

Cormier, S., Nurius, P. S., & Osborn, C. J. (2013). *Interviewing and change strategies for helpers* (7th ed.). Belmont, CA: Brooks/Cole Cengage.

Hearn, M. T. (2011). Dual relationships: Managing the boundaries. In D. R. Evans (Ed.), *Law, standards, and ethics in the practice of psychology* (3rd ed., pp. 123–177). Toronto, ON: Carswell.

Ivey, A. E., Ivey, M. B., & Zalaquett, C. P. (2014). *Intentional interviewing and counseling: Facilitating client development in a multicultural society* (8th ed.). Belmont, CA: Brooks/Cole Cengage.

Koocher, G. P., & Keith-Spiegel, P. (2008). *Ethics in psychology and the mental health professions* (3rd ed.). New York: Oxford.

199

▶ 复习问题

判断下列陈述是否正确：

1. 自我表露可用于证明在会谈中披露个人信息是恰当的。
2. 自我表露在会谈的任何时刻都是恰当的。
3. 自我表露会让来访者与会谈者分享个人信息。
4. 自我表露应该用于分散来访者的注意力，让其不关注具体的问题。
5. 自我表露应尽可能地多用。
6. 自我表露通常有助于会谈者和来访者之间信任关系的发展。
7. 自我表露通常用于帮助来访者聚焦于具体问题。
8. 聚焦于过去经历的自我表露是最有效的。

答案见本章结束处。

▶ 记忆要点：自我表露

1. 当你做自我表露时：

a. 你所披露的应该是与来访者情境相关的个人信息。

b. 如果可能，将自我表露聚焦于你当前的情境。

c. 要能够确定自我表露式回应的好处。

2. 自我表露：

a. 可以鼓励来访者分享对其个人而言有意义的信息。

b. 增加会谈者和来访者之间的信任。

c. 加强来访者分享情感和个人信息的能力。

3. 使用自我表露：

a. 来帮助来访者清晰、准确地聚焦于问题和可用的资源。

b. 在你的回应不会遮蔽、拒绝或者否定来访者沟通的内容时。

c. 在你和来访者建立良好关系之后。

d. 要适度。

200

▶ 9.1　活动单元

和另外两个已经阅读过本章内容的人一起，进行简短会谈的角色扮演。你们轮流扮演来访者、会谈者和观察者的角色。使用录音/录像设备对每次简短会谈进行记录。本练习的会谈有五个会谈者回应就够了，其中应有一个或多个自我表露。

会谈者角色　练习与其他会谈基本技巧一起使用自我表露。

来访者角色　和会谈者合作，促进会谈的进展，以便会谈者能够练习使用自我表露的技巧。你可以扮演一个有问题需要解决的朋友或者家人，也可以扮演下列角色之一：

1. 某家长，因为孩子难管，一方面想管教孩子，一方面又担心可能会有虐待孩子的风险。

2. 丈夫/妻子，担心家庭争吵的次数越来越多。

3. 某职员，与顶头上司在人际关系方面有问题。

4. 某人，因被指控有轻微交通违法行为感到非常不安。

观察者角色　操作录音/录像设备，完成会谈练习检查表。（见表 9.2）

表 9.2　会谈练习检查表

	会谈者回应[a]				
活动	1	2	3	4	5
恰当的非言语行为					
保持话题					
自我表露					
其他恰当的会谈回应					
有效回应[b]					

[a]检查体现每个回应特点的活动。

[b] 在表格中对回应的有效性进行 5 级评分，1 表示有效性最低，5 表示最有效性最高。

会谈后讨论　参与者使用会谈记录和会谈练习检查表的数据，讨论会谈者的表现。所有的参与者都要从讨论中学习，讨论应该是客观的，既要关注有效的回应，也要关注不太有效的回应，并鼓励所有人改善会谈表现。

201 ▶ 9.2　活动单元

使用**活动单元** 9.1 中的会谈记录或者其他会谈练习的录音／录像记录，在下面“原来的回应”的空格处写下这些练习中的会谈回应。然后，做出更好的回应替代它们，写在“更好的回应”的空格处。

原来的回应 1______________________________

____

____

更好的回应______________________________

____

____

原来的回应 2______________________________

____

____

更好的回应______________________________

原来的回应 3

更好的回应

原来的回应 4

更好的回应

原来的回应 5

更好的回应

▶ 9.3　活动单元 202

小组练习

1. 选择一名志愿者扮演来访者，按照**活动单元** 9.1 中来访者的角色要求做。

2. 组成一个/几个小组，小组成员轮流或自愿扮演会谈者；按照会谈者角色的要求做，尽可能地做出回应。

3. 使用会谈练习检查表作为参考，讨论回应的有效性。

记住，本活动对所有人而言都是一次小组学习经历，讨论应该是非评价性的，相互鼓励的。还要记住，你是在学习新的行为，学习不是瞬间能完成的。显性或隐性的练习是必要的。

▶ 9.4　活动单元

小组讨论

在本章结束时，分小组讨论在会谈中披露个人信息的优点。然后，回到课堂中，每一组选一位成员简短汇报本组的主要观点。

▶ 复习问题答案

1. **正确**。如果你的答案是“错误”，请回到 9.21 复习。
2. **错误**。如果你的答案是“正确”，请回到 9.9 复习。
3. **正确**。如果你的答案是“错误”，请回到 9.21 复习。
4. **错误**。如果你的答案是“正确”，请回到 9.9 复习。
5. **错误**。如果你的答案是“正确”，请回到 9.33 复习。
6. **正确**。如果你的答案是“错误”，请回到 9.17 复习。
7. **正确**。如果你的答案是“错误”，请回到 9.25 复习。
8. **错误**。如果你的答案是“正确”，请回到 9.13 复习。

如果你的回应中有 5 个及以上的答案不正确，你应该回到 9.1，复习本章内容。

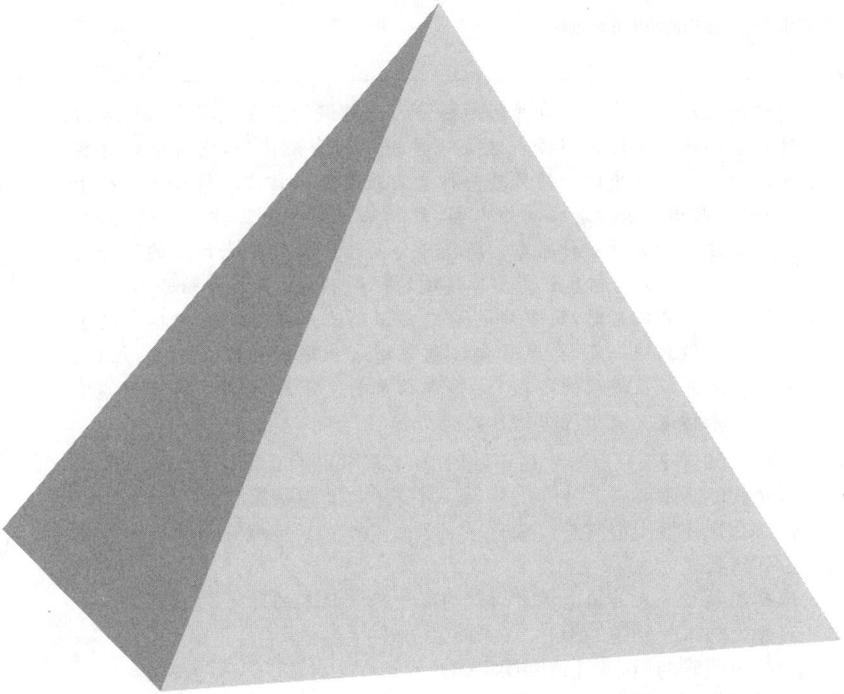

第十章

解释

本章内容旨在帮助你掌握解释技巧。学完本章后,你将能够: 203

1. 展示你可以理解来访者的叙述或经历的潜在意义。
2. 展示你可以做出解释,让来访者能够从另一个角度看待其叙述。
3. 展示你可以判断做出解释的时间和方式。
4. 通过你的回应表明,你可以帮助来访者有效使用地解释。

解释式回应与其他会谈回应的不同之处在于:会谈者关注的不是来访者**言明的**(explicit)信息,而是来访者交流中潜在的、**隐含的**(implicit)信息。尽管对于使用解释作为会谈技巧有一些争议,但是最近越来越多的理论,如信息加工理论、认知理论和多元文化理论都认为解释是有价值的,它可以增强来访者与会谈者的关系,帮助来访者从不同角度看待事情,获得新的见解,从而有助于来访者改变的自己行为。在更 204
加具体的方面,我们已经发现解释可以促进来访者自我表露,增强会谈者的**可信度**(credibility),增加来访者对自我的理解,并改善来访者设定目标的能力。一般来说,大部分理论都支持使用解释技巧来为来访者提供一种新的替代方式,以助其理解某个情境。

本章内容中每一小节自成一体,即,每一小节聚焦的情境不同,来访者也不同。为了让你学习并体验不同类型的解释技巧,有些小节的正确回应可能不止一种。请阅读 10.1。

10.1

解释所表达的是对来访者的问题提出的一种假设。会谈者在来访者讲述内容的基础上做出解释。这是一种积极的会谈技巧，它将来访者传递给会谈者信息中隐含的另外一种意义表达给来访者。解释是一种干预手段，超出了来访者言明的内容，鼓励来访者对事件、行为、情感、态度或想法给予另外一种思考。解释分为两步：① 识别来访者的隐含信息；② 将这些隐含信息作为看待情境的一种不同方式呈现给来访者。

在做出解释式回应时，最重要的是先要识别出来访者讲述内容中隐含信息。为做到这一点，会谈者要注意来访者叙述的内容、过去的经历、互动的方式以及成长的阶段，这些都很重要。下面的小节将帮助你培养识别来访者交流中隐含信息的能力。

来访者：（女性，50 岁，与家庭医生讨论她目前的健康问题）真正让我来见你的原因是我的睡眠问题。我晚上躺着睡不着，老是想着第二天我要做的事情。我现在变得很健忘。前几天我忘记关电炉，差点儿引起火灾。我不知道我是怎么了。

选择能最好地表达出来访者所说内容中隐含信息的陈述。

对她无法入睡问题的担心。（请阅读 10.2）

对严重疾病的担心。（请阅读 10.3）

对记忆问题的担心。（请阅读 10.4）

10.2　**你的回应：**　对她无法入睡问题的担心。

你已经关注了来访者所述内容中的部分直接言明的信息，但没有识别隐含的意思。请回到 10.1，再次选择。

10.3　**你的回应：**　对严重疾病的担心。

正确。你已经识别了来访者所述内容中的一个隐含信息。请阅读 10.5。

10.4　**你的回应：**　对记忆问题的担心。

你识别了来访者叙述内容中的一个信息，但不是隐含信息。请回到 10.1，再次选择。

---

205 **10.5**

来访者：（单亲父亲，有两个上学的孩子）我整天辛苦工作，回到家时，孩子们都在等着我。我很爱他们，但是照顾他们对我要求很高。他们总是不停地要我做事情。我尽力让他们一起玩，但是他们只想和我玩。我很沮丧。我觉得非常无助。

选择能最好地表达出来访者叙述内容中隐含信息的陈述。

对抚养孩子感到后悔。（请阅读 10.6）

他的孩子爱他，他很开心。（请阅读 10.7）

对想要有自己的时间感到内疚。（请阅读 10.8）

10.6　**你的回应：**　对抚养养孩子感到后悔。

来访者的讲述中没有证据支持这个隐含信息。请回到 10.5，再次选择。

10.7　**你的回应：**　他的孩子爱他，他很开心。

这一点可能是正确的，但是来访者的叙述内容中没有证据支持这个隐含信息。请回到 10.5，再次选择。

10.8 **你的回应：** **对想要有自己的时间感到内疚。**
正确。你已经识别了来访者叙述中的一个隐含信息。请阅读10.9。

10.9

来访者：(有两个十几岁的孩子,其配偶酗酒)我已经尽力在维持我的婚姻。我知道这毫无作用,但我似乎就是放不下。我一想到离开就有一种恐慌感。我想我要尽最大努力把一切处理好。

选择能最好地表达出来访者叙述中隐含信息的陈述。

如果分居了,对未来可能出现的情况感到害怕。(请阅读10.10)

因费力应对酗酒的配偶而感到筋疲力尽。(请阅读10.11)

专注于婚姻。(请阅读10.12)

10.10 **你的回应：** **如果分居了,对未来可能出现的情况感到害怕。**
正确。你已经识别出了来访者叙述中的一个隐含信息。请阅读10.13。

10.11 **你的回应：** **因费力应对酗酒的配偶而感到筋疲力尽。**
可能会是这种情况,但是来访者的叙述中没有证据支持这一点。请回到10.9,再次选择。

10.12 **你的回应：** **专注于婚姻。**
来访者叙述中的隐含信息或直接表达的信息都不支持这个判断。请回到10.9,再次选择。

10.13

做出解释式回应的第二步是呈现来访者叙述中的隐含信息,以便来访者可以从不同的视角看待某个情境。解释应该表述清楚,不要使用专业术语。 206

来访者：(女职员,在和上司会谈,上司想讨论她工作效率一直不高这件事)我一直在尽力做我的工作,但我真的太累了。我花好多时间去管理和训练划船队,这让我上班时很难集中精力,但这件事很值得做。

选择最恰当的回应。

会谈者：由于你工作上的困难,考虑放弃划船队的工作是明智的做法。你是一个重要的员工,但是你的工作做得很糟糕。(请阅读10.14)

会谈者：你似乎是说,在你的生活中,划船队的事务比你现在的工作更重要。我这样认为对吗?(请阅读10.15)

会谈者：这是一项有趣的业余活动,特别是在目前划船队不断取得进步的时候,作为教练,你肯定感到很满意。作为一个团队的经理,我相信你会理解每一个队员贡献的重要性。(请阅读10.16)

10.14 **你的回应：** **由于你工作上的困难,考虑放弃划船队的工作是明智的做法。你是一个重要的员工,但是你的工作做得很糟糕。**
这个回应忽略了来访者的隐含信息,没有鼓励来访者考虑对她行为的其他解释。请回到10.13,再次选择。

10.15 **你的回应：** **你似乎是说,在你的生活中,划船队的事务比你现在的工作更重要。我这样认为对吗?**
正确。这个解释式回应识别了来访者话语中的隐含信息——划船队事务的优先性——为她的态度和行为提供了另一个解释。会谈者把来访者可能没有认识到的问题用语言表达出来。请阅读10.17。

10.16　**你的回应：**　这是一项有趣的业余活动，特别是在目前划船队不断取得进步的时候，作为教练，你肯定感到很满意。作为一个团队的经理，我相信你会理解每一个队员贡献的重要性。

这个回应没有表明你已经识别出来访者叙述中的隐含信息。如果你不能先识别出隐含信息，你就不可能做出恰当的解释。请回到 10.13，再次选择。

10.17

207 要做出解释式回应，会谈者先要确定造成来访者目前的困难和不如意境遇的原因是什么。当会谈者做出解释时，他们帮助来访者将完全不同的叙述内容和事件联系起来，识别出来访者的行为模式和会谈中反复出现的主题，将当前出现的事件与过去的事件联系起来，并帮助来访者建立一个新的视角去看待他们的情感、行为以及这些情感和行为对其他人造成的影响。会谈者通过个人观察与常识，并常常借助他们的理论视角来做出解释。

来访者：（高中生，成绩一直很差，不能完成作业，旷课，上课时又捣乱，现在他在和校长会谈，讨论以后的学习）我想上学，但是上课太无聊了，我的课程安排一团糟，我不喜欢班里那些孩子。早晨一来就上数学课，这很蠢。我想上学，但是一大早上课我起不来。准时上学一直是个问题。没人叫我起床。我妈妈很早就上班去了。

选择最恰当的答案。

会谈者：我可能说的不对，但是我在想，你的某些困难是不是因为这个原因：你从来没有学会如何利用教育系统来让自己受益。（请阅读 10.18）

会谈者：你似乎是在说你在家里承担的责任妨碍了你全身心地参与在校学习。（请阅读 10.19）

会谈者：在我思考你说的这些话时，我突然想到一点，或许你还没有决定为自己的教育负责。（请阅读 10.20）

10.18　**你的回应：**　我可能说的不对，但是我在想，你的某些困难是不是因为这个原因：你从来没有学会如何利用教育系统来让自己受益。

正确。根据你对这个学生过去和现在生活中各种事件的理解，你已经识别了来访者叙述中一个可能的隐含信息。你已经为这名学生所描述的信息赋予了不同的意义。如果这是你本轮第一次做出正确的回应，请回到 10.17，识别另外一个正确的回应后，继续学习 10.21。

10.19　**你的回应：**　你似乎是在说你在家里承担的责任妨碍了你全身心地参与在校学习。

这是一个解释，但是你对来访者隐含信息的推测超出了他所提供的信息。此类解释会引起学生的反感，导致他产生防御心理，不再配合。请回到 10.17，再次选择。

10.20　**你的回应：**　在我思考你说的这些话时，我突然想到一点，或许你还没有决定为自己的教育负责。

正确。这个回应聚焦于来访者的一个隐含信息，指出了这名学生自称愿意上学，却不理解要达成这一愿望和实际行动之间的联系。通过聚焦于这个联系，你给来访者提供了理解自身问题的新的思考方向。如果这是你本轮第一次做出正确回应，请回到 10.17，识别另外一个恰当回应后，再继续学习 10.21。

10.21

解释式回应的目的是让来访者能用更广阔的视野来理解自己的行为、态度、想法和情感。这种更广阔的视角可以帮助来访者做出不同的选择，采取新的、更加有效的行动，从而获得更多的责任感和控制感。 208

来访者：（男性，为了戒烟，与“员工健康项目”的一名护士做了几周会谈，但是没有完成任何计划中的行动）我担心我没有时间制定你建议的监控计划。我考虑过这个计划，但是我找不到你说的那些我应该使用的卡片。

选择最恰当的回应。

会谈者：到目前为止，根据我对你进展情况的观察，你可能还没有下定决心要戒烟。你似乎还在考虑要不要让生活有这个改变。（请阅读10.22）

会谈者：我很难相信，如果你真的想找的话，你会找不到那些卡片。有那么多的商店卖这种卡片。如果你希望戒烟，你必须做出努力。（请阅读10.23）

会谈者：看起来戒烟对你很重要，但是你需要更多的时间去完成这些任务。可能我们应该每两周而不是每周见一次。（请阅读10.24）

10.22 **你的回应：** 到目前为止，根据我对你进展情况的观察，你可能还没有下定决心要戒烟。你似乎还在考虑要不要让生活有这个改变。

正确。这个回应识别了来访者的隐含信息：在减少吸烟方面，他缺乏行动的决心。会谈者通过向来访者解释他在改变行为进程中所处的位置，帮助来访者更全面地理解自己的行为，并为此担负起更大的责任。请阅读10.25。

10.23 **你的回应：** 我很难相信，如果你真的想找的话，你会找不到那些卡片。有那么多的商店卖这种卡片。如果你希望戒烟，你必须做出努力。

这个回应仅仅聚焦了来访者信息的一个方面——卡片。这与妨碍来访者在戒烟项目中取得进展的实际因素没有什么关系。你需要识别来访者叙述中的隐含信息，并做出解释，帮助来访者努力在生活中做出重要的改变。请回到10.21，再次选择。

10.24 **你的回应：** 看起来戒烟对你很重要，但是你需要更多的时间去完成这些任务。可能我们应该每两周而不是每周见一次。 209

这个回应识别的是来访者讲述内容的表面意思，而不是隐含信息。这个回应以及行动建议对于帮助来访者实现其目标作用很小。请回到10.21，再次选择。

10.25

做出解释后，会谈者较好的做法是检查解释的有效性。对于会谈者的解释，来访者可能会接受，可能不能理解，也可能会拒绝。来访者可能会口头直接回应，也可能以非言语行为予以反馈。如果来访者没有主动回应，会谈者有责任检查解释是否准确。

这个系列回应接着上一小节的内容。

来访者：（迷惑不解，焦虑，没有做出回应）

选择最恰当的回应。

会谈者：看来我刚才这句话让你感到不舒服了。现在我们讨论一下怎么从这里开始接着往下谈。（请阅读10.26）

会谈者：看来我刚才这句话让你感到不舒服了。我只是在尽力帮助你戒烟。(请阅读 10.27)

会谈者：看来我刚才这句话让你感到不舒服了。你能说一下你对我刚才所说内容有什么想法吗？(请阅读 10.28)

10.26　**你的回应：**　**看来我刚才这句话让你感到不舒服了。现在我们讨论一下怎么从这里开始接着往下谈。**

你已经识别出来访者对你的解释给予的非言语反应，但你没有接着讨论这样解释对会谈造成了什么影响，而是选择了继续谈下去。你不讨论这个解释，又不能理解来访者对此的反应，这样做使此解释在会谈中变得毫无作用。请回到 10.25，再次选择。

10.27　**你的回应：**　**看来我刚才这句话让你感到不舒服了。我只是在尽力帮助你戒烟。**

你已经识别出来访者对你的解释给予的非言语反应，但你没有对该解释做进一步讨论。进一步的讨论会有助于确认、修改该解释，或者否定该解释而选择另一种解释。请回到 10.25，再次选择。

10.28　**你的回应：**　**看来我刚才这句话让你感到不舒服了。你能说一下你对我刚才所说内容有什么想法吗？**

正确。你已经识别出来访者对你的回应感到不舒服，并使用开放式问题来了解来访者对该解释能否准确理解。请阅读 10.29。

---

210 **10.29**

对来访者做解释式回应时，试探性地去解释比给予绝对化的解释更加明智。试探性的回应有助于来访者进行探索，也不太可能引发来访者的负面回应。

来访者：(女性，一家大公司的员工，正在和员工援助顾问会谈，讨论她工作中的困难，其所在公司正在进行**重组**[restructuring])我现在真的很担心，我的工作对我很重要。每天我上班的时候下定决心完成所有堆积起来的工作，但是在一天结束的时候，我回头一看，完成的似乎很少。我想我的专注力有问题。

选择最恰当的回应。

会谈者：你的困难与公司重组对你工作岗位的威胁有关。你不能保持专注是因为你总是在想如果自己下岗了该怎么办。(请阅读 10.30)

会谈者：你可能愿意考虑这样一个解释：你担心公司正在进行的重组会威胁到你的工作岗位，你无法专注可能与你这种担心有关。你觉得呢？(请阅读 10.31)

会谈者：我认为，害怕重组对于你完成自己的工作量没有帮助。在情况恶化之前你要尽快解决这个问题，这一点很重要。(请阅读 10.32)

10.30　**你的回应：**　**你的困难与公司重组对你工作岗位的威胁有关。你不能保持专注是因为你总是在想如果自己下岗了该怎么办。**

你已经识别来访者叙述中的隐含信息，但你的解释太直接了。如果你的解释更多一点试探性，那么来访者则更有可能在讨论中接受它。请回到 10.29，再次选择。

10.31　**你的回应：**　你可能愿意考虑这样一个解释：你担心公司正在进行的重组会威胁到你的工作岗位，你无法专注可能与你这种担心有关。你觉得呢？

正确。这个解释的用词是试探性的，能够促使来访者去真正的思考。请阅读 10.33。

10.32　**你的回应：**　我认为，害怕重组对于你完成自己的工作量没有帮助。在情况恶化之前你要尽快解决这个问题，这一点很重要。

尽管你已经识别来访者回应中的隐含信息（对重组的担心），但是你表述的方式充满情绪，也太直接，可能会引发来访者负面的回应。请回到 10.29，再次选择。

10.33

如果会谈者的解释和来访者的观点差异不大，解释式回应很可能得到来访者的理解并促使其做出改变；但如果和来访者的观点差异很大，解释式回应很可能因无法被接受而遭到拒绝。解释如能使用得当，可以让来访者发现并弄明白原先**让人费解的**（inexplicable）事情，从而增加来访者的希望和力量，做出改变。 211

来访者：（男性，工作狂，因为难以维持友谊而寻求帮助；他和母亲关系比较亲近，但是和父亲关系疏远）这么多年来，我一直努力想交几个朋友，但是没有人能和我长久保持朋友关系。

选择最恰当的回应。

会谈者：根据你的讲述，看起来因为父亲对你的拒绝，导致你对安全感有强烈的需求，这种强烈的需求妨碍了你交朋友。听我这样说，你是怎么想的？（请阅读 10.34）

会谈者：在我看来，你对母亲的强烈依恋似乎妨碍了你培养长期友谊关系的能力。你认为是这样的吗？（请阅读 10.35）

会谈者：根据你的讲述，你是否愿意这样思考一下：你的工作习惯在多大程度上干扰了你结交朋友的努力。对于我说的这一点，你是怎么想的？（请阅读 10.36）

10.34　**你的回应：**　根据你的讲述，看起来因为父亲对你的拒绝，导致你对安全感有强烈的需求，这种强烈的需求妨碍了你交朋友。听我这样说，你是怎么想的？

这个解释式回应与来访者此刻传递的信息相去甚远。如果解释的内容和来访者隐含的信息差距太大，解释很可能被来访者拒绝并且/或者引发来访者负面的回应。请回到 10.33，再次选择。

10.35　**你的回应：**　在我看来，你对母亲的强烈依恋似乎妨碍了你培养长期友谊关系的能力。你认为是这样的吗？

这个回应与来访者对自身困难所阐述的观点相去甚远。因此，来访者不能理解这个解释，可能会拒绝接受。请回到 10.33，再次选择。

10.36　**你的回应：**　根据你的讲述，你是否愿意这样思考一下：你的工作习惯在多大程度上干扰了你结交朋友的努力？对于我说的这一点，你是怎么想的？

正确。这个解释式回应与来访者的认识很接近，观点差异很小。因此，对于来访者而言，这个解释是可以理解的，也是有用的。请阅读 10.37。

10.37

212 做出解释式回应时，会谈者要确保回应是建立在充足信息的基础之上，回应的表达应是积极的，回应的方式要能够得到来访者的合作。有效的会谈者避免向外投射自己的偏见和价值观，也避免让解释变成为来访者寻找借口。

来访者：（女大学生，因对学习进步不满意而寻求帮助）我周末回家，心情很低落。我父母谈的都是我参与太空项目的哥哥和我从事神经学研究的实习医生姐姐。他们都不问我在做什么。

选择最恰当的回应。

会谈者：我的印象是，你想让你的父母也关心你，对你也表现出像他们对你哥哥和姐姐那样的感情。（请阅读 10.38）

会谈者：有一些兄弟姐妹生下来就很幸运。不管家里其他孩子怎么努力，所有的好处似乎都是这些兄弟姐妹的。如果家庭里是这种行为模式，最好的办法就是让你自己远离家庭。（请阅读 10.39）

会谈者：在你看来，你父母似乎对你本人或你做的任何事情都不感兴趣。你也不太可能改变这种行为模式。（请阅读 10.40）

10.38　**你的回应：**　我的印象是，你想让你的父母也关心你，对你也表现出像他们对你哥哥和姐姐那样的感情。

正确，这个解释式回应是建立在充足信息基础之上的，表达的方式也很积极，很可能让来访者就这个问题进行有意义的讨论。请阅读 10.41。

10.39　**你的回应：**　有一些兄弟姐妹生下来时就很幸运。不管家里其他孩子怎么努力，所有的好处似乎都是这些兄弟姐妹的。如果家庭里是这种行为模式，最好的办法就是让你自己远离家庭。

这个解释式回应为来访者提供了一个借口，如果来访者采纳了这个借口，她就不可能做出积极的改变。会谈者的结论性语句表明其处理策略是带有偏见的。请回到 10.37，再次选择。

10.40　**你的回应：**　在你看来，你父母似乎对你本人或你做的任何事情都不感兴趣。你也不太可能改变这种行为模式。

这个解释式回应的内容很消极，包含的信息反映了会谈者对结果的预期带有偏见，不太可能帮助到来访者，也不太可能改变她的视角或行为。请回到 10.37，再次选择。

10.41

当解释发生在支持性的会谈关系中，如果来访者也表现出愿意探讨问题，解释式回应就最可能会帮助到来访者。心理会谈中，做出解释式回应的时机很重要，因为有些解释会引发来访者负面的或情绪性的回应。
213 要让来访者对解释进行有意义的讨论，会谈者要在有充足时间帮助来访者讨论时才来做解释。如果在会谈中，解释式回应出现的时间较晚，将其延后至下一次会谈则是更好的做法。

来访者：（运动员，为提高成绩来咨询一位运动心理学家）我仔细思考过我们上周讨论的内容，真的对我有帮助。但我还是不明白这是怎么回事，每次我就快要赢了，然后一切就都搞砸了。我一生中总是出现这种情况，我还是孩子的时候就是这样。我父亲过去常常跟我说我永远都不会成功。

选择最恰当的回应。

会谈者：（在会谈中期）你看起来担心这个问题是遗传性的，你没办法解决。（请阅读 10.42）

会谈者：（在会谈中期）你常常提到你的父亲和他的影响，我越来越想知道，你是不是在为他的期望而不是为你自己在生活。我在想他对你的影响和你在赢取比赛方面的困难是否有关系。你觉得呢？（请阅读 10.43）

会谈者：我们必须尽快结束本次会谈，但在结束之前，我想让你对下面的事情做出回应。你常常提到你的父亲和他的影响，我越来越想知道，你是不是在为他的期望而不是为你自己在生活。我在想他对你的影响和你在赢取比赛方面的困难是否有关系。（请阅读 10.44）

10.42　**你的回应：** （在会谈中期）你看起来担心这个问题是遗传性的，你没办法解决。

这个解释超出了此刻你所获信息的范围。它也有可能为来访者的不良成绩提供借口。请回到 10.41，再次选择。

10.43　**你的回应：** （在会谈中期）你常常提到你的父亲和他的影响，我越来越想知道，你是不是在为他的期望而不是为你自己在生活。我在想他对你的影响和你在赢取比赛方面的困难是否有关系。你觉得呢？

正确。这个解释式回应是给予来访者的，来访者在话语中表现了探讨问题的意愿和能力。这个回应的时机选在会谈中期，让你能帮助来访者对这个解释进行有意义的讨论。请阅读 10.45。

10.44　**你的回应：** 我们必须尽快结束本次会谈，但在结束之前，我想让你对下面的事情做出回应。你常常提到你的父亲和他的影响，我越来越想知道，你是不是在为他的期望而不是为你自己在生活。我在想他对你的影响和你在赢取比赛方面的困难是否有关系。

不管有这个解释有多重要，在会谈后期对其进行分享是不明智的做法。解释会引起来访者一系列反应，你必须要留出时间来与来访者一起考虑并详细讨论这个解释。请回到 10.41，再次选择。

10.45

来访者对解释式回应的反应方式有很多，包括有意义的讨论、拒绝、仔细思考、沉默和一系列的情绪。当来访者拒绝接受一个解释或对其做出负面情绪反应时，会谈者可能会发现有必要暂时放下这个被拒绝的解释，通过检查修正让这个解释更准确，然后等待时机在后面的心理会谈中重新引入这个修改后的解释。在来访者能够吸收接纳之前，解释常常需要用多种方式重复多次。 214

来访者：（用敌对的态度）我认为我不能获胜跟我父亲没有任何关系。我非常爱我的父亲，他现在去世了，但他在世时是一个好父亲。

选择最恰当的回应。

会谈者：在我看来，你似乎很保护你的父亲，不愿意看到他对你成绩的影响。（请阅读 10.46）

会谈者：你很尊敬你的父亲，你觉得你不能获胜有其他的原因。（请阅读 10.47）

会谈者：你的愤怒表明你父亲和他对你的期待或许真的与你现在的困难有关系。（请阅读 10.48）

10.46	会谈者：	在我看来，你似乎很保护你的父亲，不愿意看到他对你成绩的影响。 当来访者对一个解释做出负面回应时，明智的做法是先对那个解释进行处理，然后再进一步对来访者的叙述进行解释。即使这个解释此刻是合适的，它也有点太直接，因此可能又会引发来访者一个负面回应。请回到 10.45，再次选择。
10.47	会谈者：	你很尊敬你的父亲，你觉得你不能获胜有其他的原因。 正确。当来访者的行为表现出敌意或者拒绝解释式回应时，明智的做法是先将这个解释放置一边，对其进行检查使其更为准确，然后等到这个主题再次出现的时候再来解释。行为的主题和重复的模式常常是解释的对象，需要用多种方式加以重复才能最终为来访者所接受。请阅读 10.49。
10.48	会谈者：	你的愤怒表明你父亲和他对你的期待或许真的与你现在的困难有关系。 当来访者对某个解释做出负面回应时，明智的做法是将其暂时搁置，对来访者的反应进行回应。在考虑了解释的准确性之后，你可以在后面的会谈中用稍微不同的方式重新做出这个解释。请回到 10.45，再次选择。
10.49		解释技巧很复杂。与其他会谈技巧不同，解释技巧来自会谈者的视角而不是来访者的视角。每次心理会谈中，来访者最多只能有效利用 2～3 个有技巧的解释。新手会谈者经验比较少，使用这个技巧时要谨慎，确保每次都能准确。会谈者应该考虑来访者的自尊心以及理解和利用解释的能力，并考虑来访者是否有表现出某种程度的情绪失常，**妨碍**(mitigate)解释技巧的使用。并非所有的来访者都能从解释中获益。

215 ## ▶ 文化考量

1. 描述多元文化能力的一种方式是将其描述为“根据影响每个人视角的多元文化来理解每个来访者的独特性，并建设性的将这种独特性与多元文化联系起来的能力”(Stuart，2004，p.3)。下面几条是发展多元文化能力的补充建议，可供会谈者思考。

a. 学习发现每个个体独特的文化视角。

b. 承认并控制个人偏见。

c. 培养对文化差异的敏感性，但同时不要过分强调差异性。

d. 学习如何判断来访者是否会接受与会谈问题相关的某些特定文化主题。

e. 增强你对其他文化的复杂性的理解。

f. 在将数据运用于实践之前，批判性地评估关于文化主题的数据是如何收集的。

g. 学会判断来访者属于某一个民族身份的优势。

h. 将所有评估放置于情境之中。

i. 在选择心理会谈目标和策略时，考虑来访者的文化背景和世界观。

2. 在进行解释式回应之前，识别来访者所归属的文化群体是否会进行自我探索。

3. 如果使用解释式回应，确保解释的内容能与来访者所归属的文化相关联。

10.50

在进行跨文化的心理会谈时，你可能发现用下面的方式看待解释这一概念会有所帮助，即，把解释看作为是给来访者提供了另一种思维方式，用不同的也许是更有用的语言去看待情境、担心或问题。

在会谈双方出现文化差异时，态度温和、与来访者观点相差不太远的解释效果最好。

你是一名初中的学校咨询师。卡洛斯的表现不但没有达到他应该呈现的水平，而且表现出轻度的行为困难。检查了他的记录之后，你发现他到八年级的时候成绩都很好，之后分数突然下降。你让他的父母，瑞斯先生和太太，到你的办公室讨论一下这个情况。只有瑞斯太太来了，因为她丈夫在当地的工厂上班。

你努力与你所在区域中这个讲西班牙语的社区合作并理解这个社区。你刚学了几句关键的西班牙语。你向瑞斯太太打招呼说“Bienvenida①，见到你很开心”，“你家情况最近还好吧？”瑞斯夫人来美国十五年了，她的英语技能还可以。她丈夫有绿卡，所以有就业资格。

会谈很快转到了卡洛斯和他目前的问题。你提到了他现在遇到了新困难并问道，“学校需要怎么样做来帮助他？”

来访者：我想让我儿子行为有规矩，有好朋友。他以前是个好孩子，但是现在有问题。他的朋友中没有好的。我发现他不再在乎了。他喜欢唱歌，但是不再唱了。米格尔和我很担心。

选择描述会谈者恰当行为的最佳回应。

会谈者：是的，这个情况的确看起来很糟糕，但是卡洛斯本质上是个好孩子。我想他的青春期问题很快就会过去。很多十几岁的孩子会有段时间做错事，但他们通常都能改正回来。（请阅读 10.51）

会谈者：换个角度看，许多西班牙裔孩子面临帮会和毒品的挑战。你是对的，我们都希望他能够改正回来。在美国这叫做“青春期叛逆”，这真的是一个大问题。（请阅读 10.52）

会谈者：瑞斯太太②，卡洛斯分数的下降很让人担忧，他的新朋友可能对他没 216
有好的影响，但是让我们把这看作是卡洛斯成长过程中的一个阶段。有你、你的家人，或许还有教会和社区的支持，他会好起来的。（请阅读 10.53）

---

① 西班牙语，意思是“欢迎”。——译者注

② 此处称谓会谈者使用了西班牙语“señora”。——译者注

10.51　你的回应： 是的，这个情况的确看起来很糟糕，但是卡洛斯本质上是个好孩子。我想他的青春期问题很快就会过去。很多十几岁的孩子会有段时间做错事，但他们通常都能改正回来。

卡洛斯在这里被明确地解释成好孩子，正在经历正常的成长阶段。青春期叛逆是一个常见现象，是许多父母面临的问题。会谈者明智地将这个问题"常规化"。然而这个解释明显过于乐观也太肤浅了，不能容纳任何可能对这个情况造成影响的文化问题。请回到 10.50，再次选择。

10.52　你的回应： 换个角度看，许多西班牙裔孩子面临帮会和毒品的挑战。你是对的，我们都希望他能够改正回来。在美国这叫做"青春期叛逆"，这真的是一个大问题。

会谈者可能正确地解释了这个状况，因为的确有许多讲西班牙语的孩子面临这些问题。然而，他说了几句有成见的话。首先，西班牙裔这个词不恰当。瑞斯一家应该被视为属于他们国家某个具体的文化群体。考虑一下墨西哥裔美国人、波多黎各裔美国人、智利裔加拿大人，以及哥伦比亚裔澳大利亚人。会谈者对瑞斯家庭问题的解释看起来就好像卡洛斯应该是和任何一个讲西班牙语背景的人一样。会谈者的话可能会让瑞斯夫人觉得很生气。请回到 10.50，再次选择。

10.53　你的回应： 瑞斯太太，卡洛斯分数的下降很让人担忧，他的新朋友可能对他没有好的影响，但是让我们把这看作是卡洛斯成长过程中的一个阶段。有你，你的家人，或许还有教会和社区的支持，他会好起来的。

正确。这个回应包含了几点内容。首先，会谈者通过使用来访者的名字表现出了尊敬。接着，会谈者为来访者提供了替代性的思考方式来考虑卡洛斯的行为。可能最重要的一点是，会谈者用卡洛斯所处的全部情境（包括家庭、社区和文化等情境）来解释卡洛斯的处境。全社区的支持常常是需要的，可以让改变发生。

参考资料

Stolle, D., Hutz, A., & Sommers-Flanagan, J. (2005). The impracticalities of R. B. Stuart's practical multicultural competencies. *Professional Psychology: Research and Practice, 36*, 574–576.

Stuart, R. B. (2004). Twelve practical suggestions for achieving multicultural competence. *Professional Psychology: Research and Practice, 35*, 3–9.

Stuart, R. B. (2005). Multiculturalism: questions, not answers. *Professional Psychology: Research and Practice, 36*, 576–578.

217 ## ▶ 伦理考量

与多重关系和边界紧密相关的话题是利益冲突。当会谈者因个人的、经济的、商务的、政治的或其他职业的利益因素有可能影响到他/她对来访者所做的专业判断与采取的行动，并对其造成实际的、潜在的或明显的损害时，利益冲突就产生了。关于利益冲突，许多职业机构和管理机构对其成员有伦理原则要求。

利益冲突

1. 会谈者不应该提供会产生利益冲突的专业服务，利益冲突会损害他们专业水平或影响他们对来访者做出的判断。

2. 会谈者不应该不公平地利用任何专业关系或利用来访者去获取他们个人的、经济的、商务的、政治的或者其他职业方面的利益。

3. 在可见的或实际的利益冲突出现时，会谈者应该告知来访者并采取合理的手段解决这个问题以维护来访者的利益。在有些情况下，保护来访者的利益可能需要终止职业关系，同时将来访者转介给其他合适的会谈者。

10.54

你是一名律师，2002 年正式获得律师资格。一对夫妇已经要求你为他们代理购买他们的第一所房子。他们成为你的客户有好几年了。你正在和他们进行第一次会谈，与他们讨论购买新房的事情，现在是收集信息阶段。你与当地的威尔士·发高银行签有协议，可以处理银行所有的质押业务。会谈现在正处于这样的时刻：你在探寻来访者夫妇为他们新家所做质押计划的细节。

会谈者：我想，除了质押部分的细节，我们已经谈了购买合同的所有细节。你们能告诉我，你们对质押打算怎么安排吗？

来访者：我的伴侣和我已经去过威尔士·发高银行，他们同意给我们买房子办抵押。他们为抵押所提供的条件看起来很好。

会谈者：作为律师，我必须告诉你，我不能为你们和威尔士·发高银行同时做代理，因为我和这家银行签有协议，帮他们处理质押贷款业务。现在有两条路可选：我让另一个律师代替我处理银行的代理业务或者我将你们推荐给我们律师行的另一个律师，让他来处理你的购房业务。你们倾向于哪种方式？

来访者：或许，如果你能继续和我们合作，而安排另一名律师代理银行业务，这样最好。可以吗？

会谈者：是的，我想可以的。以前有类似的情况，我已经这样操作过。

文献来源

American Association for Marriage and Family Therapy. (2015). *Code of Ethics*. Standard III 3.4, Standard VII 7.5 (pp. 5, 9).

American Nurses Association. (2015). *Code of Ethics for Nurses with Interpretive Statements*. 2.2 (pp. 5–6).
American Psychological Association. (2010). *Ethical Principles of Psychologists and Code of Conduct*. 3.06 (p. 6).
American Speech-Language-Hearing Association. (2014). *Code of Ethics*. Principle III, Rule B. (p. 3).
National Association of Social Workers. (2014). *Code of Ethics*. 1.07(l), 1.08(a.-b.), (pp. 7–8).

218 ▶ 复习问题

判断下列陈述是否正确：

1. 当解释式回应和来访者的观点相距甚远时，会导致来访者的变化。
2. 解释式回应的目的是减少来访者的责任和控制。
3. 解释式回应是以来访者隐含信息为基础，让来访者可从另一个角度考虑某个情境。
4. 用尝试性的方式做出解释式回应是明智的。
5. 解释是所有新手会谈者应该使用的简单技巧。
6. 对于会谈者而言，检查解释的准确性是个很好的做法。
7. 在会谈过程中，解释式回应的时机是无关紧要的。
8. 以积极还是消极的方式建构解释式回应并不重要。

答案见本章结束处。

▶ 记忆要点：解释技巧

1. 解释式回应：

a. 以会谈者对来访者叙述内容的理解为基础。

b. 有助于来访者识别事件关联、行为模式、讨论主题以及会谈者对来访者的个人观察。

c. 鼓励来访者思考对事件、行为、情感、态度或想法做出另外一种阐述。

d. 有利于来访者做出新的选择，实践有效的行为，并承担更多的责任。

219 2. 在做出解释时：

a. 要确保双方已建立了良好的关系。

b. 要识别来访者叙述中的隐含信息。

c. 要将隐含信息呈现给来访者，促其思考。

d. 要检查解释的准确性，并让来访者对解释进行有意义的讨论。

3. 做出解释式回应时：

a. 要用尝试性的方式做出回应。

b. 所做回应与来访者叙述内容只能稍有差异。

c. 要积极地做出回应，同时避免用回应为来访者提供借口。

d. 要避免投射偏见和价值观。

e. 要确保在本次会谈中有足够的时间讨论解释。

f. 要准备好接受来访者负面的或者情绪性的回应。

▶ 10.1 活动单元

和另外两个已经阅读过本章内容的人一起，进行简短会谈的角色扮演。你们轮流扮演来访者，会谈者和观察者的角色。使用录音/录像设备对每次简短会谈进行记录。本练习的会谈有五个会谈者回应就够了，其中应有一个或多个解释回应。

会谈者角色 练习与其他会谈基本技巧一起使用解释技巧。

来访者角色 和会谈者合作，促进会谈的进展，以便会谈者能够练习使用解释技巧。你可以扮演一个有问题需要解决的朋友或者家人，也可以扮演下列角色之一：

1. 某个男孩/女孩，描述说父亲/母亲非常棒，同时这位家长对其有虐待史。

2. 某年长者，刚被诊断出有危及生命的疾病，想着自己为什么晚上睡不着。

3. 某职员，因其工作单位正在裁员，对自己最近总是大发脾气感到担心。

4. 某名青少年，家里刚刚失去一个从小养大的宠物，不想出去见朋友。

观察者角色 操作录音/录像设备，完成会谈练习检查表。(见表 10.1)

表 10.1 会谈练习检查表 220

	会谈者回应[a]				
活动	1	2	3	4	5
恰当的非言语行为					
保持话题					
解释					
其他恰当的回应					
有效回应[b]					

[a] 检查体现每个回应特点的活动。

[b] 在表格中对回应的有效性从 1～5 进行 5 级评分，1 表示有效性最低，5 表示有效性最高。

会谈后讨论　参与者使用会谈记录和会谈练习检查表的数据，讨论会谈者的表现。所有的参与者都要从讨论中学习，讨论应该是客观的，既要关注有效的回应，也要关注不太有效的回应，并鼓励所有人改善会谈表现。

▶ 10.2　活动单元

使用**活动单元** 10.1 中的会谈记录或者其他会谈练习的录音/录像记录，在下面"原来的回应"的空格处写下这些练习中的会谈回应。然后，做出更好的回应替代它们，写在"更好的回应"的空格处。

原来的回应 1____________________

____

____

更好的回应____________________

____

____

原来的回应 2____________________

____

____

更好的回应____________________

____

____

原来的回应 3____________________

____

____

更好的回应____________________

____

____

221 原来的回应 4____________________

____

____

更好的回应______________________________________

____

____

原来的回应 5____________________________________

____

____

更好的回应______________________________________

____

____

▶ 10.3　活动单元

小组练习

1. 选择一名志愿者扮演来访者，按照**活动单元** 10.1 中来访者的角色要求做。

2. 组成一个/几个小组，小组成员轮流或自愿扮演会谈者；按照会谈者角色的要求做，尽可能地做出回应。

3. 使用会谈练习检查表作为参考，讨论回应的有效性。

记住，本活动对所有人而言都是一次小组学习经历，讨论应该是非评价性的，相互鼓励的。还要记住，你是在学习新的行为，学习不是瞬间能完成的。显性或隐性的练习是必要的。

▶ 复习问题答案

1. **错误**。如果你的答案是“正确”，请回到 10.33 复习。

2. **错误**。如果你的答案是“正确”，请回到 10.21 复习。

3. **正确**。如果你的答案是“错误”，请回到 10.1 复习。

4. **正确**。如果你的答案是“错误”，请回到 10.29 复习。

5. **错误**。如果你的答案是“正确”，请回到 10.49 复习。

6. 正确。如果你的答案是“错误”，请回到 10.25 复习。

7. 错误。如果你的答案是“正确”，请回到 10.41 复习。

8. 错误。如果你的答案是“正确”，请回到 10.37 复习。

如果你的回应中有五个及以上的答案不正确，你应该回到 10.1，复习本章内容。

第三阶段

行动：帮助来访者采取行动

在本阶段的心理会谈有三个目标：① 帮助来访者识别每个目标的最优行动计划；② 和来访者一起执行并完成选定的行动计划；③ 一旦目标实现，终止心理会谈关系。尽管来访者缺乏合作的现象会在会谈的各个阶段出现，但最可能发生在要求来访者做出改变的时候。由于这个原因，“征求合作”也包含在本阶段的技巧之中。从第十一章到第十三章，你将学习下列重要的技巧，帮助你促进来访者采取行动，同时保持来访者的合作。 223

- 信息提供
- **结构化**
- 征求合作

这些技巧与探索阶段和澄清阶段的技巧一起使用，将帮助你实现本阶段的会谈目标。

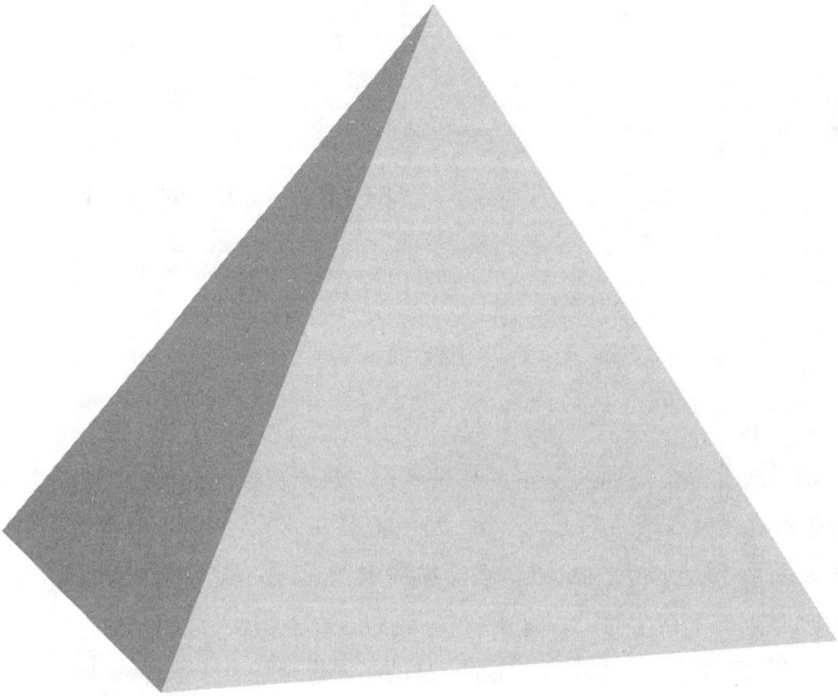

第十一章

信息提供

225 本章内容旨在帮助你掌握信息提供的技巧。学完本章后，你将能够：

1. 展示你可以确定每一种信息提供式回应的类型。
2. 展示你可以判断什么时候使用信息提供式回应是恰当的。
3. 展示你可以建构并使用信息提供式回应。

不管会谈者的理论背景如何，在会谈者给予的各种回应中，信息提供技巧是很重要的。会谈者提供的信息包括健康、教育、社区服务、商务以及工业等多个领域。信息提供技巧在解决问题、制定决策和提供反馈时是至关重要的。

信息提供不是给予建议，了解这一点也相当重要。使用信息提供技巧时，会谈者
226 需要提供和一个争议或问题相关的信息，而来访者则要决定如何使用这个信息。与此相反，给予建议则是由会谈者制定或提供解决方案/行动计划。

会谈者为来访者提供多种不同类型的信息，涉及会谈过程、指导和说明、反馈、与来访者的问题相关的知识等。为了帮助来访者实现目标，会谈者必须有扎实的知识基础和娴熟的沟通技巧。表 11.1 列举了信息提供式回应的类型以及与之相关的可能的信息来源。

来访者不时会要求得到一些信息，信息量不尽相同。某些会谈的重点可能自始至终都保持不变，咨访双方只在由会谈者创造的良好氛围中进行信息交流。会谈者如果不能在来访者需要时提供信息就会对会谈进程产生反作用，无法完成会谈的预期目标。来访者在获得信息之后才可能采取有建设性的行动。重要的是，会谈者要

表 11.1　信息提供式回应的类型

回应类型	可能的信息来源	回应的内容	举　例
介绍性说明	项目指南，程序手册，政策手册，知识库	与项目、过程或程序有关的信息	咨询过程简介，康复服务介绍，牙医治疗程序简介
指导或说明	指导活页，程序手册，机构政策，知识库	对建议的某个行动进行描述，提供关于如何执行该行动以及该行动潜在的积极与消极后果的信息	来访者参与会谈过程的作用，测试指令
反馈	测试数据，成绩评估，观察数据，实验室报告	与表现、个性或结果有关的信息	测试结果，行为评价，健康评价
另一个视角（重构）	来访者对于事件、人、资源、替代选择、结果、程序的描述	关于描述情境的不同观点的信息	玻璃杯半"满"还是半"空"
信息性陈述	知识库，参考来源，数据库，图书馆，教育材料，互联网	关于事件、资源、人或替代选择的信息	信息查询、职业信息、社区资源描述等方面的综述

认识到来访者对信息的需求并按这一需求提供信息。为来访者提供信息时，会谈者 227
可以用口头的方式引导来访者关注事实，也可以教会来访者如何在需要时获取信息。

本章各小节的内容是关于一名康复中心的咨询师和一名受工伤的员工之间的系列会谈。咨询师的任务是帮助来访者在公司内部找到另外一个职位。

11.1

信息提供式回应包括会谈者告知来访者数据或事实，涉及人、活动、事件、资源、选择、结果或程序等方面的内容。

来访者：（首次会谈，刚刚到达）我不太确定是不是应该问你，但是我需要知道，如果我不能回去上班，我的工资怎么办？

选择最恰当的回应。

会谈者：这个问题很重要，但在处理之前，我们要先做其他的事情。（请阅读 11.2）

会谈者：这个信息在你们公司福利手册上有，你也可以在会谈结束时和工资结算员核实一下，他能很快给你这个信息。（请阅读 11.3）

会谈者：我不太确定你要这个信息的原因。你能否告诉我是因为你缺钱还是因为有其他的问题？（请阅读 11.4）

11.2　**你的回应：**　**这个问题很重要，但在处理之前，我们要先做其他的事情。**

来访者需要直接得到信息。会谈者没有回应这个问题，可能导致来访者在会谈中一直忧心忡忡。请回到 11.1，再次选择。

11.3　**你的回应：**　**这个信息在你们公司福利手册上有，你也可以在会谈结束时和工资结算员核实一下，他能很快给你这个信息。**

正确。这个回答回应了来访者的请求，直接提供了获取信息的资源，来访者可以从中得到需要的信息。请阅读 11.5。

11.4 **你的回应：** 我不太确定你要这个信息的原因。你能告诉我是因为你缺钱还是因为有其他的问题？

你既没有为来访者提供其要求的信息，你自己要求的信息又与来访者的回应无关。如果钱的问题很重要，来访者会再次提出。请回到 11.1，再次选择。

---

228 **11.5**

会谈者提供信息的时机至关重要。信息的内容必须与来访者当前的需要和目标相匹配，提供信息的时间应该是来访者最容易接受该信息的时刻。

来访者：我真的想工作。如果事情发展顺利的话，我希望在公司内部找到另外一个工作。但是之前我一直在想，如果不能这样安排，我是否可能从公司获得一次性的补偿？

选择最恰当的回应。

会谈者：这家公司有非常好的律师。如果你考虑经济补偿，你应该找一个好的律师。（请阅读 11.6）

会谈者：考虑到你对经济援助的担心，你似乎应该去劳工补偿部门预约一次会谈。（请阅读 11.7）

会谈者：你的主要目的和我们会谈的目标是类似的：在公司内部为你再找一个职位。现在讨论其他的补偿结果为时过早。（请阅读 11.8）

11.6 **你的回应：** 这家公司有非常好的律师。如果你考虑经济补偿，你应该找一个好的律师。

来访者只会使用符合他们需要的信息。来访者并未提及关于在这种情况下需要法律层面的信息，他可能会把你提供这类信息看作是一种威胁，而不认为是你在尝试帮他解决问题。请回到 11.5，再次选择。

11.7 **你的回应：** 考虑到你对经济援助的担心，你似乎应该去劳工补偿部门预约一次会谈。

这条建议过早地提供了信息，可能与来访者的担心毫不相关。此类信息很可能被来访者忽略。请回到 11.5，再次选择。

11.8 **你的回应：** 你的主要目的和我们会谈的目标是类似的：在公司内部为你再找一个职位。现在讨论其他的补偿结果为时过早。

正确。这句话提供的信息与来访者的主要需求吻合，也切合本次会谈所关注的重点。这一信息切题又及时，很可能会被来访者接受。请阅读 11.9。

11.9

有效地进行信息提供也要求持续使用基本的贯注技巧：眼神接触、肢体语言以及言语行为都要恰到好处。良好的聚焦和贯注技巧不仅能够帮助会谈者了解来访者对信息的需求及其获取信息后的反应，还有利于来访者表达情感、表明态度，并让来访者充分发挥其综合运用信息的能力。

来访者：感谢你在这儿帮助我，但是我不太确定这一切最终结果如何，甚至也不太确定这些会谈是要做什么的，可是我要养家糊口啊。

选择最恰当的回应。

会谈者：　你现在有很多担心的问题。对于我们的会谈到底谈些什么，又怎么样能帮你找到工作，解决你在经济和家庭方面的责任等，你都不太确定。(请阅读 11.10)

会谈者：　我不能帮助你解决你其他方面的担心；那不是我的工作。我在这里是要帮助你找到另外一份工作。现在我们就来谈这个问题。(请阅读 11.11)

会谈者：　如果事情现在都在控制之中，这肯定会让你有一种放松感。或许我们应该现在着手，尽力帮你找到另外一份工作。(请阅读 11.12)

11.10　**你的回应：**　**你现在有很多担心的问题。对于我们的会谈到底谈些什么，又怎么样能帮你找到工作，解决你在经济和家庭方面的责任等，你都不太确定。**

正确。你已经识别了来访者表达的担心并对此进行了回应。使用基本的贯注技巧能够增加来访者关注信息的能力，有利于在问题出现时对其进行讨论。请阅读 11.13。

11.11　**你的回应：**　**我不能帮助你解决你其他方面的担心；那不是我的工作。我在这里是要帮助你找到另外一份工作。现在我们就来谈这个问题。** 229

这个回应给来访者提供了信息，但是没有对来访者表达出的担心和需要做出回应。来访者能否有效地对信息进行综合运用取决于会谈者使用基本的贯注技巧为来访者提供支持的能力。请回到 11.9，再次选择。

11.12　**你的回应：**　**如果事情现在都在控制之中，这肯定会让你有一种放松感。或许我们应该现在着手，尽力帮你找到另外一份工作。**

你把注意力放在了自己关注的手头工作上，没有体察到来访者的情绪反应。如果你不能识别来访者的担心和情绪，它们便会继续分散来访者的注意力，使其不能综合处理或使用后续信息。请回到 11.9，再次选择。

11.13

会谈者提供信息时，恰当的眼神接触、语调以及身体姿势都很重要。此外，来访者最容易接受信息的情形是：① 信息的内容清楚、明确、直接、简洁、具体；② 会谈者在提供信息时知道并理解来访者的需求。

来访者：　是的，我很担心。现在我有几个月没上班了，我想回去上班。对于这些会谈我感到很激动。在会谈中，我们都将做些什么呢？

选择最恰当的回应。

会谈者：　在现在这个阶段，会谈会涉及哪些内容，我能告诉你的不多。我们在这些会谈中有很多事情要做，真的应该开始了。或许我们交谈一会儿后，我们就能帮你找到另外一个工作岗位，你就能回去上班了。(请阅读 11.14)

会谈者：　我们现在能做的是讨论一下，看看有哪些空缺的工作岗位是你可能想做的。公司里有很多工作岗位——流水线工人、清洁工、文员——各种工作。可能你会喜欢其中的某个工作吧。你是怎么考虑的？(请阅读 11.15)

会谈者：　这几次会谈的目的是在公司内部帮你找到另外一个工作岗位。要做到这一点，我们需要知道你的能力、兴趣和不足。这需要讨论，或许也需要做一些测试。(请阅读 11.16)

11.14 **会谈者：** 在现在这个阶段，会谈会涉及哪些内容，我能告诉你的不多。我们在这些会谈中有很多事情要做，真的应该开始了。或许我们交谈一会儿后，我们就能帮你找到另外一个工作岗位，你就能回去上班了。

在提供信息时，你的回应要直接、清晰、明确、具体，这一点很重要。尽管此处的回应切合主题，但就来访者的期待而言，它既模糊，又不明确。此类回应无助于向来访者介绍随后会谈要做些什么，甚至还可能会增加来访者对会谈过程的焦虑。请回到 11.13，再次选择。

11.15 **会谈者：** 我们现在能做的是讨论一下，看看有哪些空缺的工作岗位是你可能想做的。公司里有很多工作岗位——流水线工人、清洁工、文员——各种工作。可能你会喜欢其中的某个工作吧。你是怎么考虑的？

这个回应给来访者提供的是公司员工都已经知道的信息。来访者要求获得具体的信息。你的回应要对会谈中会发生什么给予简洁、清楚、具体的信息加以说明。请回到 11.13，再次选择。

11.16 **会谈者：** 这几次会谈的目的是在公司内部帮你找到另外一个工作岗位。要做到这一点，我们需要知道你的能力、兴趣和不足。这需要讨论，或许也需要做一些测试。

正确。这个回应直接、清楚、明确、简洁、具体。此类信息将帮助来访者更轻松地对信息进行综合，促进其参与会谈。请阅读 11.17。

---

230 **11.17**

当来访者询问信息时，会谈者提供的信息要与来访者能够从信息中获益的能力相匹配，这一点很重要。好的会谈者会将信息分解为更小的单个信息，以免让来访者承载的信息量过度，无法对信息进行综合使用。由于来访者常常会变得焦虑，以文本形式提供重要信息是一个很好的做法。

来访者：我能理解为什么你想要知道我的能力和不足，但是你为什么还要了解我的兴趣爱好呢？

选择最恰当的回应。

会谈者：喜欢自己的工作，能从工作中获得满足感的员工更有可能对自己的职业感到满意。了解你的兴趣很重要，因为这可以帮助我们发现能让你满意的工作。（请阅读 11.18）

会谈者：很多人不知道自己有什么兴趣爱好。近年来，专业人员已经开发了许多优秀的测试，帮助人们发现他们的兴趣。我们这里使用是常规测试，将个人的兴趣同那些对工作满意人群的兴趣进行对比。测试内容大约有 300 个问题，大概需要一小时来完成全部测试。试卷将被送走打分，当试卷拿回来的时候，我们将讨论一下测试结果。（请阅读 11.19）

会谈者：兴趣是判断员工是否会留在公司的重要依据。我们有一个电脑评估程序，能分析我们所有员工的详细兴趣模式，预测他们未来留在公司的可能性。目前我们正在确认这些数据。（请阅读 11.20）

11.18 **你的回应：** 喜欢自己的工作，能从工作中获得满足感的员工更有可能对自己的职业感到满意。了解你的兴趣很重要，因为这可以帮助我们发现能让你满意的工作。

正确。你已经给来访者提供了具体信息，信息量对于来访者的要求而言是合适的。来访者将会根据自己的需要寻求进一步信息。请阅读 11.21。

11.19　**你的回应：**　很多人不知道自己有什么兴趣爱好。近年来，专业人员已经开发了许多优秀的测试，帮助人们发现他们的兴趣。我们这里使用是常规测试，将个人的兴趣同那些对工作满意人群的兴趣进行对比。测试内容大约有300个问题，大概需要一小时来完成全部测试。试卷将被送走打分，当试卷拿回来的时候，我们将讨论一下测试结果。

就来访者的需求而言，这个信息过于详细了。关于测试的信息很重要，但是信息量最好小一点，这些信息也最好在实际测试之前再提供，以便能对来访者有用。请回到11.17，再次选择。选择的回应只针对来访者本次要求的信息即可。

11.20　**你的回应：**　兴趣是判断员工是否会留在公司的重要依据。我们有一个电脑评估程序，能分析我们所有员工的详细兴趣模式，预测他们未来留在公司的可能性。目前我们正在确认这些数据。 231

在会谈这个阶段，这条信息太宽泛，也太复杂，来访者难以吸收。这条信息会让来访者负担过重，不知所措，可能令其感到不舒服，进而在会谈中不再配合。请回到11.17，再次选择。

11.21

为了让来访者充分使用信息，重要的是会谈者在给予信息提供式回应之后，用一句简单的话来检测一下来访者对所获得信息的关注程度。要做到这一点，会谈者可以让来访者重复信息，按照信息采取行动，或对信息进行讨论。来访者的回应能够让会谈者判断来访者对所获信息的关注程度。

来访者：我从未想过我的兴趣爱好对我的工作有多么重要——然而，你说的这一点确实有道理。

选择最恰当的回应。

会谈者：我们接着谈。我想，对于为什么你来这里，我们讨论的时间有足够长了，我相信到现在为止，你已经知道了这些会谈的目的。(请阅读11.22)

会谈者：在我们往下谈之前，让我核实一下你是否已经理解我们即将要做的事情。你能告诉我，现在你知道这些会谈的目的是什么了吗？(请阅读11.23)

会谈者：我们可以花更多的时间讨论这些会谈的目的。我不太确定我们是否应该这样做。你是怎么想的？(请阅读11.24)

11.22　**你的回应：**　我们接着谈。我想，对于为什么你来这里，我们讨论的时间有足够长了，我相信到现在为止，你已经知道了这些会谈的目的。

会谈者要亲自核实，而不是仅仅假设来访者对信息的了解程度，这一点才是重要的。不核实来访者的理解程度会导致错误的假设，浪费时间。请回到11.21，再次选择。

11.23　**你的回应：**　在我们往下谈之前，让我核实一下你是否已经理解我们即将要做的事情。你能告诉我，现在你知道这些会谈的目的是什么了吗？

正确。这个回应要求来访者概述会谈者提供的信息。这会帮助会谈者判断来访者对信息的理解程度。接着，会谈者就能够判断是否要提供更多的信息或者继续进行下一步会谈。请阅读11.25。

11.24　**你的回应：**　**我们可以花更多的时间讨论这些会谈的目的。我不太确定我们是否应该这样做。你是怎么想的？**

这个回应核实了来访者是否想要进一步讨论会谈目的，但是没有核实来访者是否已经理解了会谈者呈现的信息。请回到 11.21，再次选择。选择的回应要能检查来访者是否已经关注了目前讨论的信息。

232

11.25

信息提供不是一个简单任务，这一点现在看来是显而易见的。当来访者不知道他们有哪些选择时，信息提供可以帮助他们发现可能的选择，这就很重要了。在任何时间点上，来访者都可能要求得到信息，帮助他们探讨、理解或详细阐述某个话题。

来访者：刚才我来的时候，我原本想你会帮助我解决我的经济问题，但是听你的意思，你的首要目标是帮我在公司里找到另一个职位。给我做能力和兴趣的评估很重要，这点我明白，但是如果没有工作能与我的能力和兴趣相匹配，那会怎么样？

选择最恰当的回应。

会谈者：我不确定我们是否现在就要讨论这个问题，因为那种情况可能不会出现。也许我们应该先来做评估程序，后面如果那种情况真的出现了，我们再回来讨论。（请阅读 11.26）

会谈者：如果那种情况真的出现，到时可能就得做些决定了。你可能要做出选择，要么是一个不太完美，但接近你兴趣和能力的职位；要么是公司另一个部门的职位。（请阅读 11.27）

会谈者：你不用担心这一点。公司有这么多的职位，肯定有一个适合你。所有部门都经常出现职位空缺。（请阅读 11.28）

11.26　**你的回应：**　**我不确定我们是否现在就要讨论这个问题，因为那种情况可能不会出现。也许我们应该先来做评估程序，后面如果那种情况真的出现了，我们再回来讨论。**

这个回应否认了来访者有探寻并进一步理解目前状况的需要。会谈者提供的信息应该与来访者探索、理解或寻求详细数据或事实的需求相匹配。请回到 11.25，再次选择。

11.27　**你的回应：**　**如果那种情况真的出现，到时可能就得做些决定了。你可能要做出选择，要么是一个不太完美，但接近你兴趣和能力的职位；要么是公司另一个部门的职位。**

正确，在整个会谈过程中，来访者寻求信息以达到探索、理解或详细了解某种情况的目的。这个回应中所提供的信息符合来访者的需求，可以帮助他探索最终的可能结果，并进一步理解公司内部的现状。请阅读 11.29。

11.28　**你的回应：**　**你不用担心这一点。公司有这么多的职位，肯定有一个适合你。所有部门都经常出现职位空缺。**

这个回应中包含的信息是虚假安慰，不能满足来访者的需要，无助于他探索和理解自己的问题，即：如果没有匹配来访者能力和兴趣的职位可提供时，情况会怎么样。请回到 11.25，再次选择。

11.29

会谈者提供信息的方式并非一直可以符合来访者的需要。有些信息对来访者而言可能是挑战,甚至让其感到震惊。来访者也可能有某种/某类源自其个人、情感或文化经历的偏见。在这种情况下,提供信息给来访者可能会让他不理解、曲解或者拒绝信息。会谈者需要检查来访者的陈述以了解其特别的观点,这个观点反映了来访者不理解、曲解或拒绝信息的情况;会谈者可以通过使用良好的会谈技巧,帮助来访者形成更加现实的观点。 233

来访者: 所以,很可能你会让我搬家。如果那样的话,我的家人不得不放弃他们的朋友和活动,我们必须卖掉房子。我不能搬家;这会打乱所有的事情。

选择最恰当的回应。

会谈者: 你的确很担心现在的状况持续下去会造成怎样的后果,你对于正常生活可能被打断这一点很敏感。我们来回顾一下到目前为止已经讨论过的内容,尽量客观地看待你担心的问题。(请阅读 11.30)

会谈者: 我没说你必须搬家;你理解错了。我说的搬家只是选择的一种。这不是公司要求你必须做的事情;这只是在你有兴趣前提下的一种可能性。(请阅读 11.31)

会谈者: 如果你必须搬家,公司有非常好的计划帮助你卖掉你现有的房子,去买一套新房子。公司甚至还有一个员工帮助项目,可以给有适应困难的家庭成员提供咨询。(请阅读 11.32)

11.30 **你的回应:** 你的确很担心现在的状况持续下去会造成怎样的后果,你对于正常生活可能被打断这一点很敏感。我们来回顾一下到目前为止已经讨论过的内容,尽量客观地看待你担心的问题。

正确。来访者因为担心而曲解了呈现给他的信息,会谈者的回应识别并反映了来访者的担心,这可以引导来访者参与基于现实的讨论,从而解决信息曲解的问题。请阅读 11.33。

11.31 **你的回应:** 我没说你必须搬家;你理解错了。我说的搬家只是选择的一种。这不是公司要求你必须做的事情;这只是在你有兴趣前提下的一种可能性。

这是一个防御性回应,会导致来访者和会谈者之间的交流带有情绪。来访者对信息理解有误,但会谈者的做法不能帮助他去面对这个问题,也不会有助于进一步实现会谈的目的。请回到 11.29,再次选择。

11.32 **你的回应:** 如果你必须搬家,公司有非常好的计划帮助你卖掉你现有的房子,去买一套新房子。公司甚至还有一个员工帮助项目,可以给有适应困难的家庭成员提供咨询。

这是一个信息提供式回应,但是这个信息会进一步强化来访者歪曲事实的观点。这里所需要的回应是要能帮助来访者,让他能面对自己曲解信息的这一问题,并有效地使用提供给他的信息。请回到 11.29,再次选择。

11.33

信息提供的作用之一是向来访者介绍会谈过程。提供下列信息时可以使用介绍性说明:会谈者的角色和来访者的角色、会谈的相关费用、来访者的受益以及会谈会经历怎样的过程等。介绍性说明让来访者更有可能接受会谈,受到鼓励继续合作并完成会谈任务。 234

会谈者向来访者介绍心理会谈或会谈的某个部分时，要以详细具体的方式呈现信息，并对其进行充分讨论，确保来访者能够对信息进行整合。

在解决了来访者对公司内部空缺的工作职位和工作地点的曲解问题之后，会谈者和来访者达成一致意见，都认为兴趣测试可能会为来访者提供有用的信息。

选择最恰当的回应。

会谈者：兴趣测试是非常重要的。它提供有价值的信息，会帮助你确定一个新的工作岗位。很难描述兴趣测试具体包括什么内容，但是当你完成测试得到结果之后，这些就会变得很清楚。(请阅读 11.34)

会谈者：很少有人考虑他们有什么兴趣，考虑兴趣和工作有什么关系。他们只关心自己能赚多少钱。这样的人最终会对他们的工作非常不满。我们不想那样的事情发生在你身上。所以我们最好先识别出你的兴趣，然后再做下一步。(请阅读 11.35)

会谈者：为了找到你的其他职业兴趣，做兴趣测试就很重要。兴趣测试会发现你的基本兴趣模式，并识别与你的兴趣类似的职业群体。(请阅读 11.36)

11.34　**你的回应：**

兴趣测试是非常重要的。它提供有价值的信息，会帮助你确定一个新的工作岗位。很难描述兴趣测试具体包括什么内容，但是你完成测试得到结果之后，这些就会变得很清楚。

这些介绍性说明很详细，但是没有为来访者提供关于兴趣测试的任何具体信息。因此，来访者还是不清楚为何要接受测试，可能也不会从测试中受益。请回到 11.33，再次选择。

11.35　**你的回应：**

很少有人考虑他们自己的兴趣，考虑兴趣和工作有什么关系。他们只关心自己能赚多少钱。这样的人最终会对他们的工作非常不满。我们不想那样的事情发生在你身上。所以我们最好先识别出你的兴趣，然后再做下一步。

这个回应反映了会谈者自己对于兴趣和工作满意程度的观点，但并没有为来访者提供关于兴趣测试的具体信息。请回到 11.33，选择一个回应，向来访者介绍兴趣测试的目的。

11.36　**你的回应：**

为了找到你的其他职业兴趣，做兴趣测试就很重要。兴趣测试会发现你的基本兴趣模式，并识别与你的兴趣类似的职业群体。

正确。这个介绍性说明简洁、详细又具体，提供了关于兴趣测试的信息。由于来访者已经意识到这类测试对于重新安排工作的重要性，他马上或随后就会对信息做进一步讨论。请阅读 11.37。

235

11.37

指导或说明，是信息提供式回应的另一种形式，其目的是帮助来访者用明确的方式进行回应。进行指导时，会谈者为来访者提供必要的信息以便其能获取、加强、削弱或排除某个回应。指导可以是对程序的说明，可以是具体的干预方式，也可以是改变行为的方法。会谈者以请求的形式呈现信息，为来访者说明做什么和怎么做，让他们了解恰当和不恰当行为可能造成的后果。

来访者：我以前从未想过这个问题，但是我能理解弄清楚我兴趣所在的重要性。我要做些什么呢？

选择最恰当的回应。

会谈者：坐到那边的桌子旁。所有的东西都给你准备好了。你读一下做题要求，明白要做什么后就开始答题。你做完后告诉我。（请阅读 11.38）

会谈者：我想请你坐到这边来，仔细阅读做题要求，然后和我确认一下你对要做什么还有没有不确定的地方。按照做题要求，仔细完成答卷，这样我们获取的信息才会准确。如果你随便答题，可能没法评分或者测试无效。你做完的时候请告诉我。（请阅读 11.39）

会谈者：这是测试题。请完成测试，你做完后把试卷交给秘书。（请阅读 11.40）

11.38 **你的回应：** 坐到那边的桌子旁。所有的东西都给你准备好了。你读一下做题要求，明白要做什么后就开始答题。你做完后告诉我。

这个指导是命令式的，不允许来访者弄清楚做题要求。此外，这个指导也没有让来访者了解认真答题可能的益处和不认真答题的负面效应。请回到 11.37，再次选择。

11.39 **你的回应：** 我想请你坐到这边来，仔细阅读做题要求，然后和我确认一下你对要做什么还有没有不确定的地方。按照做题要求，仔细完成答卷，这样我们获取的信息才会准确。如果你随便答题，可能没法评分或者测试无效。你做完的时候请告诉我。

正确。这个指导要求来访者完成规定的任务，提供了关于做什么以及怎么做的信息，说明了恰当或不恰当完成任务会有什么后果。请阅读 11.41。

11.40 **你的回应：** 这是测试题。请完成测试，你做完后把试卷交给秘书。

这个突兀的回应没有为来访者提供恰当完成任务所需要的信息。测试指令不充分时，测试表现不尽如人意的可能性就增加了。请回到 11.37，再次选择。

11.41

反馈是信息提供的又一种形式。反馈能够确认、改变或拓宽来访者的 236
视角。有效的反馈必须具体明确，而且只要有可能，就应该聚焦于来访者正向的而不是负向的潜能。有时候，会谈者需要提供的信息会不受来访者欢迎或者是要纠正来访者的错误。不管来访者给予正面或负面反馈，会谈者呈现的信息都必须是明确的、客观的观察或者以客观事实为依据，并用恰当的、支持性的非言语行为传递信息。同时，很重要的一点是，要给来访者提供机会对反馈进行回应。

在下一轮会谈中，兴趣测试的结果出来了。测试结果显示：来访者对机械活动领域非常感兴趣，但因为工伤，来访者不可能在这个领域工作了。测试结果同时显示，来访者第二大兴趣是商务管理领域，但是该兴趣仍有待发展。

来访者：我非常着急，想知道兴趣测试的结果。结果怎么样呢？

选择最恰当的回应。

会谈者：你的测试结果来了，这是你的那份。不幸的是，结果显示你最感兴趣的是机械活动领域。你第二大兴趣模式是在商务管理领域。你可以转行到采购部，但是因为你的教育背景，这会很难。你对此有什么想法？（请阅读 11.42）

会谈者：你的测试结果来了，这是你的那份。我和你一样，对结果感到很激动：它们显示了一个全新的兴趣领域。你有没有想过做一名采购员？根据测试结果，只要一点点培训，你可能会对这个领域感到满意。你对此有什么想法？（请阅读 11.43）

会谈者：你的测试结果来了，这是你的那份。可能和你预期的一样，结果显示，你对机械活动领域非常感兴趣。更重要的是，测试结果也显示，你对商务管理方面也颇有兴趣，你的职业兴趣模式和采购人员的类似。你对此有什么想法？（请阅读 11.44）

11.42 你的回应： 你的测试结果来了，这是你的那份。不幸的是，结果显示你最感兴趣的是机械活动领域。你第二大兴趣模式是在商务管理领域。你可以转行到采购部，但是因为你的教育背景，这会很难。你对此有什么想法？

这个回应给来访者提供了反馈，但强调的却是信息的负面因素。好的会谈者是会提供完整的信息，但只要有可能，就会将重点放在来访者的正向潜能上。请回到 11.41，再次选择。

11.43 你的回应： 你的测试结果来了，这是你的那份。我和你一样，对结果感到很激动：它们显示了一个全新的兴趣领域。你有没有想过做一名采购员？根据测试结果，只要一点点培训，你可能会对这个领域感到满意。你对此有什么想法？

最好是能以客观事实的形式反馈信息。会谈者过度的热情可能会误导来访者，让他以为职业问题现在已经解决了，以为公司正好有一个采购员的职位空缺。如果实际情况不是这样，这个回应会让来访者感受到更多的失望和困难。请回到 11.41，再次选择。选择的回应要有支持性，但也要更加客观。

---

237 **11.44 你的回应：** 你的测试结果来了，这是你的那份。可能和你预期的一样，结果显示，你对机械活动领域非常感兴趣。更重要的是，测试结果也显示，你对商务管理方面也颇有兴趣，你的职业兴趣模式和采购人员的类似。你对此有什么想法？

正确。这个回应具体、明确、客观，强调来访者正向的潜能，也确认了那个让人不开心的事实，即，不可能继续在主要兴趣所在的领域工作了。请阅读 11.45。

11.45

重构是信息提供的另一种形式。在重构时，会谈者提供另外一种视角，将来访者对某个情境或行为的理解进行修改、调整或者赋予新的意义。**重构**(reframes)可以减少来访者的防御心理，让来访者面对问题，开始用新的方式行动。进行重构时，会谈者要先考虑什么是来访者可以接受的，然后再给予某个情境或行为一个新的标签或意义。

会谈者和来访者讨论了兴趣测试的结果，已经确认来访者愿意考虑当一名采购员，还确认了在完成再就业培训之后，该领域仍会有职位空缺。因为要参加再就业培训，来访者对于是否接受该计划犹豫不决。

来访者：你要给我多讲讲这个再就业培训；我真的不想再回去上学。我对以前的工作很满意。我喜欢独立。为什么公司不能给我找点我不需要再培训就能做的工作呢？我就是不能看着自己回到学校，不能看着自己再去回答老师的问题。我不喜欢别人告诉我要去做什么。

选择最恰当的回应。

会谈者：我很高兴听到你说对以前的工作很满意，我也很欣赏你过去和现在都一直重视自己的独立性。采购员这个工作需要大量的独立思考和行动，培训项目的设计正是为了促进这种独立性的发展。你想要独立的想法和这个培训项目的目标看起来是可以互补的。(请阅读 11.46)

会谈者：根据你以前在公司的职位水平，你要找到一个薪水相同的职位，唯一的方式就是你要为从事另一个类似的工作而接受再培训。你应该认识到，公司将会在你培训期间按照你以前的薪水给你支持。你一定要对此心怀感激。(请阅读 11.47)

会谈者：听到你对以往工作感到满意，这一点非常好。但是你现在因为想逃避学校考评带来的压力，变得有点儿固执了，你难道不觉得吗？人们常常因为不能预测以后会发生什么就逃避变化。看起来你的犹豫就是由于对变化感到焦虑造成的。(请阅读 11.48)

11.46 你的回应： 我很高兴听到你说对以前的工作很满意，我也很欣赏你过去和现在都一直重视自己的独立性。采购员这个工作需要大量的独立思考和行动，培训项目的设计正是为了促进这种独立性的发展。你想要独立的想法和这个培训项目的目标看起来是可以互补的。

正确，这个回应提供的信息是基于来访者所说的话，能够帮助来访者从不同的视角看待再培训，新的视角会让来访者适应性更强。请阅读 11.49。

11.47 你的回应： 根据你以前在公司的职位水平，你要找到一个薪水相同的职位，唯一的方式就是你要为从事另一个类似的工作而接受再培训。你应该认识到，公司将会在你培训期间按照你以前的薪水给你支持。你一定要对此心怀感激。 238

从来访者担心培训期间的补贴问题这一点来看，会谈者提供这个信息很重要，但是做法上不够成熟。此刻，首先需要帮助来访者处理犹豫、忧虑以及伴随不得不重新培训而产生的挫败感。为了让来访者参加再就业培训，以重构的方式帮助来访者对这些情绪进行重新命名会更有帮助。请回到 11.45，再次选择。

11.48 你的回应： 听到你对以往工作感到满意，这一点非常好。但是你现在因为想逃避学校考评带来的压力，变得有点儿固执了，你难道不觉得吗？人们常常因为不能预测以后会发生什么就逃避变化。看起来你的犹豫就是由于对变化感到焦虑造成的。

这个回应给来访者提供了另外一种视角，但是如果不对你呈现给来访者的这个思维上的挑战做大量的讨论，这个回应不一定能够被来访者接受。重构的要点是向来访者呈现另一种视角，让他能够对其思维进行调整，并开始用新的方式行动。请回到 11.45，再次选择。

11.49

重构可能是积极的，但也可能是非常有挑战性的。一种新的看待世界的方式有时会让人非常痛苦，但是也会给人很多启示和帮助。检验重构是否成功要看来访者是否能用新的或不同的方式进行思考、感觉或行动。

来访者：我想独立，这是真的。如果培训能够让我从事新的独立的工作，我能接受自己再去参加培训。可我还是觉得花在培训上的时间是要浪费掉的。我想现在就去做新的工作。

选择最恰当的回应。

会谈者：我不太确定公司是否允许你没有经过合适的培训就去做采购员。这是一个非常专业的工作，如果你没有任何合适的技能就被空降到这个部门，我能想象到其他采购员的反应。如果你打算接受这个新的工作岗位，你要认真考虑接受再就业培训。（请阅读 11.50）

会谈者：我很高兴你期待一个有独立性的岗位。看待再就业培训的方式之一是看到它会带给你新的机会，让你有一个充实、不同的生活。学会的新技巧是不会浪费掉的。然而，如果你想成功，重要的是你要有耐心，要全身心地投入到培训项目中去。如果你对要做的事三心二意，那么对你和公司而言都是浪费时间。（请阅读 11.51）

会谈者：在事故之后你期待回来工作，听到这一点真的很好。然而，再就业培训期间的目标不止一个。再培训可以给你提供新的技能，但在你承担一个要求很高的新工作之前，你可能也会考虑这个事实：再培训不仅会让你的康复假期延长，也会让你再次获得你以前的优势。对你而言，这是个奖励。（请阅读 11.52）

11.50　你的回应：

我不太确定公司是否允许你没有经过合适的培训就去做采购员。这是一个非常专业的工作，如果你没有任何合适的技能就被空降到这个部门，我能想象到其他采购员的反应。如果你打算接受这个新的工作岗位，你要认真考虑接受再就业培训。

239 这个回应不太可能说服来访者接受会谈者所表达的想法：在担任新的职位之前必须进行再就业培训。重构需要督促来访者用不同的方式思考再培训阶段，改变对再就业培训的反应。请回到 11.49，再次选择。

11.51　你的回应：

我很高兴你期待一个有独立性的岗位。看待再就业培训的方式之一是看到它会带给你新的机会，让你有一个充实、不同的生活。学会的新技巧是不会浪费掉的。然而，如果你想成功，重要的是你要有耐心，要全身心地投入到培训项目中去。如果你对要做的事三心二意，那么对你和公司而言都是浪费时间。

这个回应以重构开始，但是接下来的话语中包含了一系列建议，不会改变来访者对再就业培训的看法。请回到 11.49，再次选择。

11.52　你的回应：

在事故之后你期待回来工作，听到这一点真的很好。然而，再就业培训期间的目标不止一个。再培训可以给你提供新的技能，但在你承担一个要求很高的新工作之前，你可能也会考虑这个事实：再培训不仅会让你的康复假期延长，也会让你再次获得你以前的优势。对你而言，这是个奖励。

正确。这个重构向来访者显示了再就业培训阶段的双重好处,对来访者原有想法进行了挑战,让他更深入地考虑这个阶段会为自己带来什么。这个重构可能会帮助来访者用不同的方式来考虑提供给他的培训项目的好处。请阅读 11.53。

11.53

信息提供最普通的形式就是以信息性陈述进行回应,经常在来访者已经决定他们的目标之后使用。在会谈的这个阶段,来访者需要信息来拓展对各种选择的认识,认清某个/某些选择可能带来的后果,并修正任何无效或不可靠的信息。信息性陈述可以给来访者提供直接的信息,引导来访者参考其他的信息来源,或者向来访者推荐有相关经验的人。来访者如能参与获取关联信息的过程,他们就能更好地理解信息的内容,也会感激能获取信息。好的会谈者把来访者的需求和满足这些需求的途径进行概述,做出信息性陈述。

在讨论采购员职位需要的独立性之后,来访者已经决定接受再就业培训以获得采购部门的职位。来访者现在的立场是寻求更多的信息,以便了解在重新安排工作之前需要做的事情。

来访者：我之前没有考虑过再就业培训阶段额外的好处。看起来再培训不仅能教给我一项新技能,而且能给我更多的时间养伤。我想我需要这段时间。或许你能够准确告诉我再就业培训需要做什么,还有培训完毕后我将做什么。

选择最恰当的回应。

会谈者：既然现在你能更乐意去接受一个新职位,你需要知道未来会怎样。我不清楚具有要做哪些事。也许你会被送去上大学,同时进行在职培训,或者你只需要参加在职培训。在采购方面有很多活动要做,你需要熟悉这些活动。公司跟很多供货商有协议安排;当然,这一切你都需要学习。(请阅读 11.54)

会谈者：既然现在你能更乐意去接受一个新职位,你需要知道未来会怎样。可能获取这个职位最有效的方式是让你和采购部经理会谈,讨论再就业培训的事情以及与这个职位有关的活动。对于这一点,你有什么想法? (请阅读 11.55) 240

会谈者：我对采购这个工作要做些什么了解不多。如果你有兴趣,或许你可以打电话给采购部经理,和他约一次会谈。我想我们已经做了所有我们能做的事情。如果你认为还有我能够帮助你的地方,请给我打电话。(请阅读 11.56)

11.54　你的回应：

既然现在你能更乐意去接受一个新职位,你需要知道未来会怎样。我不清楚具有要做哪些事。也许你会被送去上大学,同时进行在职培训,或者你只需要参加在职培训。在采购方面有很多活动要做,你需要熟悉这些活动。公司跟很多供货商有协议安排;当然,这一切你都需要学习。

来访者要求得到直接的信息,以便能够对刚刚做出的决定有一种安全感。好的会谈者会引导来访者利用能够提供准确有效信息的资源;或者,他会教来访者如何去寻找并使用这些资源。这个回应没有提供具体的信息。它带来的问题比它回答的问题还要多。请回到 11.53,再次选择。

11.55	**你的回应：**	既然现在你能更乐意去接受一个新职位，你需要知道未来会怎样。可能获取这个职位最有效的方式是让你和采购部经理会谈，讨论再就业培训的事情以及与这个职位有关的活动。对于这一点，你有什么想法？ 正确。这个回应对来访者的担心进行了概述，指明了一项恰当的资源，要求来访者对所提建议做出反应。如果能够直接参与获取信息，来访者会从信息中得到最大的收益。
11.56	**你的回应：**	我对采购这个工作要做些什么了解不多。如果你有兴趣，或许你可以打电话给采购部经理，和他约一次会谈。我想我们已经做了所有我们能做的事情。如果你认为还有我能够帮助你的地方，请给我打电话。 这个回应没有概述来访者的担心。尽管会谈者建议了一个资源，但其陈述方式不可能有助于来访者使用这个资源。会谈者突然结束互动活动，来访者得到的信息并不充分，这会妨碍他实现工作调整这个目标。请回到 11.53，再次选择。

▶ 文化考量

1. 在下面四章中的**文化考量**部分，你会看到每个部分的前几段都包含了一些对来自特定文化群体的来访者进行心理会谈的建议。记住，任何一个文化群体内部都存在大量的**异质性**(heterogeneity)，所以这些建议必须根据某个文化群体内每个个体的特定需要进行调整方可使用。要在心中记住这个警告，在和亚裔美国人及其家人会谈的时候，下面这些建议会对你有帮助。

a. 认识到你自己的价值观以及这些价值观会如何影响你看待来访者所提出的问题。

b. 寻找优势和资源，而不仅仅是问题形成的原因。

c. 了解来访者的世界观。

241 d. 了解影响问题的情境因素、环境因素和文化因素。

e. 对来访者所提问题中的可能文化冲突保持敏感。

f. 了解来访者心中可能会有的解决方案。

g. 对在家庭成员中间充当调解者要保持开放态度。

h. 帮助来访者拓展替代性解决方案以及处理问题的方法。

i. 在陈述解决问题的观点和建议时，保持开放态度。

2. 确保所提供的信息在文化上是恰当的、相关的。

3. 很多文化将信息视为重要的改变工具并期待会谈者成为一个信息源。

4. 在有些文化中，保存颜面非常关键，因此，进行积极重构是很重要的。

11.57

你在一家职业咨询/培训公司工作，帮助有经验、能力强的经理们提高他们的工作业绩，帮助他们制定向下一个层级发展的行动计划。一位35岁的日本裔男士，来到你的公司寻求帮助以促进他的职业发展，甚至期待你能帮他找一个更令人满意的新职位。他在一家工程公司工作了10年，有过一次升职，升至小组领导，管理8个工程师。然而，他在这个职位上已经工作了5年，看到其他的白人经理已经升职到了管理层，尽管他们中的某些人还没有他能干，也不如他有经验。

你意识到亚裔男性和女性在获取管理职位方面受到了忽视。通过讨论如下要点，你对本次会谈进行简短概述。

会谈者：因此，田中先生，你在公司有非常好的工作业绩，这一点很清楚。你的工程小组在生产率方面的排名一直是在前10%以内；然而，看起来你作为经理的能力并没有被认可。你甚至看到你们组有些更年轻的人职位上升超过了你。你接受这种状况有一段时间了，但是现在你受够了，正在考虑升职。

来访者：是的。过去我是责怪自己，然后更努力地工作，但是我逐渐意识到，歧视可能才是真正的问题。实际上，我对这件事想得越多，就越沮丧。但是我也知道告密者和那些叫嚷着“种族主义”的人很少得到升职。如果现在我换到另一家公司，这点也可能会伤害我。你认为我应该怎么做？

选择最恰当的回应。

会谈者：因此，田中先生，看起来你受到了就业歧视。对于亚裔美国人而言，这并不少见，尤其是在管理层职位上。考虑到你认为诉诸不公正待遇问题会让你遭受偏见，失去换工作的机会，我们现在剩下的选择就是看看你在这些年中发展了哪些成功的管理技巧。以后我们将以它们为基础来制作简历。记录下歧视问题或许也是明智的。（请阅读11.58）

会谈者：（暂停）我听到你说的内容了。这是一种很明显歧视情况，我们需要列出一些要点：具体发生了什么事情，谁升职了，他们有什么样的资格，升职用的程序是什么。我们公司有一个专家专门处理歧视问题。我想我们能够做一个好的案例。（请阅读11.59）

会谈者：嗯，田中先生。你是对的，应对歧视问题不会让我们有所收获。我们下一步要做的是让你参加一些测试，包括与管理和领导力相关的测试。我们甚至能够提供一些对你有用的短期特别课程。我们也需要开始写一份漂亮的简历，讨论你可以从哪里得到推荐信，为升职或新的职位做准备。（请阅读11.60）

11.58　**你的回应：** 因此，田中先生，看起来你受到了就业歧视。对于亚裔美国人而言，这并不少见，尤其是在管理层职位上。考虑到你认为诉诸不公正待遇问题会让你遭受偏见，失去换工作的机会，我们现在剩下的选择就是看看你在这些年中发展了哪些成功的管理技巧。以后我们将以它们为基础来制作简历。记录下歧视问题或许也是明智的。 242

正确。会谈者提供了一些信息帮助来访者继续前行。他寻求与田中先生“合作”，帮助他做出最可能的明智决定。记录歧视问题需要更多的细节。只盯住过去的问题是不够的。需要给田中先生提供信息，帮助他继续发展。预估在会谈晚些时候要做什么可能会帮助到来访者。

11.59	你的回应：	（暂停）我听到你说的内容了。这是一种很明显歧视情况，我们需要列出一些要点：具体发生了什么事情，谁升职了，他们有什么样的资格，升职用的程序是什么。我们公司有一个专家专门处理歧视问题。我想我们能够做一个好的案例。 会谈者认识到了歧视问题以及在工作场所经常发生的不公正现象。会谈者这种做法的本意是好的，但是他没有注意到自己面前这位来访者的独特性。田中先生想要什么？他的目标是得到晋升和认可，而会谈者的提议没有为这两点留有余地。请回到 11.57，再次选择。
11.60	你的回应：	嗯，田中先生。你是对的，应对歧视问题不会让我们有所收获。我们下一步要做的是让你参加一些测试，包括与管理和领导力相关的测试。我们甚至能够提供一些对你有用的短期特别课程。我们也需要开始写一份漂亮的简历，讨论你可以从哪里得到推荐信，为升职或新的职位做准备。 会谈者的想法是好的，想帮助田中先生改善工作情况，但是听起来他很像一个啦啦队长，忽视了田中先生面临的问题。会谈者提议田中先生学习短期课程，这让我们听起来感觉田中先生好像是正在和销售人员而不是心理会谈人员交谈。请回到 11.57，再次选择。

参考资料

Atkinson, D. R., Martin, G., & Sue, D. (Eds.). (1998). *Counseling American minorities* (5th ed.). Boston: McGraw-Hill.

Brammer, R. (2004). *Diversity in counseling*. Belmont, CA: Thomson.

Maki, M. T. (2008). Counseling Asian Americans. In P. B. Pedersen, J. B. Draguns, W. J. Lonner, & J. E. Trimble (Eds.), *Counseling across cultures* (6th ed., pp. 109–132). Thousand Oaks, CA: Sage.

Sue, D. (2004). Counselling issues with Asian youth. In M. H. France, M. Del Carmen Rodriguez, & G. Hett (Eds.), *Diversity, culture and counselling* (pp. 89–98). Calgary, AB: Detselig Enterprises.

Sue, D. W., & Sue, D. (2007). *Counseling the culturally diverse: Theory and practice* (5th ed.). New York: Wiley.

243

▶ 伦理考量

库彻和科思-斯皮格尔（Koocher & Keith-Spiegel，2008）认为，对会谈者和来访者最大的伤害是当专业关系转变成性关系或恋爱关系时。同时，有足够的证据表明，与来访者发生性关系或产生恋爱关系是专业组织和管理机构收到投诉的最常见原因之一（Evans，2011；Koocher & Keith-Spiegel，2008）。由于这个原因，与性关系和/或恋爱关系有关的伦理原则值得专门考虑。

性关系

1. 如果和来访者以前有性关系和/或恋爱关系，会谈者不应该为其提供专业服务，为以前有性关系和/或恋爱关系的人提供专业服务有可能对其造成伤害，让会谈者与其很难保持恰当的专业边界。

2. 会谈者不能和正在做会谈的来访者，或者来访者的近亲、监护人，或其他的重要人士，有性关系和/或恋爱关系。会谈者不能用终止治疗来逃避这个标准。

3. 会谈者不能和以前的来访者或来访者的近亲、监护人或者其他的重要人士有性关系和/或恋爱关系。

4. 会谈者不能对来访者、学生、员工、同事或研究对象进行性骚扰。性骚扰定义为（但不仅仅局限于）有性行为性质的重复话语、动作、书面交流或身体接触。

5. 会谈者不应该与学生或者被督导者等这些他们能以专业权力或权威施加影响的人发生性关系或产生恋爱关系。

11.61

你是一家社区福利机构的男性社工。在现在的职位上，你有 20 年的工作经验。你已经和琼斯做会谈有 6 个多月了。琼斯现年 32 岁，是个单亲妈妈，有两个孩子。根据社区继续接受福利的规章制度，接受福利的人可以做工资低于每周 250 美元的兼职工作。最近一段时间，你一直和琼斯合作，帮助她寻找可以接受的兼职工作。

会谈者：上周你找兼职工作有什么进展吗？

来访者：（着装干练，服装很吸引人）我运气不太好。我想面试我的人觉得我不够有魅力。你认为我有魅力吗？

会谈者：你是否有魅力不是我要考虑的事情。此刻，我主要关心帮助你找到兼职工作。

来访者：我知道这一点，但是我们在一起做会谈有 6 个多月了，我喜欢你。我想你也觉得我对你有吸引力，但是我就是想确认一下。我们一起喝杯咖啡，进一步了解彼此，这会很不错的。

会谈者：在会谈的这段时间，你一直很努力，也取得了很好的进展，但是我需要你知道的是，我们在一起仅限于做会谈，而在会谈过程中，我们必须关注的是你的问题以及如何处理这些问题。

来访者：但是一起喝咖啡肯定不在此列。 244

会谈者：恐怕确实如此。大量证据表明，来访者得到最好服务的时候是当我们的专业角色和社会角色分开时。

尽管一起喝杯咖啡看起来无伤大雅，但是大量证据表明，与来访者之间的性关系和恋爱关系常常就是以这种简单的行为开始的，比如一起喝杯咖啡。重要的是会谈者学习如何处理他们对来访者有吸引力以及相反的情况。

文献来源

American Association for Marriage and Family Therapy. (2015). *Code of Ethics*. Standard I 1.4, 1.5, Standard III 3.7, Standard IV 4.3 (pp. 3, 5, 6).

American Association of Pastoral Counselors. (2012). *AAPC Code of Ethics*. Principle IIIG. and H., Principle V C.

American Counseling Association. (2014). *ACA Code of Ethics*. A.5. a. to c. (p. 5).

American Nurses Association. (2015). *Code of Ethics for Nurses with Interpretive Statements*. 2.4 (p. 7).

American Psychological Association. (2010). *Ethical Principles of Psychologists and Code of Conduct*. 10.05 to 10.08 (p. 14).

American Speech-Language-Hearing Association. (2014). *Code of Ethics*. Principle IV, Rule F. (p. 4).

Evans, D. R. (2011). *Law, standards, and ethics in the practice of psychology* (3rd ed.). Toronto: Carswell.

Koocher, G. P., & Keith-Spiegel, P. (2008). *Ethics in psychology and the mental health professions* (3rd ed.). New York: Oxford.

National Association of Social Workers. (2014). *Code of Ethics*. 1.09(a.-d.), (p. 8).

▶ 复习问题

判断下列陈述是否正确：

1. 信息提供的数量应该与来访者从信息中获益的能力相匹配。

2. 在纠正来访者对所提供信息的曲解方面，会谈者是无能为力的。

3. 在信息提供和对信息进行整合时，其他会谈回应方式是没有作用的。

4. 介绍性说明能够让来访者参与会谈进程。

5. 在来访者很有可能接受某信息时，就到了应该提供该信息的时刻。

6. 重构包括为来访者呈现另外一个视角去看待某个情境。

7. 指导，绝不可以包括可能会有那些后果之类的信息。

245 8. 信息提供式回应建立在会谈者个人经验和观点的基础之上。

9. 来访者对信息提供的关注程度可以通过要求来访者重复信息、按照信息行动或者讨论信息等方式来进行评估。

10. 在呈现信息时，会谈者应该提供的仅仅是一般的、宽泛的事实。

答案见本章结束处。

▶ 记忆要点：信息提供

1. 信息提供时：

a. 要提供和来访者需求相关的数据或事实。

b. 要确保来访者能接受这个信息。

c. 要直接、清楚、具体、简洁和明确。

d. 要将信息分解成来访者能使用的单个信息。

2. 信息提供后：

a. 要检查来访者是否已经关注到所给予的数据和事实。

b. 要评估来访者对信息的曲解程度，并使用其他会谈技巧进行纠正。

3. 使用信息提供是为了：

a. 引导来访者参与会谈过程。

b. 提供指导或说明。

c. 提供反馈。

d. 提供另一个视角。

e. 向来访者引荐其他的资源。

▶ 11.1　活动单元

在下面每个场景中，针对来访者的陈述为会谈者如何回应提供了建议。在恰当的时候，根据你对自己社区及其资源的了解，做出你自己的回应。记住，信息提供与给予建议不同：你不是在推荐一个特别的解决方案或者行动路线；相反，你是在提供与争议和问题相关的信息。

1. 你是社区机构的咨询师，为单亲母亲和她们的孩子提供系列服务。新的来访者刚刚坐下。

来访者：我的钱快用光了，我需要紧急援助。这个机构能够给我一些经济资助吗？

会谈者：（介绍性说明）____

2. 在首次会谈结束时，你正在安排与来访者下一次见面的时间。

来访者：如果我不能来怎么办？

会谈者：（指导/说明）____

246 3. 你是百货商店的经理，你在对一名员工进行工作表现评估，这名员工刚过了三个月的试用期，是一名优秀的销售员，但是经常迟到。

来访者：我喜欢这份工作，我希望成功。我现在做得怎么样？

会谈者：（反馈）______________________________

4. 一名来访者过来讨论与丈夫争吵越来越频繁的问题，吵完架后她不作声，她丈夫则出去散步很长时间。这名妻子将丈夫的行为看作是他不在乎的标志。

来访者：他不在乎我们的关系，他把我抛弃了。

会谈者：（另一个视角/重构）______________________________

5. 一名青少年正在努力决定是从高中辍学，还是继续读书上大学。

来访者：我想继续上大学，我家还没有人上过大学，我不知道怎么申请或者上大学的经济问题怎么解决？

会谈者：（信息性陈述）______________________________

▶ 11.2　活动单元

和另外两个已经阅读过本章内容的人一起，进行简短会谈的角色扮演。你们轮流扮演来访者，会谈者和观察者的角色。使用录音/录像设备对每次简短会谈进行记录。本练习的会谈至少需要五个会谈者回应。

会谈者角色　练习使用信息提供技巧，对来访者进行回应。

来访者角色　和会谈者合作，从会谈者那里寻求信息。你可以扮演一个有问题需要解决的朋友或者家人（他/她要求得到信息去解决这个问题），也可以扮演下列角色之一：

1. 某家长，孩子诊断出有慢性病。
2. 某人，在洪水中失去了房子。
3. 某员工，正在讨论在单位内部换工作的可能性。
4. 某人，发现很难安排自己的工作，不知道该怎么办。

观察者角色　操作录音/录像设备，完成会谈练习检查表。（见表 11.2）

会谈后讨论　参与者使用会谈记录和会谈练习检查表的数据，讨论会谈者的表现。所有的参与者都要从讨论中学习，讨论应该是客观的，既要关注有效的回应，也要关注不太有效的回应，并鼓励所有人改善会谈表现。

表 11.2 会谈练习检查表

活动	会谈者回应[a] 1	2	3	4	5
恰当的非言语行为					
保持话题					
介绍性说明					
指导或说明					
反馈					
另一个视角(重构)					
信息性陈述					
有效回应[b]					

[a]检查体现每个回应特点的活动。

[b]在表格中对回应的有效性从 1～5 进行 5 级评分，1 表示有效性最低，5 表示有效性最高。

▶ 11.3 活动单元

使用**活动单元** 11.1 中的会谈记录或者其他会谈练习的录音/录像记录，在下面“原来的回应”的空格处写下这些练习中的会谈回应。然后，做出更好的回应替代它们，写在“更好的回应”的空格处。

原来的回应 1____

____

____

更好的回应____

____

____

原来的回应 2____

____

____

更好的回应____

____

____

原来的回应 3______________________________

____

____

更好的回应______________________________

____

____

248 原来的回应 4______________________________

____

____

更好的回应______________________________

____

____

原来的回应 5______________________________

____

____

更好的回应______________________________

____

____

▶ 11.4 活动单元

小组练习

1. 选择一名志愿者扮演来访者，按照**活动单元 11.2** 中来访者的角色要求做。

2. 组成一个/几个小组，小组成员轮流或自愿扮演会谈者；按照会谈者角色的要求做，尽可能地做出回应。

3. 使用会谈练习检查表作为参考，讨论回应的有效性。

记住,本活动对所有人而言都是一次小组学习经历,讨论应该是非评价性的,相互鼓励的。还要记住,你是在学习新的行为,学习不是瞬间能完成的。显性或隐性的练习是必要的。

▶ 复习问题答案

1. **正确**。如果你的答案是“错误”,请回到 11.17 复习。
2. **错误**。如果你的答案是“正确”,请回到 11.29 复习。
3. **错误**。如果你的答案是“正确”,请回到 11.9 复习。
4. **正确**。如果你的答案是“错误”,请回到 11.33 复习。
5. **正确**。如果你的答案是“错误”,请回到 11.5 复习。
6. **正确**。如果你的答案是“错误”,请回到 11.45 复习。
7. **错误**。如果你的答案是“正确”,请回到 11.37 复习。
8. **错误**。如果你的答案是“正确”,请回到 11.1 复习。
9. **正确**。如果你的答案是“错误”,请回到 11.21 复习。
10. **错误**。如果你的答案是“正确”,请回到 11.13 复习。

如果你的回应中有六个及以上的答案不正确,你应该回到 11.1,复习本章内容。

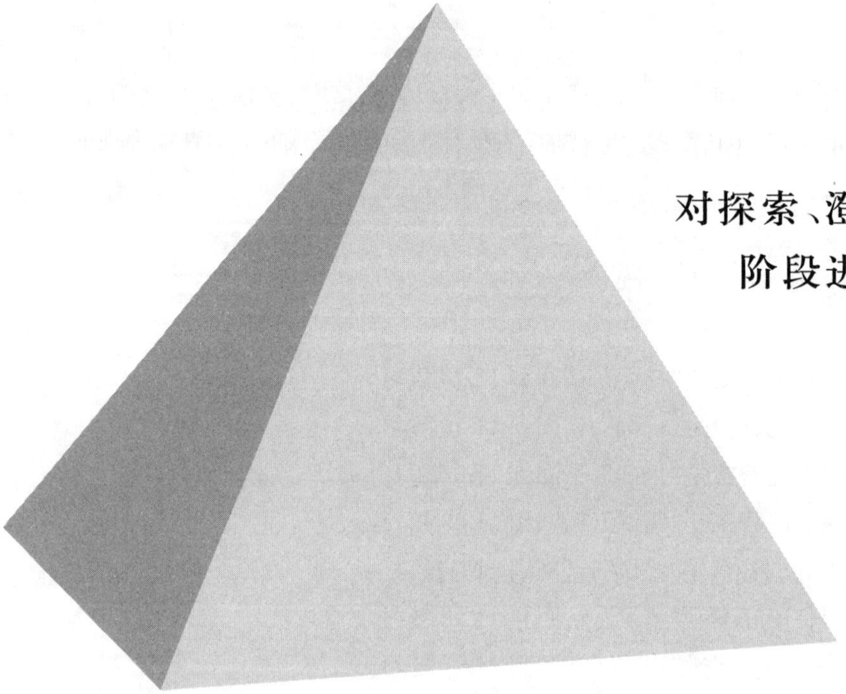

第十二章

对探索、澄清与行动阶段进行结构化

249 本章旨在帮助你培养结构化技巧。结构化技巧存在于会谈的所有阶段：探索阶段，澄清阶段和行动阶段。学完本章后，你将能够：

1. 说明会谈过程中每个阶段的关系目标。
2. 说明会谈过程中每个阶段的行动目标。
3. 展示你可以判断什么时候做结构化式回应。
4. 按要求做出恰当的结构化式回应。

从开始与来访者建立关系到结束与来访者的关系，结构化技巧要求会谈者有能力规划与来访者的关系，并调整这种关系的发展节奏。结构化技巧为会谈提供了目标和方向，让来访者和会谈者能够明确会谈要达到的具体结果，并为此而努力。在会谈的每个阶段，会谈者都有一个关系目标和行动目标。为了有效使用结构化技巧，你必须熟悉表12.1中列出的目标。

250 *表12.1 与结构化有关的会谈阶段：探索阶段、澄清阶段与行动阶段*

会谈阶段	关 系 目 标	行 动 目 标
I 探索阶段		
1. 探索	开始与来访者建立会谈工作关系	发现来访者的问题
II 澄清阶段		
2. 界定问题	发展与来访者的关系，使之更有帮助性，重点更突出	就来访者具体问题的界定达成一致意见

（续表）

会谈阶段	关系目标	行动目标
3. 问题优先性排序	与来访者保持有帮助性的会谈关系	评估进一步行动的需求；如有必要，双方应对考虑问题时的先后顺序达成一致意见
4. 制定目标	与来访者保持有帮助性的会谈关系，使用澄清阶段的会谈技巧，帮助来访者将问题转化成目标	双方重新界定来访者的问题，将问题转化为可实现的目标；每个目标可能需要重新表述为一系列子目标
III　行动阶段		
5. 准备行动	与来访者保持有帮助性的会谈关系，让其认识到自己的责任	双方制定与每个目标相关的行动计划，基于每个计划的优点，选出最优计划
6. 采取行动	按照来访者的需求使用澄清阶段的会谈技巧，和来访者保持有帮助性的会谈关系	帮助来访者执行每个目标的最优行动计划；在“会谈者—来访者”关系不在场时，找到方法保持来访者习得的新行为
7. 终止会谈	和来访者结束会谈关系，保留在需要时可以重启会谈关系的方法	在确定的目标实现之后，终止会谈关系

在前面的章节中，你已经接触了多种心理会谈的基本技巧。作为会谈者，只有当你能够有目的地组织并综合使用这些技巧时——也就是你能够让自己与来访者的关系结构化时，你才能让心理会谈取得最佳效果。

在整个“会谈者—来访者”关系中，有效的会谈者都会使用结构化技巧。因为来访者呈现给你的决定和问题多种多样，你在使用这个技巧的时候必须保持灵活性。有的时候，在会谈的某些阶段可能不需要使用结构化技巧。而在另一些时候，每一个会谈阶段都必须使用结构化技巧，而且要持续相当长的时间。在有些情况下，你可能发现两个会谈阶段会结合到一起成为一个自然的整体。

本章内容是一名男生与学生中心咨询师之间的系列会谈。

12.1　251

结构化包括向来访者解释会谈过程。会谈的第一阶段是开启会谈进程的探索阶段。有时候，在首次会谈开始时，来访者和会谈者都会紧张。作为会谈者，你有责任认识到这一点。你要使用结构化的会谈介绍用语，让来访者放松。你在做会谈介绍时，要和来访者保持恰当的眼神接触，态度自然，语言清晰，如有必要，要按照来访者的文化习惯说明座位安排。开放式问题常常能为来访者参与讨论提供恰当的结构。

会谈者迎接来访者并且陪着他走进办公室。

选择最好的回应，开始本次会谈。

会谈者：(微笑，眼神接触恰当，引导来访者到座位处)非常抱歉地告诉你，我时间不多。你有什么问题吗？尽量具体一点。(请阅读 12.2)

会谈者：(紧张的笑，眼神接触有限，打着手势)这一天过的！我希望你的问题是重要的。过来找个椅子坐下。你想告诉我的是什么问题？(请阅读 12.3)

会谈者：(微笑，眼神接触恰当，引导来访者到座位处)你预约了来讨论问题。你能告诉我你担心的事情吗？(请阅读 12.4)

12.2 **你的回应：** (微笑，眼神接触恰当，引导来访者到座位处)非常抱歉地告诉你，我时间不多。你有什么问题吗？尽量具体一点。

你为来访者提供了结构化回应，但是这样安排会谈表明你对来访者要说的事情缺乏兴趣。在会谈的这个阶段，来访者需要的是能够鼓励而不是阻止开放式讨论的会谈安排。请回到 12.1，再次选择。

12.3 **你的回应：** (紧张的笑，眼神接触有限，打着手势)这一天过的！我希望你的问题是重要的。过来找个椅子坐下。你想告诉我的是什么问题？

你在这里几乎没有为开启会谈做任何结构化回应。紧张的笑声，低质量的眼神交流，意义不明确的手势动作，这一切表明你对此次会谈感到不安。你的行为和言语只会增加来访者的不安。因此，他可能很难对你简短的开放式问题做出回应。请回到 12.1，再次选择。

12.4 **你的回应：** (微笑，眼神接触恰当，引导来访者到座位处)你预约了来讨论问题。你能告诉我你担心的事情吗？

正确。这个回应支持了来访者做会谈的要求，有利于进行开放式讨论，为会谈初始方向做了结构化安排。请阅读 12.5。

252 **12.5**

在整个探索阶段，会谈者都会使用倾听和反映技巧来表明自己正在倾听，帮助来访者开放地讨论问题。这个阶段的第一个行动目标是了解来访者问题的概况，以便会谈双方可以共同对此进行探讨。随着来访者的问题被逐一识别，会谈者对会谈进行结构化建构，让更深层次的问题显现出来。会谈双方花了几分钟时间来讨论来访者对职业选择的担心。

来访者：就像我刚才讲的，我感到压力最大的一个问题是决定以后应该去做牙医还是做普通医生。

选择最恰当的回应。

会谈者：是这样吗……？你爸爸做什么工作的？(请阅读 12.6)

会谈者：所以，正如我们已经讨论过的，你担心的主要是怎么选择正确的职业。在我们开始讨论这个问题之前，我在想这是否是你唯一担心的事情？或者，你还有其他想讨论的问题吗？(请阅读 12.7)

会谈者：这个很难决定。我不知道我会选择哪一个。两个职业各有利弊，但是，我认为牙医有更多的休假时间。(请阅读 12.8)

12.6 **你的回应：** 是这样吗……？你爸爸做什么工作的？

来访者的言辞中并没有表明他父亲的职业和他的决定有任何关系。在探索阶段的这个部分，你需要与来访者建立良好的关系，通过使用倾听技巧，保持对当前话题的讨论，尽力去理解来访者问题的性质。请回到 12.5，再次选择。

12.7 **你的回应：** 所以，正如我们已经讨论过的，你担心的主要是怎么选择正确的职业。在我们开始讨论这个问题之前，我在想这是否是你唯一担心的事情？或者，你还有其他想讨论的问题吗？

正确。在探索阶段的这个部分，你需要和来访者建立良好的关系，并对他的问题有初步理解。通过使用内容反映和封闭式问题，接着再加上一个开放式问题，你表现出你在倾听来访者，并鼓励他和你一起讨论他的问题。请阅读 12.9。

12.8 **你的回应：** 这个很难决定。我不知道我会选择哪一个。两个职业各有利弊，但是，我认为牙医有更多的休假时间。

这些自我表露不能帮助你与来访者建立坦诚开放的关系，也不能帮助他做出必要的决定。此刻你要提供恰当的结构化回应，以此表明你已经听到了来访者的陈述，并愿意听他继续讲述他所担心的其他问题。请回到 12.5，再次选择。

12.9

一旦确定了来访者问题的范围，会谈者就从探索阶段转到了界定问题阶段，对会谈进行结构化建构。在这个阶段，会谈者和来访者之间的互动就成为焦点。本阶段的行动目标是探索来访者的问题区域，在你们双方对每一个问题有了准确、具体的界定后，探索阶段才会结束。为了实现这个目标，你可能发现有必要同时使用探索阶段和澄清阶段的会谈技巧。

在探索阶段结束时，会谈双方明确了来访者有以下困难：要决定从事哪个职业，在哪里生活，怎样才能与别人约会。来访者间接提到了其他问题，但是希望以后再讨论它们。

选择能够开启界定问题阶段的回应。

会谈者：正如你前面提到的，你有很多问题。或许我们可以详细地讨论这些问题，对 253
每个问题做出准确的界定。你觉得这个想法怎么样？（请阅读 12.10）

会谈者：现在，我们理一下……你谈到了要在当普通医生和牙医之间做出选择，这是个大决定。你说你希望自己能离开家。然后你还提到了约会问题。或许你还有其他问题。我想我们应该先解决职业问题。或许今天下午你应该去见一下医学院招生面试官。（请阅读 12.11）

会谈者：关于其他那些你认为有的问题……我知道谈论它们很困难，但是在我们继续探讨之前，你还是要跟我谈谈那些问题。（请阅读 12.12）

12.10 **你的回应：** 正如你前面提到的，你有很多问题。或许我们可以详细地讨论这些问题，对每个问题做出准确的界定。你觉得这个想法怎么样？

正确。这个回应将来访者引导至会谈的下个阶段。请阅读 12.13。

12.11 **你的回应：** 现在，我们理一下……你谈到了要在当普通医生和牙医之间做出选择，这是个大决定。你说你希望自己能离开家。然后你还提到了约会问题。或许你还有其他问题。我想我们应该先解决职业问题。或许今天下午你应该去见一下医学院招生面试官。

在这个阶段，你应该帮助来访者探讨并界定具体的问题。这个回应省略了对任何具体问题的探讨，并在此阶段给予了不恰当的解决方法。请回到 12.9，再次选择。

12.12　**你的回应：**　关于其他那些你认为有的问题……我知道谈论它们很困难，但是在我们继续探讨之前，你还是要跟我谈谈那些问题。

来访者已经说了，此刻讨论其他的问题是不必要的。因此你应该为下一个阶段（问题界定阶段）进行结构化建构了。请回到 12.9，再次选择。

12.13

在界定问题阶段，会谈者和来访者共同对问题进行探讨，直到双方对每个问题的具体界定达成一致意见。通常，某个问题的具体界定表现为引起关注的某一特定行为。

在界定问题阶段，会谈者必须能够清楚地知道来访者在何时对一个问题做出了准确、具体的界定。在本次会谈过程中，来访者已经对他的约会问题做了界定。

选择界定问题最好的回应。

来访者：　我想我的自我概念较差，这妨碍了我出去与女生约会。（请阅读 12.14）

来访者：　我想这是我父母的错。他们从不让我出去约会。（请阅读 12.15）

来访者：　我想我从没学过怎样安排一个约会，或者如果有约会，我又该做什么。（请阅读 12.16）

12.14　**你的回应：**　我想我的自我概念较差，这妨碍了我出去与女生约会。

为了帮助来访者，你必须确切地知道他的自我概念是如何影响他的行为的。在这种情况下，需要进一步探讨这个问题。请回到 12.13，再次选择。

254　12.15　**你的回应：**　我想这是我父母的错。他们从不让我出去约会。

这个回应可能是来访者问题的一个方面，但这里并没有用具体的陈述对这个问题做出准确的界定。你需要鼓励来访者超越这一点进行探索，以便对来访者的问题做出准确的界定。请回到 12.13，再次选择。

12.16　**你的回应：**　我想我从没学过怎样安排一个约会，或者如果有约会，我又该做什么。

正确。这是对来访者问题的准确界定。在你帮助他明确其他的问题后，会谈就进入了**问题优先性排序**(prioritization)阶段。请阅读 12.17。

12.17

会谈过程的下一个阶段是问题优先性排序阶段。在这个阶段，会谈者继续保持和来访者之间的帮助性关系。问题优先性排序阶段的第一个行动目标是决定是否需要进一步会谈。会谈者和来访者必须对这个决定达成一致意见。本案例中，来访者现在已经了解了自己具体问题的概况。

来访者：　我想一下……我没有足够的信息，不能决定选什么课程，我不能告诉父母我希望离开家，我从没有学过如何约会。

选择开启问题优先性排序阶段的回应。

会谈者：　你已经识别出自己担心的三个问题。你愿意做多大程度的努力来解决这些问题？（请阅读 12.18）

会谈者：　你已经识别出自己担心的三个问题。我们需要给每个问题找到答案。（请阅读 12.19）

会谈者：　你已经识别出自己担心的三个问题，但是我认为这些问题都是你仅靠自己就可以应对的。我们现在先结束本次会谈。你核实了自己是否需要帮助，你做得很好。（请阅读 12.20）

12.18　**你的回应：**　你已经识别出自己担心的三个问题。你愿意做多大程度的努力来解决这些问题？

正确。此刻，这个简短的释义及随后的开放式问题，是恰当的结构化回应。这个开放式问题开启的讨论将会帮助你和来访者为进一步的行动做出决定。请阅读12.21。

12.19　**你的回应：**　你已经识别出自己担心的三个问题。我们需要给每个问题找到答案。

这个回应不够成熟，在继续会谈之前，你和来访者必须就是否需要继续会谈达成一致意见。请回到12.17，再次选择。

12.20　**你的回应：**　你已经识别出自己担心的三个问题，但是我认为这些问题都是你仅靠自己就可以应对的。我们现在先结束本次会谈。你核实了自己是否需要帮助，你做得很好。

你独自做了一个决定，终止了会谈，忽视了来访者在会谈过程中的作用。对是否需要继续会谈，你和来访者共同做出决定才是重要的。请回到12.17，再次选择。

12.21

问题优先性排序阶段的第二个行动目标是决定考虑来访者问题的顺序。问题之间的相互依存或许表明了一种逻辑顺序。如果逻辑顺序不明显，来访者也没有偏好，那么按照从最轻微到最严重的顺序来考虑问题。 255

你和来访者已经同意讨论下列具体问题：他没有获得充足的信息，不能做出关于专业学习的决定；他不能和父母沟通，无法说出他想离开家到其他地方上大学的愿望；他没有能力安排一个约会。

选择回应，将本次会谈中问题优先性排序阶段进行下去。

会谈者：既然我们已经决定一起解决你的问题，我们需要考虑解决它们的顺序。你父母似乎对所有这些问题都有着重要影响。在我们做进一步讨论之前，你应该告诉他们你想离开家的愿望。（请阅读12.22）

会谈者：首先，我想让你回家，然后列出所有你认识的女性名字，在每一个名字旁边写上你不能邀请她出来约会的理由。（请阅读12.23）

会谈者：既然我们已经决定一起解决你的问题，我们需要考虑解决这些问题的顺序。根据你所说的，看起来你非常关心职业选择。或许这个问题适合首先处理。你是怎么看的？（请阅读12.24）

12.22　**你的回应：**　既然我们已经决定一起解决你的问题，我们需要考虑解决它们的顺序。你父母似乎对所有这些问题都有着重要影响。在我们做进一步讨论之前，你应该告诉他们你想离开家的愿望。

你将你的优先性排序强加给了来访者，并且太快地进入了问题解决阶段。来访者和会谈者应该就来访者解决问题的顺序达成一致意见。另外，你已经将会谈关系从开放而有帮助性的转变成为封闭而专制了。请回到12.21，再次选择。

12.23　**你的回应：**　首先，我想让你回家，然后列出所有你认识的女性名字，在每一个名字旁边写上你不能邀请她出来约会的理由。

在会谈的这个阶段，你应该帮助来访者按照问题的优先性来排列他想解决的问题。来访者和会谈者需要对这些问题的排序达成一致意见。你已经假设约会问题比其他问题要优先解决。你也没有告诉来访者，在会谈的这个阶段他可能要面对的事情。请回到 12.21，再次选择。

12.24　**你的回应：**　既然我们已经决定一起解决你的问题，我们需要考虑解决这些问题的顺序。根据你所说的，看起来你非常关心选择职业。或许这个问题适合首先处理。你是怎么看的？

正确。这个回应解释了会谈的问题优先性排序阶段，邀请来访者参与排序过程。通过确立目标并对如何继续合作取得一致意见，会谈者用结构化技巧培养了协作性的会谈关系。请阅读 12.25。

256 **12.25**

至此，你已经帮助来访者：① 探讨了他关注的问题(探索阶段)；② 用具体的语言界定并澄清了这些问题(界定问题阶段)；③ 确定是否需要进一步会谈，对于有待处理的问题，决定了它们应该被考虑的顺序(问题优先性排序阶段)。会谈还剩下制定目标、准备行动、采取行动和终止会谈等阶段。为了清楚地说明这些阶段，我们在本次会谈的剩余阶段中只关注来访者想要解决的一个问题。请阅读 12.26。

12.26

在你和来访者决定了处理具体问题的顺序后，你们开始了对制定目标阶段进行结构化。正如我们在界定问题阶段所陈述的那样，来访者的关注或问题清楚地说明了他当前的境遇。制定目标是为了用另外一个对来访者而言既现实又可以接受的状况来重新考虑问题。从补救性目标到成长性目标，各种目标构成了一个连续体。在本次会谈中，问题优先性排序阶段结束时，来访者说了下面的话。

来访者：选择职业是我主要关心的事情，但是我已经花了整整一年时间来解决这个问题。现在真正让我沮丧的事是我从来没有过约会。我所有的朋友都有约会，但是看起来我就是不可能有。

会谈者：听你这样说，似乎我们应该先解决约会问题。你觉得呢？

来访者：如果真能解决，我会很开心。

选择做出制定目标阶段最好的结构化回应。

会谈者：或许你最好再告诉我一次关于约会的问题。我不确定我已经完全理解了这个问题。你最近有约会吗？(请阅读 12.27)

会谈者：我们已经讨论了你的约会问题。现在我们需要据此建立一个你愿意努力达到的目标。你能够描述一个你想达到的目标吗？(请阅读 12.28)

会谈者：在我再次见你之前，我希望你做三件事。每堂课下课之后，花五分钟和一名女生交谈一下。每天和一群男孩女孩一起吃午饭。在接下来的一周，邀请一位女生喝咖啡，至少一次。(请阅读 12.29)

12.27　**你的回应：**　或许你最好再告诉我一次关于约会的问题。我不确定我已经完全理解了这个问题。你最近有约会吗？

你已经收集了与这个具体问题相关的信息。当你要求来访者重复信息的时候，你是在浪费时间，对于你们的关系基本没什么好处，也不能帮助来访者设定恰当的目标。请回到 12.26，再次选择。

12.28　**你的回应：**　我们已经讨论了你的约会问题。现在我们需要据此建立一个你愿意努力达到的目标。你能够描述一个你想达到的目标吗？

正确。你让来访者将他的问题重新定义为可实现的目标。请阅读12.30。

12.29　**你的回应：**　在我再次见你之前，我希望你做三件事。每堂课下课之后，花五分钟和一名女生交谈一下。每天和一群男孩女孩一起吃午饭。在接下来的一周，邀请一位女生喝咖啡，至少一次。 257

这个回应违反了会谈过程中的互动性。如果一个目标是来访者参与制定的，也是他希望实现的，来访者更可能去努力实现这个目标。另外，你在做此回应时跳过了会谈中的制定目标阶段和准备行动阶段。在行动计划实施之前，应该考虑所有的可能性以确保计划的成功。请回到12.26，再次选择。

12.30

来访者在把问题转化成可实现的目标时可能会遇到困难。如果是因为问题界定很糟糕而出现这种情况，请回到界定问题阶段，对问题做更清晰的界定。你也可能发现，来访者可以界定问题，但是看起来不愿意或者不能将问题转化成可实现的目标。当这种情况出现时，你可以使用面质技巧，关注那些来访者不情愿或者不能转化成现实目标的问题。

来访者：我不知道有什么目标。我认为你没明白。或许我最好再对你多讲讲这件事儿。我不知道这是不是一个很大的问题。

选择最恰当的回应。

会谈者：谈论你的问题比解决问题要简单得多。确定一个目标是不容易的。（请阅读12.31）

会谈者：我想你的目标应该是和女性约会，直到你能经常和4到5名女性约会为止。（请阅读12.32）

会谈者：看起来你对自己想要什么还不太确定。或许我们应该就这个问题多谈谈。你想从哪里开始说？（请阅读12.33）

12.31　**你的回应：**　谈论你的问题要比解决问题要简单得多。确定一个目标是不容易的。

正确。来访者说是想要行动，但是他明显不愿意行动。用来访者的这个不一致与其面质，你要鼓励他讨论并探索缺乏行动力的原因，以便能够接着去设置恰当的、现实的目标。请阅读12.34。

12.32　**你的回应：**　我想你的目标应该是和女性约会，直到你能经常和4到5名女性约会为止。

你的回应应该要帮助来访者探讨他不愿意制定目标这个问题。你忽略了他的不情愿，建议了一个可能是也可能不是现实的或恰当的目标。尽管来访者可能暂时和你合作，但如果他进入会谈下个阶段时遇到困难，他是否会坚持与你合作则令人怀疑。请回到12.30，再次选择。

12.33　**你的回应：**　看起来你对自己想要什么还不太确定。或许我们应该就这个问题多谈谈。你想从哪里开始说？

你已经与来访者探讨了这个问题，并对其进行了界定。再次重述该信息也不太可能改变来访者对建立目标的抵制。你需要用来访者的行为与其面质，帮助他探讨并澄清其行为的意义，努力去建立一个目标。请回到12.30，再次选择。

258

12.34

制定的目标应该具体。为了做到这一点，你可能需要将一个总目标重新定义为一系列具体的子目标或步骤，以便最后能够实现总目标。

来访者：我过去不是那样看这件事的。我一想到要和女生约会，我就有点害怕。但是，我知道我应该对此做点什么。

会谈者：让我们来谈谈你希望事情会怎样进展吧。假如没有这个问题，你会怎样做？

来访者：我希望能够约女生出去，这样我会很开心。我的朋友们都了解女生，他们总是一起做事情。

选择回应，让本次会谈中的制定目标阶段继续进行下去。

会谈者：我想这是一个合理的目标。也许我们现在就可以继续，找到一些方法实现这个目标。（请阅读 12.35）

会谈者：看起来你羡慕你的朋友和他们做的事情。你能给我讲讲他们做的事情吗？（请阅读 12.36）

会谈者：这是个合理的目标。学会邀请女生出去，第一步可能要做什么呢？（请阅读 12.37）

12.35　**你的回应：**　我想这是一个合理的目标。也许我们现在就可以继续，找到一些方法实现这个目标。

你的行动太快了。这个结构化回应是不合适的，因为来访者的目标太模糊了，不可能以此目标作为准备行动或开始行动阶段的重心。你的回应应该帮助来访者更具体地界定目标。请回到 12.34，再次选择。

12.36　**你的回应：**　看起来你羡慕你的朋友和他们做的事情。你能给我讲讲他们做的事情吗？

这个回应在会谈的其他阶段可能是合适的，但是在你帮助来访者界定目标时则并不合适。你改变了话题，所问的开放式问题与解决来访者的问题无关。请回到 12.34，再次选择。

12.37　**你的回应：**　这是个合理的目标。学会邀请女生出去，第一步可能要做什么呢？

正确，这个回应鼓励来访者用一系列具体的、可实现的子目标来界定总目标。请阅读 12.38。

12.38

在识别一个具体的目标或一系列子目标之后，就到了会谈行动阶段了。在这一阶段，第一步是制定行动计划。这一步的主要任务是双方一同制定与目标或子目标相关的行动计划，并且选择出最优计划，帮助来访者实现目标或子目标。此处的要点是让来访者负责制定行动计划。第一步是制定多个与来访者目标相关的计划。尽管来访者应该为制定行动计划负主要责任，会谈者也需要贡献可能的备选行动计划。

现在，会谈者和来访者已经对很多子目标达成了一致意见。首先，来访者要去和一位女生喝咖啡。本小节将只处理这个分目标，以供举例之需。

选择回应，开启本次会谈的准备行动阶段。

会谈者：我认为，重要的是你要去和一位不认识的女生喝咖啡。看起来这是一个很好的开始方式。（请阅读 12.39）

会谈者：　我建议，你要不假思索地去邀请一名女生去喝咖啡，并立即和她一起去。这样你可以将焦虑减少到最低程度。(请阅读 12.40) 259

会谈者：　我们需要考虑你会怎样实现这个目标。你有什么想法？(请阅读 12.41)

12.39　**你的回应：**　**我认为，重要的是你要去和一位不认识的女生喝咖啡。看起来这是一个很好的开始方式。**

给来访者机会，让他制定自己的行动计划，这才是明智的做法。这个回应阻碍了来访者承担其责任。在准备行动阶段，此刻你的回应应该是鼓励来访者参与制定可能的选择方案。请回到 12.38，再次选择。

12.40　**你的回应：**　**我建议，你要不假思索地去邀请一名女生去喝咖啡，并立即和她一起去。这样你可以将焦虑减少到最低程度。**

你为制定行动计划担负了全责。只有当来访者探讨并制定可能实现他们目标的路径时，行动计划才最有可能成功。请回到 12.38，再次选择。

12.41　**你的回应：**　**我们需要考虑你会怎样实现这个目标。你什么想法？**

正确。你鼓励来访者为实现正在讨论的目标而关注可能的行动计划，并鼓励他为制定这些计划担起责任。请阅读 12.42。

12.42

在制定相关的行动计划后，要对每个行动计划的优点和缺点进行探讨，然后选择出最优计划。

会谈者和来访者已经探讨了四种相关的行动计划。

选择回应，继续对本次会谈中的准备行动阶段进行结构化。

会谈者：　我们已经为实现你的目标选出了四种可能的方法。你可以提前挑选一个女生并在前一天晚上打电话安排一次见面。你可以通过你的朋友邀请一位你认识的女生。你可以在某次下课时随意地邀请你班里的某个女生。或者你邀请一个看起来绝不可能出来和你约会的女生。我们已经讨论了每个计划可能的结果，以及计划本身与你自己价值观的适合程度。从你的角度来看，哪一个选择看起来是最合适的？(请阅读 12.43)

会谈者：　你说如果你通过朋友约会一个女生，你会发现很难邀请她和你一起喝咖啡。看起来你似乎认为这样做会伤害你与朋友的关系。在今天这个时代，这一点看起来已经不合时宜了。在我们进一步讨论之前，或许我们应该考虑一下澄清你的价值观。(请阅读 12.44)

会谈者：　我们已经为实现你的目标选出了四种可能的方法。我们已经讨论了每个计划可能的结果，以及计划本身与你自己价值观的适合程度。从我的经验和你的陈述来看，我认为你应该提前邀请一个女生，并在前一天晚上打电话安排一个约会。(请阅读 12.45)

12.43　**你的回应：**　**我们已经为实现你的目标选出了四种可能的方法。你可以提前挑选一个女生并在前一天晚上打电话安排一次见面。你可以通过你的朋友邀请一位你认识的女生。你可以在某次下课时随意地邀请你班里的某个女生。或者你邀请一个看起来绝不可能出来和你约会的女生。我们已经讨论了每个计划可能的结果，以及计划本身与你自己价值观的适合程度。从你的角度来看，哪一个选择看起来是最合适的？**

正确。在这个结构化回应中，你简短概述了最有可能成功的行动计划。并让来访者选择他觉得最舒服的计划。请阅读 12.46。

260 **12.44 你的回应：** 你说如果你通过朋友约会一个女生，你会发现很难邀请她和你一起喝咖啡。看起来你似乎认为这样做会伤害你与朋友的关系。在今天这个时代，这一点看起来已经不合时宜了。在我们进一步讨论之前，或许我们应该考虑一下澄清你的价值观。

行动计划的制定必须结合来访者心中的价值观。但如果来访者的价值观本身是造成某个问题的原因，你们应该另选时间来思考并界定这个问题，此刻，你应该考虑来访者可以有哪些选择。请回到 12.42，再次选择。

12.45 你的回应： 我们已经为实现你的目标选出了四种可能的方法。我们已经讨论了每个计划可能的结果，以及计划本身与你自己价值观的适合程度。从我的经验和你的陈述来看，我认为你应该提前邀请一个女生，并在前一天晚上打电话安排一个约会。

这个回应让讨论可供选择的方法及其结果变得毫无用处。讨论可供选择的方法的目的是让来访者接触一系列可能的方法，以便他们的目标可以实现，同时也允许来访者选择他们感觉最舒服的方法。当你试图强加给来访者一个解决方案时，你忽略了来访者本人的判断标准和价值观。请回到 12.42，再次选择。

12.46

在采取行动阶段，会谈者帮助来访者执行其选定的行动计划。在计划执行后，会谈双方应该根据为实现目标而建立的标准，判断这个计划成功与否。根据这个判断，他们可能同意修改行动计划或者选择一个更恰当的计划。如果计划成功了，双方则需要进一步考虑：在没有会谈过程作为支撑的情况下，来访者可以用何种方式来延续新的行为。

在前面的会谈中，来访者已经决定，在某次下课时邀请一名女生和他一起去喝咖啡。现在他回来汇报这个行动计划的结果。

来访者：嗯……我做了。我邀请班里最漂亮的女生和我喝咖啡。我尽力了。但是她说没有时间。然后，我又邀请她第二天和我去，她又说了其他一些借口。

选择最恰当的回应。

会谈者：听起来像是一场灾难。我想我们最好去选另外一个计划。（请阅读 12.47）

会谈者：听起来发出邀请这个部分进行的不错，但是其余则不怎么好。为实现你和一个女生一起喝咖啡的这个目标，下一次你打算做什么？（请阅读 12.48）

会谈者：听起来发出邀请这个部分进行得不错。但是你真的期待能够成功地邀请到你们班最漂亮的女生吗？（请阅读 12.49）

12.47 你的回应： 听起来像是一场灾难。我想我们最好去选另外一个计划。

你需要和来访者讨论他实现目标为何失败，以便帮助他判断放弃这个目标是否恰当。这个计划稍微做些调整可能会帮助来访者实现他的目标。来访者应参与决定他需要什么样的计划。请回到 12.46，再次选择。

12.48　**你的回应：**　**听起来发出邀请这个部分进行得不错，但是其余则不怎么好。为实现你和一位女生喝咖啡的目标，下一次你打算做什么？**

正确。这个回应认可了来访者的成功部分，并且鼓励他思考，为实现目标，他能做些什么。请阅读 12.50。

12.49　**你的回应：**　**听起来发出邀请这个部分进行得不错。但是你真的期待能够成功地邀请到你们班最漂亮的女生吗？** 261

你的回应一开始是支持性的，但是接着你表现出对来访者尝试的轻视，这就抵消了你支持性话语的效果。来访者对潜在的约会对象的选择不当或许是造成他不成功的原因。作为会谈者。你应该帮助他认识到这个事实。请回到 12.46，再次选择。

12.50

在会谈的采取行动阶段，来访者可能因为很多原因无法与你合作：他们在选择目标时内心有矛盾冲突；他们可能缺乏实现目标所需要的技巧；他们可能不想改变自己的行为；或者他们在“会谈者—来访者”关系方面有问题。你需要帮助来访者面对并且清除这些实现目标的障碍。

几周过去了，来访者现在常常和女生出去喝咖啡，并且打电话与她们交谈。然而，他还做不到邀请一个女生出去约会，尽管为实现这个目标他已经几次尝试实施行动计划了。

选择最恰当的回应。

会谈者：看起来你要实现这个目标遇到了很大的困难。或许我们暂时应该先做点别的事情。（请阅读 12.51）

会谈者：你想邀请一个女生约会，但是你不能够实现这个目标。你能帮助我理解一下你的困难在哪里吗？（请阅读 12.52）

会谈者：也许你实现目标有困难是因为你对女生的恐惧造成的。你认为是什么原因导致了这种恐惧？（请阅读 12.53）

12.51　**你的回应：**　**看起来你要实现这个目标遇到了很大的困难。或许我们暂时应该先做点别的事情。**

当来访者执行行动计划遇到困难时，你需要帮助他面对并解决这个困难。作为会谈者，你有责任帮助来访者发现困难、探讨困难而不是逃避困难。请回到 12.50，再次选择。

12.52　**你的回应：**　**你想邀请一个女生约会，但是你不能够实现这个目标。你能帮助我理解一下你的困难在哪里吗？**

正确。来访者遭遇了失败，没能实现确定的目标。这个回应让来访者面对失败，并邀请他探索失败的原因。请阅读 12.54。

12.53　**你的回应：**　**也许你实现目标有困难是因为你对女生的恐惧造成的。你认为是什么原因导致了这种恐惧？**

这句话是一个假设，你现有的信息并不能支持这个假设。正如本节内容开始部分所提示的，来访者可能因为一系列原因抵制目标的实现。你本应该面质来访者明显的抵制表现，而不是猜测其背后的原因。此刻，你却在使用面质来请来访者讨论他抵制目标实现的原因。请回到 12.50，再次选择。

12.54

在终止阶段的结构化中，会谈双方要评估来访者实现整体目标的程度。如果双方都同意整体目标已经实现了，那么，就可以讨论终止会谈了。终止阶段有两个重要问题需要考虑：一是帮助来访者认可他在会谈过程中已经取得的成就，二是确认未来任何接触和/或介绍转诊的性质和时间。

自从上次会谈以来，3个月过去了。现在，来访者经常约会，决定学习牙科，已经告诉父母他准备离家去上大学。他们也完全同意了这个想法。选择回应，开启本次会谈的终止阶段。

会谈者：在过去3个月中，你取得了很大的进步。你已经发展了和女生约会的能力。你已经决定学习牙科，你和父母就你未来的计划达成了一致意见。我想我们不需要继续会谈了。我希望你在牙科的学习学业有成。(请阅读12.55)

会谈者：在过去3个月中，你取得了很大的进步。你已经发展了和女生约会的能力。你已经决定学习牙科，你和父母就你未来的计划达成了一致意见。你肯定还有一些我们没有讨论过的问题。我们现在能讨论吗？(请阅读12.56)

会谈者：在过去3个月中，你取得了很大的进步。你已经发展了和女生约会的能力。你已经决定学习牙科，你和父母就你未来的计划达成了一致意见。现在我们已经到了会谈的这个时刻，我在想你是否还有其他的问题要讨论。如果没有了，你觉得我们一起结束我们的会谈怎么样？(请阅读12.57)

12.55 **你的回应：** 在过去3个月中，你取得了很大的进步。你已经发展了和女生约会的能力。你已经决定学习牙科，你和父母就你未来的计划达成了一致意见。我想我们不需要继续会谈了。我希望你在牙科的学习学业有成。

在你终止会谈之前，你需要判断来访者是否还有其他的问题想要讨论。另外，在你结束会谈时，你要清楚的表明，如有需要，来访者可以再次与你联系。请回到12.54，再次选择。

12.56 **你的回应：** 在过去3个月中，你取得了很大的进步。你已经发展了和女生约会的能力。你已经决定学习牙科，你和父母就你未来的计划达成了一致意见。你肯定还有一些我们没有讨论过的问题。我们现在能讨论吗？

来访者用了3个月的时间探索并解决了他的问题。会谈的这个阶段和其他阶段一样，使用开放式而不是命令式的讨论对你和来访者的关系最有利。此刻，你假定来访者还有其他问题，这样做是不合适的。请回到12.54，再次选择。

12.57 **你的回应：** 在过去3个月中，你取得了很大的进步。你已经发展了和女生约会的能力。你已经决定学习牙科，你和父母就你未来的计划达成了一致意见。现在我们已经到了会谈的这个时刻，我在想你是否还有其他的问题要讨论。如果没有了，你觉得我们一起结束我们的会谈怎么样？

正确。这个回应向来访者表明，讨论他可能还没解决的任何其他问题都是合适的。在会谈终止阶段，这个简短的核实是很重要的一个步骤。请阅读12.58。

12.58

终止阶段是一个过程，需要为其做好准备。在会谈过程中，会谈者应该很早就预见到终止阶段的到来。终止阶段包括回顾已经取得的成绩，立足当前展望未来，并承认可预见的任何问题。终止阶段可能会体验到很多情感，包括感激、失落以及与分离和独立相关的问题。会谈者需要帮助来访者开放式地讨论并解决任何与终止阶段相关的情感问题。 263

来访者：我认为我现在取得的成绩远远超过我第一次见你时所希望的。我想感谢你对我所有的帮助。我会怀念与你一起讨论事情的时光，但是我认为现在到了该让我解决自己问题的时候了。你已经给我展示了很多种应对问题的方法。只是我需要记得使用它们。

选择回应，继续完成会谈的终止阶段。

会谈者：真的不是我；你才是做了所有这一切的那个人。这些本来也都可能会发生。我相信，当问题到来时候，你能够独立解决问题，再也没有什么困难了。（请阅读 12.59）

会谈者：非常感谢你这么说。愉快的会谈要结束总有点困难，但是很高兴听到你讲起已经取得的那么多进步。你很努力实现自己的目标，发展新的技能，也意识到这一切能在未来你有疑惑的时候帮助你。（请阅读 12.60）

会谈者：我的大部分来访者都做得不错，我希望你也一样。你认为你可能会忘记如何处理问题，对此我一点也不担心。真正让你焦虑的是什么？我们能谈谈吗？（请阅读 12.61）

12.59　**你的回应：**

真的不是我；你才是做了所有这一切的那个人。这些本来也都可能会发生。我相信，当问题到来时候，你能够独立解决问题，再也没有什么困难了。

在来访者感谢你的时候，认可他们的感谢是很重要的。来访者在尝试开放地讨论终止会谈这个话题，而你的回应否定了他的尝试。请回到 12.58，再次选择。

12.60　**你的回应：**

非常感谢你这么说。愉快的会谈要结束总有点困难，但是很高兴听到你讲起已经取得的那么多进步。你很努力实现自己的目标，发展新的技能，也意识到这一切能在未来你有疑惑的时候帮助你。

正确。这个回应支持了来访者的成就感并且在帮助来访者讨论终止会谈的问题。请阅读 12.62。

12.61　**你的回应：**

我的大部分来访者都做得不错，我希望你也一样。你认为你可能会忘记如何处理问题，对此我一点也不担心。真正让你焦虑的是什么？我们能谈谈吗？

在会谈终止阶段，会谈者的任务是帮助来访者回顾已经取得的成绩并且解决终止阶段出现的问题。来访者谈了自己取得的进步和未来的设想，你的回应偏离了他这些陈述的内容，在会谈即将圆满结束时再次开启了讨论。请回到 12.58，再次选择。

12.62

在终止与来访者的关系时，会谈者强调来访者的进步和独立性相当重要。有些会谈者把说“再见”称为是一个机会，一个可以将新学到的技能运用于实践的机会，从而重构了分离的经历。 264

在来访者应该终止会谈的时候，新手会谈者常常会产生多种情绪感受。这种情况的出现有许多原因，如：

- 不确定来访者是否已经有独立行动的能力。
- 担心来访者是否已经取得足够的进步。
- 怀疑自己专业工作的成效。
- 失去和来访者的会谈关系。
- 认为来访者可能会取得更多的成绩。

重要的一点要记住：会谈终止阶段开始的时候，就是到了要回顾会谈初始目标并庆祝来访者成功的时候。

▶ 关于结构化的最后几点想法

记住，在使用结构化技巧时，你必须保持灵活性。结构化为会谈提供了目标和方向，让来访者和会谈者能够明确会谈的具体结果，并为这些结果而努力。由于来访者呈现给你的决定和问题是多种多样的，你在使用这一技巧时必须保持灵活。有时，某些阶段并不需要结构化。而另一些时候，结构化必须用在每一个阶段，并可能会持续相当长的时期。在有些情况下，你会发现两个阶段能够结合在一起形成一个自然的整体。本章各小节的设计是为了举例说明重要阶段的结构化过程。对来访者进行会谈时，在每个阶段是否使用这个技巧取决于来访者问题的性质。有时，前期阶段需要重复使用结构化技巧。随着时间的推移和经验的增长，你将能够自信、自如地用结构化回应来帮助来访者。

▶ 文化考量

1. 作为一个群体，北美原住民的文化背景也各不相同。在部落内部及部落之间存在大量的文化差异。与北美原住民会谈时，要成为高效的会谈者，请阅读下列建议：

a. 了解来访者遵守的传统文化方式和价值观。

b. 对来访者的价值观和信仰表现出真诚的兴趣和尊重。

c. 为会谈过程提供结构化和方向。

d. 认识到言辞温和、避免直接眼神接触会被倾听的一方认为是对他人，尤其是对长者和权威人士表达尊敬的方式。

e. 注意到幽默是北美原住民文化所接受的特色。

f. 如有可能，尽量寻求允许，并经常表达感谢。

g. 不要打断别人的话，要给对方足够的时间思考，要有耐心。

h. 注意到沉默对于沟通过程的价值。

i. 避免直接提问，使用描述性的话语。

j. 认识到使用隐喻和形象化描述的价值。

k. 不要将来访者个人身份和他/她与部落群体的从属关系和精神信仰分开。

2. 面对来自其他文化的来访者，有效运用结构化技巧需要会谈者在帮助来访者 265
界定目标和制定行动计划时与来访者的生活经历和文化价值观保持一致。

3. 当与来自某些文化的来访者做会谈时，比如会谈的对象是北美原住民群体，会谈者最重要的是要从实际出发，处理当务之急，在结构化过程中扮演更积极的角色。

12.63

你是美国中西部某大学咨询中心的员工。因为篮球吉祥物“Wampum”的事情，学校的气氛现在很紧张。“Wampum”自古以来就是原住民传统中自豪的源泉。但同时，它又常常被描绘成一个卡通人物，和克里夫兰原住民棒球队现在的吉祥物有点类似。美国原住民社区及其支持者已经开始积极地抗议使用这个带有侮辱性质的吉祥物。

谭迪·耶律豪斯是这个抗议运动的领导人。他和他的朋友们受到了学生的骚扰，最近他的汽车轮胎也被划破了。因为这些事情，谭迪的成绩下滑。经教授推荐，他来到咨询中心。

会谈缓慢地开始了。

会谈者：谭迪，进来吧。很高兴见到你。

来访者：谢谢。（眼睛看着地面；不再说话）

会谈者：我知道，你来自玫瑰花蕾保留地。

来访者：嗯。（沉默）

选择最恰当的回应。

会谈者：（暂停）你的成绩一直在下降，我们不希望看到你的学业出问题。哈里斯教授想让我和你谈一下。给我讲讲你这个学期遇到些什么事情吧。（请阅读12.64）

会谈者：最近学校里遇到些困难。我已经知道整个学校都因为“Wampum”而心烦意乱。这肯定让你很生气，或许也让你不能相信我。你对过来和我会谈有什么看法？（请阅读12.65）

会谈者：最近学校里遇到些困难。我在学校的报纸上读到关于你的事情。你做了很多事情，我很荣幸你花时间过来和我见面。（停了一下——谭迪抬头瞥了一眼会谈者，但是仍然没有正面回应）我在想我能帮你做些什么……我知道你能到这个办公室里来并不容易。我知道哈里斯教授让你过来是因为这个学期你的成绩下滑了。我们怎样合作才能对你有用呢？（请阅读12.66）

12.64　你的回应：　（暂停）你的成绩一直在下降，我们不希望看到你的学业出问题。哈里斯教授想让我和你谈一下。给我讲讲你这个学期遇到些什么事情吧。

你在会谈中的一次沉默之后不需要再次暂停。很显然，会谈者觉得不舒服，想要“说点什么”。会谈者没做任何铺垫就立刻开始工作，想当然地以为谭迪已经为会谈做好了准备。会谈者的做法表明他对跨文化情境基本不理解。了解并参与校园或社区里的各种文化群体是相当重要的。请回到 12.63，再次选择。

266 **12.65　你的回应：**　最近学校里遇到些困难。我已经知道整个学校都因为“Wampum”而心烦意乱。这肯定让你很生气，或许也让你不能相信我。你对过来和我会谈有什么看法？

会谈者表现出更多的跨文化意识，并认识到需要在会谈早期就着手处理这方面的事情。他对校园不安定情况的评述是非常恰当的，因为这些话语显示出会谈者知道一些事情。毫无疑问，这些事情正在给谭迪造成麻烦。将谭迪的情绪解读为愤怒可能是正确的，但是谭迪没有给出任何明确的信息来证实这一点。这么早就提出对方可能会不信任你或许是准确的，但是还是进展得太快了。你首先应该为初始会谈建立某种会谈关系。而直接问对方“你对过来和我会谈有什么看法？”在文化上也是不恰当的。请回到 12.63，再次选择。

12.66　你的回应：　最近学校里遇到些困难。我在学校的报纸上读到关于你的事情。你做了很多事情，我很荣幸你花时间过来和我见面。（停了一下——谭迪抬头瞥了一眼会谈者，但是仍然没有正面回应）我在想我能帮你做些什么……我知道你能到这个办公室里来并不容易。我知道哈里斯教授让你过来是因为这个学期你的成绩下滑了。我们怎样合作才能对你有用呢？

会谈者谈到了校园不安定事件，然后让谭迪明白，他知道谭迪正在做什么，正在经历什么。会谈者说谭迪的到访让他觉得很荣幸，表现出对来访者的尊重，承认谭迪是一个领导者并且认可了他做的事情。在会谈者说这些内容的那一刻，谭迪抬头看了一眼，仍然没说什么。在短暂停顿之后，会谈者意识到谭迪可能感觉不舒服，所以询问如何才能够帮助他，并接着谈论谭迪来此的原因。最后一句话在性质上是平等的，关注双方如何就谭迪想要探索的任何问题进行共同的努力。在会谈关系中，这样做给来访者更多的权力，并再次表现出对来访者来说至关重要的尊重。在跨文化关系和会谈中，尊重是特别重要的。

参考资料

Brammer, R. (2004). *Diversity in counseling*. Belmont, CA: Thomson.

France, M. H., Rodriguez, M. Del C., & Hett, G. G. (Eds.). (2004). *Diversity, culture and counselling*. Calgary, AB: Detselig Enterprises.

Garrett, J. T., & Garrett, M. W. (1998). The path of good medicine: Understanding and counseling Native American Indians. In D. R. Atkinson, G. Martin, & D. Sue (Eds.), *Counseling American minorities* (5th ed., pp. 183–198). Boston: McGraw-Hill.

Pedersen, P., Draguns, J. B., Lonner, W. J., & Trimble, J. E. (Eds.). (2002). *Counseling across cultures* (5th ed.). Thousand Oaks, CA: Sage.

Sue D. W., & Sue, D. (2003). *Counseling the culturally diverse: Theory and practice* (4th ed.). New York: Wiley.

▶ 伦理考量

267

尽管来访者可以不需要理由在任何时候选择终止会谈进程，但是会谈者不能突然终止会谈服务。因为会谈者和来访者之间的关系性质特殊，在终止给来访者提供服务时，会谈者要遵守某些程序。下面综合性的内容是和终止与来访者关系有关的各种专业规定。

终止会谈

1. 当不再需要会谈服务或会谈服务不能满足来访者的需求或利益时，会谈者终止向来访者提供服务。

2. 在受到来访者或与来访者相关的其他人的威胁或危害时，会谈者可以终止专业服务。

3. 在终止服务之前，会谈者要和来访者讨论终止服务事项，并推荐其他合适的会谈服务提供者。

4. 如果会谈者不能够提供专业帮助，他或她应该帮助来访者获取恰当的专业服务。如果来访者拒绝转介，会谈者可以终止服务关系。

5. 在没有做出合理安排，让另一个服务提供者为来访者继续提供会谈服务的情况下，会谈者不能放弃或者忽略来访者。

12.67

你是当地专科学校咨询中心的咨询实习生，实习期为一个学期。本学期在三周后即将结束，你需要结束你的个案。你现在的来访者是即将毕业的学生，面临申请专升本还是找工作的抉择。上周，他最终决定申请专升本。

会谈者：上周你决定申请专升本，你能告诉我上周以来发生的事情吗？

来访者：（用激动的音调）是这样的，我去了大学的招生办公室，申请读本科三年级和几个奖学金。昨天我收到一封信说，只要在今年学年结束时，我的平均分数达到3.0，我就可以被录取了。他们还说我可以得到一笔小额的奖学金，并且给我寄来了学生贷款和校园工作的申请材料。

会谈者：对你来说，看来各种事情都解决了，你对你未来的计划感到很激动。你似乎已经实现决定明年要做什么这一会谈目标。你已经开始根据这一决定继续前行。还有别的事情我能帮到你吗？

来访者： 没有了。我想你做得非常出色，帮助我厘清了我未来要做什么。我要为此谢谢你。

选择最恰当的回应。

会谈者： 谢谢。那么我想这是我们最后一次会谈。祝你今年的学习和未来的本科学习都能一帆风顺！（请阅读 12.68）

会谈者： 谢谢，跟你打个招呼，在你本学年结束之前，如果有任何事情，我们都欢迎你来中心。下个学期我不在中心。但是新招的秘书会为你做安排，可以和其他人进行会谈。祝你今年的学习和未来的本科学习都能一帆风顺！（请阅读 12.69）

会谈者： 谢谢你。跟你打个招呼，我下学期不在这里了，因为我的任期就要结束了。希望你下个学期学习和本科学习一切顺利。（请阅读 12.70）

12.68 **你的回应：** **谢谢。那么我想这是我们最后一次会谈。祝你今年的学习和未来的本科学习都能一帆风顺！**

这个回应是合适的，但是你没有提醒来访者在这学期结束后你将不再在这里工作。你也没有告知来访者，如果他下学期需要帮助的话，你为他可以继续接受会谈服务已经做出了安排。请回到 12.67，再次选择。

12.69 **你的回应：** **谢谢，跟你打个招呼，在你本学年结束之前，如果有任何事情，我们都欢迎你来中心。下个学期我不在中心。但是新招的秘书会为你做安排，可以和其他人进行会谈。祝你今年的学习和未来的本科学习都能一帆风顺！**

正确。你已经提醒来访者这学期结束后你将不再在这里工作，你也提醒了他，如果他需要咨询中心的进一步的帮助，他应该怎么做。

12.70 **你的回应：** **谢谢你。跟你打个招呼，我下学期不在这里了，因为我的任期就要结束了。希望你下个学期学习和本科学习一切顺利。**

这个回应是合适的，你已经提醒了来访者在这学期结束后你将不再在这里工作。但是，你并没有告知来访者，如果他下学期需要帮助的话，你为他可以继续接受会谈服务已经做出了安排。请回到 12.67，再次选择。

文献来源

American Association for Marriage and Family Therapy. (2015). *Code of Ethics*. Standard I 1.9, 1.10, 1.11 (p. 3).

American Association of Pastoral Counselors. (2012). *AAPC Code of Ethics*. Principle III A. and D.

American Counseling Association. (2014). *ACA Code of Ethics*. A.11. a. to d. (p. 6).

American Psychological Association. (2010). *Ethical Principles of Psychologists and Code of Conduct*. 10.10 a. to c. (p. 14).

American Speech-Language-Hearing Association. (2014). *Code of Ethics*. Principle I, Rule I. and R. (p. 2).

National Association of Social Workers. (2014). *Code of Ethics*. 1.16(a.-f.) (p. 9).

Stromberg, C. D., Haggarty, D. J., Liebenluft, R. F., McMillan, M. H., Mishkin, B., Rubin, B. L., et al. (1988). *The psychologist's legal handbook* (Section 8.24, pp. 493–495). Washington, DC: National Register of Health Service Psychologists.

▶ 复习问题 269

判断下列陈述是否正确：

1. 对来访者问题的准确界定形成于界定问题阶段。
2. 会谈者尽快为来访者的问题提供解决方法是很重要的。
3. 会谈者应该总是鼓励来访者首先处理他们最容易解决的问题。
4. 一旦明确来访者的问题，就应该为每个问题制定行动计划。
5. 会谈目标难以制定常常是因为问题界定得不好以及来访者不肯改变。
6. 在准备行动阶段，来访者应承担最大的责任。
7. 最恰当的行动计划是最能吸引来访者的那个计划。
8. 会谈者是确定会谈终止时间的最好评判者。
9. 所有来访者都应该经历会谈的每个阶段。

答案见本章结束处。

▶ 记忆要点：结构化技巧

1. 使用结构化：

a. 来启动或结束会谈阶段。

b. 有利于保持某个阶段的目标。

c. 来为来访者提供关于会谈方向的信息。

2. 在进行结构化时：

a. 通过陈述阶段目标来开始一个新的会谈阶段，然后确定来访者参与的意愿(进行核实)

b. 使用前面学到的技巧来促进某阶段目标的达成。

c. 回顾已经取得的成绩并且确认来访者是否同意目标已经达成，从而结束一个会谈阶段。

▶ 12.1 活动单元

和另外两个已经阅读过本章内容的人一起，进行简短会谈的角色扮演。你们轮流扮演来访者、会谈者和观察者的角色。使用录音/录像设备对每次简短会谈进行记录。本练习中的简短会谈需要 10～15 个会谈者回应。你可能希望按照本章使用的方法，即，来访者或会谈者讲述在回应之间发生的事情以便会谈者可以练习下一种结构化回应。

会谈者角色 在简短会谈中，和来访者一起练习使用结构化回应。

270 **来访者角色** 和会谈者合作，促进会谈的进展，以便会谈者能够练习使用结构化的技巧。你可以扮演一个有问题需要解决的朋友或者家人，也可以扮演下列角色之一：

1. 某人，必须换职业，但害怕参加要求的再就业培训。

2. 丈夫或妻子，刚刚分居，对未来感到害怕、迷茫。

3. 某人，刚得知父/母亲(父母双亲中有一位已经去世)得了慢性病。对于如何赡养和照顾父/母亲的事情必须做一些决定。

4. 某学生，已经确定自己所学专业不合适，但不知道该学其他什么专业。

观察者角色 操作录音/录像设备，完成会谈练习检查表。(见表 12.2)。

表 12.2 会谈练习检查表

活　　动	会谈练习 1		会谈练习 2	
	是	否	是	否
1. 会谈开始阶段的结构化。				
a. 保持恰当的眼神接触。				
b. 表现出放松的专业态度。				
c. 给予清晰的介绍。				
d. 使用开放式提问。				
e. 其他________。				
2. 达成探索阶段的目标				
a. 开始工作关系。				
b. 发现来访者的问题。				
c. 其他________。				
3. 实现从探索阶段到问题界定阶段的过渡。				
a. 概述探索阶段的内容。				

（续表）

活　　动	会谈练习 1		会谈练习 2	
	是	否	是	否
b. 指出问题界定阶段的目标。				
c. 进行核实。				
4. 达成界定问题阶段的目标。				
a. 形成重点更加突出、更有帮助性的关系。				
b. 对问题进行具体界定。				
5. 实现从界定问题阶段到问题优先性排序阶段的过渡。 271				
a. 总结界定问题阶段。				
b. 指出问题优先性排序阶段的目标。				
c. 进行核实。				
6. 达成问题优先性排序阶段的目标。				
a. 保持有帮助性的会谈关系。				
b. 评估进一步行动的需要。				
c. 确定问题解决的优先顺序。				
7. 实现从问题优先性排序阶段到制定目标阶段的过渡。				
a. 概述问题优先性排序阶段。				
b. 指出制定目标阶段的目标。				
c. 进行核实。				
8. 达成制定目标阶段的目标。				
a. 保持有帮助性的会谈关系。				
b. 将问题重新定义为目标。				
c. 如有需要，制定子目标。				
9. 实现从制定目标阶段到准备行动阶段的过渡。				
a. 概述制定目标阶段。				
b. 指出准备行动阶段的目标。				
c. 进行核实。				
10. 达成准备行动阶段的目标。				
a. 保持有帮助性的会谈关系。				
b. 认可来访者在制定行动计划中的责任。				
c. 为每个目标制定行动计划。				
d. 讨论每个行动计划的优点。				
e. 选择最优计划。				
11. 实现从准备行动阶段到采取行动阶段的过渡。				
a. 概述行动准备阶段。				

（续表）

活　动	会谈练习 1		会谈练习 2	
	是	否	是	否
b. 指出行动阶段的目标。 c. 进行核实。 12. 达成行动阶段的目标。 a. 保持有帮助性的会谈关系。 b. 执行最优行动计划。 c. 为独立行动做计划。 13. 会谈终止阶段的结构化。 a. 在终止阶段支持来访者。 b. 商讨终止阶段。 c. 如果需要，会谈关系为再次会谈保持开放。				

会谈后讨论　参与者使用会谈记录和会谈练习检查表的数据，讨论会谈者的表现。所有的参与者都要从讨论中学习，讨论应该是客观的，既要关注有效的回应，也要关注不太有效的回应，并鼓励所有人改善会谈表现。

272
▶ 12.2　活动单元

使用**活动单元** 12.1 中的会谈记录或者其他会谈练习的录音/录像记录，在下面"原来的回应"的空格处写下这些练习中的会谈回应。然后，做出更好的回应替代它们，写在"更好的回应"的空格处。

原来的回应 1____

____

____

更好的回应____

____

____

原来的回应 2____

____

____

更好的回应________________

原来的回应 3________________

更好的回应________________

原来的回应 4________________

更好的回应________________

原来的回应 5________________

更好的回应________________

▶ 12.3　活动单元

小组练习

1. 选择一名志愿者扮演来访者，按照**活动单元** 12.1 中来访者的角色要求做。

2. 组成一个/几个小组，小组成员轮流或自愿扮演会谈者；按照会谈者角色的要求做，尽可能地做出回应。

3. 使用会谈练习检查表作为参考，讨论回应的有效性。

记住，本活动对所有人而言都是一次小组学习经历，讨论应该是非评价性的，相互鼓励的。还要记住，你是在学习新的行为，学习不是瞬间能完成的。显性或隐性的练习是必要的。

▶ 复习问题答案

1. 正确。如果你的答案是“错误”，请回到 12.13 复习。
2. 错误。如果你的答案是“正确”，请回到 12.5 复习。
3. 错误。如果你的答案是“正确”，请回到 12.21 复习。
4. 错误。如果你的答案是“正确”，请回到 12.25 复习。
5. 正确。如果你的答案是“错误”，请回到 12.30 复习。
6. 正确。如果你的答案是“错误”，请回到 12.38 复习。
7. 错误。如果你的答案是“正确”，请回到 12.42 复习。
8. 错误。如果你的答案是“正确”，请回到 12.54 复习。
9. 错误。如果你的答案是“正确”，请回到 12.58 复习。

如果你的回应中有六个及以上的答案不正确，你应该回到 12.1，复习本章内容。

第十三章

征求合作

本章旨在帮助你通过使用已经学习过的技巧来征求合作。当新手会谈者遇 275
到不合作的来访者时，他们可能会迷惑、生气、内疚或沮丧，在会谈中失去了方向。新手会谈者的回应方式常常没有效果，例如，尽力去安慰来访者，变得不耐烦或怀有敌意，进行权力(利)斗争，或尽力让自己与来访者保持距离。**征求合作**(enlisting cooperation)的技巧会帮助会谈者认识造成来访者不合作的潜在问题，并帮助会谈者发展技巧解决这些问题。帮助来访者合作是一个既可能简单也可能非常复杂的任务。并非所有表现出抵触的来访者都会对会谈者征求合作的努力做出回应，不管会谈者的技巧有多娴熟。然而，探索阶段、澄清阶段和行动阶段的技巧还是可以有效地用于帮助来访者，让他们在会谈过程感觉更舒服，抵触更少。学完本章后，你将能够：

1. 识别来访者什么时候表现出抵触或者不合作。
2. 识别来访者产生**抵触**(resistance)的原因。
3. 使用本书呈现的技巧征求合作。 276
4. 帮助来访者从一个改变阶段走向另一个阶段。

所有的心理会谈理论都在讨论征求合作的重要性。用于描述不合作的术语很多，包括抵触，**不愿意**(reluctance)，不舒服，**不服从**(noncompliance)以及模棱两可。其中，**抵触**或**不愿意**是最常用来对来访者或会谈者的行为进行描述的术语，这种抵触或不愿意的行为妨碍或降低了整个会谈或会谈某一阶段取得成功的可能。在应对抵触或不愿意时，会谈者的目标是征求或者恢复来访者的合作。

难以获得来访者合作有很多原因。虽然这些困难在会谈的任何阶段都可能出现，但最多出现在探索阶段，其次是在行动阶段和终止阶段。来访者以多种形式表现其不合作，造成这种现象的原因也很多。表 13.1 中列出了可能造成来访者抵触的原因。

在会谈过程中，来访者迟早都会经历困难。识别合作方面的困难是一个个人判断的问题，即对会谈者、来访者行为的性质以及来访者行为发生的情境进行判断。会谈者应避免做出不成熟的判断，认为来访者在会谈过程中的某次特定行为就代表他不肯合作，但是会谈者应该知道，如果来访者这一行为屡次出现，那么就的确暗示了合作方面的问题。高效会谈者不会因为不合作而感到惊讶，他们也不会对此做出个人层面的反应。相反，在努力实现会谈目标的过程中，他们会使用本书中的技巧来征求来访者的合作。

本章各小节内容既相互独立，又**排列有序（sequential）**，以便展示出来访者可能不合作的一系列情境。本章内容还包括使用征求合作技巧来帮助来访者从一个会谈部分／阶段转向下一个会谈部分／阶段。

277 *表 13.1　来访者的抵触行为：来源和原因*

抵触来源		抵触原因
来访者	能力	没有参与会谈需要的知识或技巧
		不理解会谈的目的
	情感	因需要帮助或支持而产生的羞耻感或觉得尴尬
		消极倾向或者悲观想法
		害怕会谈关系
		不喜欢会谈者
		对于讨论个人信息感到焦虑
		对于无法掌控会谈讨论的性质和方向而感到焦虑
		害怕面对与讨论主题相关的情感
		威胁到独立
		保持叛逆立场的重要性
		害怕改变
	动机	对他人的忠诚
		不愿面对因改变产生的混乱
		不愿意按要求做出改变
		缺乏和会谈者见面的动机

(续表)

抵触来源	抵 触 原 因
	把针对要求其接受会谈机构(法庭、公司等)的怨恨转移到会谈者身上
	认为没必要会谈或者认为接受会谈表现出了软弱(男性)
	本人与系统(如法庭、工作单位、家庭)的目标不同
	以前有会谈不成功的经历,不抱希望
会谈者	(文化的或个人的)价值观不符合来访者的价值观
	有来访者担心的个人特征(年龄、种族、性别、外貌、会谈风格)
	不能提供来访者要求的保密水平
	过度控制会谈
环境	不能为想要的改变提供支持
	支持不改变
	文化传统不支持外人的干预
	文化规则暗示寻求帮助是弱者行为
	缺少经济支持
	来访者家人反对其做出改变
多重因素决定	有时不合作的部分原因是会谈者、来访者和环境等因素共同造成的

13.1

来访者用多种方式展示在会谈过程中遇到的困难。会谈者可以通过观察来访者给出信息的数量和类型来识别这些困难。有些来访者可能以限制沟通信息数量的方式来回应会谈,另一些来访者则可能是给予过多信息,让会谈者应接不暇。

会谈者: (高中学校的咨询师,和一名 15 岁的学生进行会谈,该学生总是迟到,不能完成作业)你刚才说你恨学校。你能告诉我你恨学校什么吗?

选择回应,表明来访者不合作的方式是控制分享的信息量。

来访者: 我父亲说我不需要再去那里。他 14 岁辍学,他过得也挺好。(请阅读 13.2)

来访者: 我发现学习太难。我尽力做作业,但是看起来根本不能进步。(请阅读 13.3)

来访者: 我不知道。我就是恨学校。(请阅读 13.4)

13.2 你的回应: 我父亲说我不需要再去那里。他 14 岁辍学,他过得也挺好。 278

尽管来访者没有用与问题直接相关的信息来回应会谈者,但是来访者提供了相关信息来说明造成他在学校学习困难的可能原因,表现出了与会谈者合作的尝试。请回到 13.1,再次选择。

13.3 你的回应: 我发现学习太难。我尽力做作业,但是看起来我根本不能进步。

在这个回应中,来访者提供的信息可以让会谈继续进行下去。这个回应既没有限制讨论,也没有用太多的信息让会谈者不知所措。请回到 13.1,再次选择。

13.4　**你的回应：**　我不知道。我就是恨学校。

正确。来访者回应了会谈者的开放式问题，但没有提供额外信息，表现出他不愿意参与会谈。请阅读 13.5。

13.5

在心理会谈中，来访者表现出抵触的另一种方式是限制或控制正在讨论的内容，其方式包括：说话时可能东扯西拉；不太确定想从会谈中得到什么；讨论选定话题时不断重复，**内容肤浅**(superficial)或者知识性太强；一直表现出因无法摆脱过去的情感而抓不住现在会谈的重点。

会谈者：（一名医疗社会工作者，在与一名即将出院的来访者会谈）你的医生将你转诊给我，以便我能帮助你制定出院计划。对于做这个计划来说，让我知道你是否有家人或朋友很重要。你能跟我谈谈你家里的情况吗？

选择回应，展示因来访者控制会谈内容而造成的不合作。

来访者：今天我的后背非常酸痛。我一整夜都没睡着。我根本都不能入睡。护士根本不管我。我现在还很痛。我需要和我的医生讲话。（请阅读 13.6）

来访者：（坐着，沉默，避免眼神接触，不回应）（请阅读 13.7）

来访者：我不知道我该怎么办。我一个人生活。我房子里有很多楼梯，我住在市郊。（请阅读 13.8）

13.6　**你的回应：**　今天我的后背非常酸痛。我一整夜都没睡着。我根本都不能入睡。护士根本不管我。我现在还很痛。我需要和我的医生讲话。

正确。来访者在讨论出院计划以及应对会谈者问询的时候不愿意合作，其主要表现为：回避话题，不断重复讨论身体症状。请阅读 13.9。

13.7　**你的回应：**　（坐着，沉默，避免眼神接触，不回应）

来访者不合作，但是这种不合作表现为限制信息量而不是控制会谈内容。请回到 13.5，再次选择。

13.8　**你的回应：**　我不知道我该怎么办。我一个人生活。我房子里有很多楼梯，我住在市郊。

来访者是合作的，也回应了会谈者的开放式问题，提供了重要信息。请回到 13.5，再次选择。

---

279 **13.9**

来访者可以在向会谈者沟通信息的方式上表现出不合作。来访者可能表现出厌倦，过度幽默或**好开玩笑**(facetious)，回应时带有性诱惑，讨好或指责会谈者，或者是挑起争吵。他们可能会责备别人，做自我辩护，贬低一个话题的重要性，或者将重要信息留至会谈结束时再说。

会谈者：（一名人力资源咨询师，会谈一个未来的员工）我现在想转变一下讨论的重点。你能告诉我你前一份工作的情况吗？

选择回应，展示因来访者回应方式而表现出的不合作。

来访者：我前一份工作是在一家石油公司。他们在全世界有控股石油公司。最近几年，石油成本上涨很快，利润也增长很快。（请阅读 13.10）

来访者：我前一份工作是在一家石油公司。我是区域销售经理，监管八个部门的 120 名员工。因此，我总是在路途上花很多时间。（请阅读 13.11）

来访者：我对你的会谈风格很满意。你提供了很多的支持，提出的问题很好。我很乐意与你一起工作。（请阅读 13.12）

13.10　你的回应： **我前一份工作是在一家石油公司。他们在全世界有控股石油公司。最近几年,石油成本上涨很快,利润也增长很快。**

在这个回应中,来访者控制了会谈的内容,讲述的是公司而不是需要回答的个人信息。不合作是通过控制内容而不是通过回应方式实现的。请回到 13.9,再次选择。

13.11　你的回应： **我前一份工作是在一家石油公司。我是区域销售经理,监管八个部门的 120 名员工。因此,我总是在路途上花很多时间。**

在这个回应中,来访者与会谈者合作,分享了关于前一份工作的信息,这让会谈能继续进行下去。请回到 13.9,再次选择。

13.12　你的回应： **我对你的会谈风格很满意。你提供了很多的支持,提出的问题很好。我很乐意与你一起工作。**

正确。来访者不是直接回应会谈者的提问,而是使用了一种特别的回应方式,讨好会谈者,这会分散会谈者的注意力,让其偏离所需要的信息。请阅读 13.13。

13.13

来访者表现出不合作的最后一种方式是不能履行与会谈者达成的正式或非正式约定。来访者可能不参加会谈,迟到,要求延长时间,过早终止会谈,要求得到个人好处,或者用其他的方式打扰会谈者。

会谈者：(结束与一名来访者的会谈,来访者在本次及其他几次会谈时都迟到)我们已经讨论并处理了你这周急切要解决的问题。不巧的是,我们今天会谈结束的时间到了。

选择回应,展示因来访者未能遵守与会谈者的约定而表现出的不合作。

来访者：很抱歉我迟到了。我知道你现在还有一个会谈。下周我会准时的。到那时,我所有的客人都走了。(请阅读 13.14)

来访者：很抱歉我迟到了。我还不能走。我还有很多事情需要讨论,这些事情不能拖到下一周。你肯定能给我再找点时间。(请阅读 13.15)

来访者：很抱歉我迟到了。这真是倒霉的一天。我发现有客人时我很难准时。下次我会把时间管理得更好一些。(请阅读 13.16)

13.14　你的回应： **很抱歉我迟到了。我知道你现在还有一个会谈。下周我会准时的。到** 280
那时,我所有的客人都走了。

这个合作性的回应表现出来访者对会谈者的角色以及会谈约定的理解。请回到 13.13,再次选择。

13.15　你的回应： **很抱歉我迟到了。我还不能走。我还有很多事情需要讨论,这些事情不能拖到下一周。你肯定能给我再找点时间。**

正确。来访者没有遵守与会谈者达成的关于会谈时间的正式或者非正式约定,表现出不合作。请阅读 13.17。

13.16　你的回应： **很抱歉我迟到了。这真是倒霉的一天。我发现有客人时我很难准时。下次我会把时间管理得更好一些。**

这个合作性的回应表现出来访者认识到自己有责任遵守会谈协议中的约定。请回 13.13,再次选择。

13.17

在会谈的早期阶段，来访者在分享信息方面遇到困难的情况并不少见。直到会谈者征求到来访者的合作，解决了造成来访者不适感的根源，双方才有可能真正专注于会谈目标。

下面这一系列对话聚焦于会谈的早期阶段。年轻的非洲裔美国女性咨询师正在和年长的白人男性来访者进行会谈。为了找工作，该男子来到就业中心寻求帮助。

来访者：(有点儿生气)我失业快一年了，这是我找到工作的最后希望。我想尽了办法。我最终找到这里，却被指派给你。我看不出来你能怎么帮我。我确信，你不用回到家里就见老婆和三个十几岁的孩子，全都想要他们朋友拥有的东西。

选择最恰当的回应。

会谈者：你失业快一年了，你需要一份工作。你能告诉我你在找什么样的工作吗？(请阅读 13.18)

会谈者：你提到了你的妻子和孩子。在这段时间里，他们是如何帮助你的？(请阅读 13.19)

会谈者：你听起来真的很沮丧，似乎来这里之前你抱有很大的希望，但是现在你没有那么肯定了。(请阅读 13.20)

13.18　**你的反应：**　**你失业快一年了，你需要一份工作。你能告诉我你在找什么样的工作吗？**

对于被指派给你做会谈的这个结果，来访者表现出难以接受和愤愤不平。只有你在对这两点进行讨论之后，你对来访者问题的关注才可能成功。请回到 13.17，再次选择。

13.19　**你的反应：**　**你提到了你的妻子和孩子。在这段时间里，他们是如何帮助你的？**

尽管来访者提到他的妻子和家人是他努力找工作的额外压力，但是讨论他们给他的帮助与他在会谈中表现出来的愤怒抵触并无关联。识别抵触的源头并对其加以解决才能够让会谈继续下去。请回到 13.17，再次选择。

281　13.20　**你的反应：**　**你听起来真的很沮丧，似乎来这里之前你抱有很大的希望，但是现在你没有那么肯定了。**

正确。你注意到来访者不愿意和你讨论他的问题并使用了这个即时化回应。在你们能一起着手解决他的问题之前，你需要先征求他的合作。请阅读 13.21。

13.21

在会谈情境中，当来访者觉得不舒服时，常常会问些关于会谈及会谈过程的问题。会谈者恰当使用信息提供技巧能够帮助来访者放松，进行合作。

来访者：我看不出来你能怎样帮助我。我在建筑工地上做机械操作员二十年了。我看不出来你对那个工作有什么了解。

会谈者：你认为我对你找到一份工作不会有任何帮助。

来访者：你是黑人，年轻又成功。你可能从来都没有失业过。你怎么能帮助我呢？

选择最恰当的回应。

会谈者：你已经看出我们之间的许多不同。这些可能会有影响。我们要在会谈过程中评估这一点。至于我能否给你提供帮助……在这个中心，我们使用一种“问题解决”的工作模式，该模式能否有用取决于你提供的信息和我对你可利用资源的了解。在过去五年中，我的工作专门就是为将人们安置到建筑行业。(请阅读 13.22)

会谈者：你已经注意到我们之间的很多不同。你可能对我是黑人、年轻又成功这一点感到不安。在我们国家，是黑人女性并不是成功的保证，我们都知道这一点。我必须非常努力才能到达我现在的位置。我确信自己能帮助你。(请阅读 13.23)

会谈者：我们之间有很多不同，但是我认为它们和你的问题无关。如果你不愿意帮助你自己，我也帮不了你多少……现在我们看一下需要什么信息。(请阅读 13.24)

13.22 **你的回应：** 你已经看出我们之间的许多不同。这些可能会有影响。我们要在会谈过程中评估这一点。至于我能否给你提供帮助……在这个中心，我们使用一种“问题解决”的工作模式，该模式能否有用取决于你提供的信息和我对你可利用资源的了解。在过去五年中，我的工作专门就是为将人们安置到建筑行业。

正确。在这个回应中，你承认并接受了来访者不愿意参与会谈的合理性，并且给他提供信息，告诉他关于你帮助他找工作的过程以及你有能力可以帮助到他。请阅读 12.25。

13.23 **你的回应：** 你已经注意到我们之间的很多不同。你可能对我是黑人、年轻又成功这一点感到不安。在我们国家，是黑人女性并不是成功的保证，我们都知道这一点。我必须非常努力才能到达我现在的位置。我确信自己能帮助你。

这个回应识别出来访者不愿意参与会谈的原因，为来访者提供了信息。然而会谈者变得有防御心理，提供的信息对应的是她自己的反应，而不是来访者关心的事情。这个回应很难获得他的合作。请回到 13.21，再次选择。

13.24 **你的回应：** 我们之间有很多不同，但是我认为它们和你的问题无关。如果你不愿意帮助你自己，我也帮不了你多少……现在我们看一下需要什么信息。 282

尽管你已正确地识别了来访者的不适感和抵触的源头，但是你没有重视来访者的抵触，还责备他愿意不合作，你因此切断了解决来访者抵触问题的所有可能。通过给来访者提供信息，对其问题进行回应，你可能会**缓解**(diffuse)来访者部分的不情愿感，得到他的合作。请回到 13.21，再次选择。

13.25

当会谈者帮助来访者探讨其参与会谈时的不适感时，来访者和会谈者之间会形成一种信任。然后，会谈者就可以使用更多行动导向技巧，包括温和的面质、结构化、重构等，以此来解决来访者的抵触，征求他的合作。为了说明可以使用多种方式来解决抵触问题，在本节内容中，正确的回应不止一个。

来访者：嗯，这可能有点用……我还是没把握。我从来没跟女人合作过。在工地上工作，你根本看不到女人，只有男人。发现自己和女人一起工作，我感觉有点奇怪。

选择最恰当的回应。

会谈者：在你失业快一年之后，你仍然有精力、有动力去面对问题，比如和女人一起工作这样的问题，这点就很好。这种精力对于寻找合适的工作会很有用。（请阅读 13.26）

会谈者：你发现自己进退两难。一方面你找工作需要帮助，另一方面你又感到和一名女性一起工作完全不适应。决定是否和我一起会谈，这一点不容易。（请阅读 13.27）

会谈者：新的经历，比如和女性一起工作这样的经历，让人感觉起来有点怪，特别刚好又处于找工作对你而言如此重要的时候。（请阅读 13.28）

13.26　你的回应： 在你失业快一年之后，你仍然有精力、有动力去面对问题，比如和女人一起工作这样的问题，这点就很好。这种精力对于寻找合适的工作会很有用。

正确。抵触可以被视为一种有生命力的迹象。用这种不同的视角看待来访者的抵触，并把看到的结果呈现给来访者看，这样便能够让他在实现目标时也能学会用这个视角看问题。

本节中会谈者的另外两个回应呈现了获取来访者合作的其他方式。在进一步学习之前你可能也想学习它们。请阅读 13.29。

13.27　你的回应： 你发现自己进退两难。一方面你找工作需要帮助，另一方面你又感到和一名女性一起工作完全不适应。决定是否和我一起会谈，这一点不容易。

正确。综合地使用反映和温和的面质这两个技巧将来访者的注意力聚焦于他当前的行为，并鼓励他寻求办法去解决他的抵触问题。

本节中会谈者的另外两个回应呈现了获取来访者合作的其他方式。在进一步学习之前你可能也想学习它们。请阅读 13.29。

---

283 **13.28　你的回应：** 新的经历，比如和女性一起工作这样的经历，让人感觉起来有点怪，特别刚好又处于找工作对你而言如此重要的时候。

正确。这个概述同时聚焦于来访者的抵触与他所求助的问题，这将帮助他决定：他是想花更多的时间来处理与一名女性合作时的不适感，还是继续往下走去解决他的失业问题。

本节中会谈者的另外两个回应呈现了获取来访者合作的其他方式。在进一步学习之前你可能也想学习它们。请阅读 13.29。

13.29

在本章中，到目前为止，你已经学习了识别来访者的抵触或不愿意，也学习了使用单项技巧和综合技巧来征求来访者的合作。此外，你可以使用一般的会谈策略——对探索阶段、澄清阶段和行动阶段进行结构化——当来访者在这些阶段遇到合作困难时帮助他们。如果来访者很不愿意参与会谈，那就很有可能会妨碍会谈取得任何成功的结果。此时，结构化技巧就特别重要，因为它让来访者能参与实现与解决他们的抵触问题有关的每个行动目标。

为了有助于说明如何将结构化技巧应用于解决抵触问题，表 13.2 将对所举范例进行概述，该范例将在本章下个序列的小节中使用。这些小节的内容围绕一个 32 岁的家长展开，这位家长被发现体罚一名 5 岁的孩子。法庭要求这个家长定期和一名儿童护理人员见面。如表 13.2 所示，来访者有待解决的抵触领域不止一个。下面的小节仅仅关注了其中一个问题。

在第一次会谈中，会谈者和来访者识别了来访者不愿意参与会谈的问题。他们同意在处理来访者虐待行为之前，先考虑不愿意参与会谈的问题。现在，他们已经到了探索阶段结束的时刻。

来访者：不管我多么努力，我就是无法克制地害怕法律，担心它会对我和孩子做些什么。

选择最恰当的结构化回应。

会谈者：既然我们知道你在担心什么，我想我们可以先回到你照顾孩子的问题上。你同意这样做吗？（请阅读 13.30）

会谈者：你已经认识到，你与我见面的主要问题之一是你害怕法律。我们来详细讨论这一点，并具体看看你害怕的是什么。你愿意讨论这一点吗？（请阅读 13.31）

会谈者：你已经认识到，你与我见面的主要问题之一是你害怕法律。或许你能够建议一些方法让我们来解决这个问题。你愿意讨论这个问题吗？（请阅读 13.32）

13.30 **你的回应：** 既然我们知道你在担心什么，我想我们可以先回到你照顾孩子的问题上。你同意这样做吗？

除非你和来访者已经对前面阶段进行了结构化，现已通过行动成功解决来访者不愿意参与会谈的问题，否则你们就不可能共同合作来学习照顾孩子的新方式。在这个回应中，你过早地回到了照顾孩子的问题上，而此时来访者不愿意参与会谈的问题还没有得到解决。请回到 13.29，再次选择。

13.31 **你的回应：** 你已经认识到，你与我见面的主要问题之一是你害怕法律。我们来详细讨论这一点，并具体看看你害怕的是什么。你愿意讨论这一点吗？ 284

正确。这个结构化回应让来访者可以对问题做出更加具体的界定，正是这个问题导致了来访者难以参与会谈。请阅读 12.33。

13.32 **你的回应：** 你已经认识到，你与我见面的主要问题之一是你害怕法律。或许你能够建议一些方法让我们来解决这个问题。你愿意讨论这个问题吗？

这个回应邀请来访者参与会谈，但是过快地进入了问题解决的行动阶段。在制定行动计划之前，来访者和会谈者需要对问题做出更加具体的界定，并确定与其相关的可实现的目标。请回到 13.29，再次选择。

表 13.2 举例：运用结构化技巧解决来访者不合作的情况时，每个会谈阶段的结果

会谈阶段	举例说明会谈结果
探索阶段	来访者说害怕法庭体制
	来访者说对已经发生的事情感到羞耻
界定问题阶段	来访者认识到自己不想失去孩子的事实
	来访者得出结论：已经发生的事情违背了孩子不应该被虐待的个人价值观
问题优先性排序阶段	害怕失去孩子，因为会谈者会将信息提供给法庭
	理性解释已经发生事情的价值
制定目标阶段	保留孩子的监护权，继续参与会谈过程
	赞成价值观，并用其防止未来的虐待行为
准备行动阶段	和法庭重新商谈来访者/会谈者协议以便提供更大的保密性
	在会谈过程后期，讨论照顾孩子的问题时，聚焦于来访者对虐待孩子问题所持的价值观
采取行动阶段	向法庭请求派一名儿童护理人员监管虐待行为，另外派一名咨询师帮助来访者学习照顾孩子的技巧

13.33

在问题优先性排序阶段，来访者已经发现自己担心的一个具体问题：可能失去孩子的监护权，因为儿童护理人员要定期向法院汇报。解决这个担心看起来具有紧急优先权。

来访者：我同意。只要你必须将所有内容向法庭汇报，我就不愿意讨论我的孩子或我自己。

选择最恰当的结构化回应。

会谈者：既然我们已经对你的主要困难达成一致意见，现在我们要做的重要一步是把这个困难重新表述成一种目标。你认为什么是我们可以合作实现的合理目标？（请阅读 13.34）

会谈者：既然我们已经对你的困难达成一致意见，我想很重要的一点是你要理解我们俩都别无选择。（请阅读 13.35）

会谈者：既然我们都知道了问题是什么，你应该知道，只要我们定期见面而你保持努力，我就能帮助你，递交一份好看的报告。你觉得这样合理吗？（请阅读 13.36）

285 13.34 **你的回应：** **既然我们已经对你的主要困难达成一致意见，现在我们要做的重要一步是把这个困难重新表述成一种目标。你认为什么是我们可以合作实现的合理目标？**

正确。这个结构化回应让会谈从问题优先性排序阶段进展到制定目标阶段。要达成你和来访者一致赞同并努力实现的这个目标，需要在整个制定目标阶段有效使用你的会谈技巧。表 13.2 中“制定目标阶段”说明了可能的目标。请阅读 11.37。

13.35　**你的回应：**　既然我们已经对你的困难达成一致意见，我想很重要的一点是你要理解我们俩都别无选择。

这个回应对事实做了不正确的陈述。所有的来访者，甚至非自愿的来访者，对于他们是否参与治疗都有选择权，即使他们可能不喜欢选择的结果。这里很重要的一点是，当来访者觉得好像他们受到了法律的、道德的或心理方面的逼迫时，会谈者要帮助他们制定目标来应对并解决抵触问题。请回到 13.33，再次选择。

13.36　**你的回应：**　既然我们都知道了问题是什么，你应该知道，只要我们定期见面而你保持努力，我就能帮助你，递交一份好看的报告。你觉得这样合理吗？

你试图用这个回应强制来访者并安抚她参与会谈。这并不能帮助来访者制定解决抵触问题的目标。请回到 13.33，再次选择。

13.37

在制定目标阶段，来访者与会谈者在讨论后认为，对来访者而言，合理的目标是既保住对孩子的抚养权，又要参与会谈过程。来访者与会谈者讨论了很多行动计划的优点，一个合适的行动计划正在浮现。

来访者：我喜欢和你一起做会谈，但是如果你必须一直要去法院汇报，那么我更愿意和别人讨论我的日常问题。

选择最恰当的结构化回应。

会谈者：看起来我们都同意，在我汇报儿童虐待问题时，我应该和法院核实你是否能在照顾孩子的问题上与另外一个咨询师做会谈。你觉得不能够同时在这两个问题上和我做会谈，我对此有点儿沮丧，也有点不解。（请阅读 13.38）

会谈者：看起来我们都同意，在我汇报儿童虐待问题时，我应该和法院核实你是否能在照顾孩子的问题上与另外一个咨询师做会谈。你应该意识到，不是所有的儿童护理员都能同意这样做。（请阅读 13.39）

会谈者：看起来我们都同意，在我汇报儿童虐待问题时，我应该和法院核实你是否能在照顾孩子的问题上与另外一个咨询师做会谈。如果你同意这一点，我会向法院申请。（请阅读 13.40）

13.38　**你的回应：**　看起来我们都同意，在我汇报儿童虐待问题时，我应该和法院核实你是否能在照顾孩子的问题上与另外一个咨询师做会谈。你觉得不能够同时在这两个问题上和我做会谈，我对此有点儿沮丧，也有点不解。

你的最后一句话表明，在解决来访者抵触问题的过程中，你不能管理好自己的情绪。你不是去帮助来访者和你合作，而是向来访者施加压力，这会导致来访者的抵触加强。请回到 13.37，再次选择。

13.39　**你的回应：**　看起来我们都同意，在我汇报儿童虐待问题时，我应该和法院核实你是否能在照顾孩子的问题上与另外一个咨询师做会谈。你应该意识到，不是所有的儿童护理员都能同意这样做。 286

你在回应的前面部分概述了你和来访者制订的计划，帮助解决来访者不愿意参与的问题。然而，你最后一句陈述反映了这个计划让你感到困难、不舒服。除非你能面对并解决你自己的不适感，否则就很可能阻碍来访者的进展。请回到 13.37，再次选择。

13.40 你的回应： 看起来我们都同意，在我汇报儿童虐待问题时，我应该和法院核实你是否能在照顾孩子的问题上与另外一个咨询师做会谈。如果你同意这一点，我会向法庭申请。

正确。在这个结构化回应中，你概述了在行动准备阶段得出的结论，并邀请来访者执行这个计划。请阅读 11.41。

13.41

在来访者已经感受过信任和理解之后，来访者在终止会谈阶段表现出不舒服和不愿意的情况并不少见。高效的会谈者在解决这种不适感时能够理解并支持来访者。

这名儿童护理员已经通知来访者说，法庭决定接受他们提议的计划，让不同的工作人员来分别处理儿童照料问题和儿童虐待问题。本次会谈安排讨论这个决定，现在会谈正在接近尾声。

来访者：我不确定我们做的安排是不是最好的。我越来越习惯法院知道一切的这个想法……或许这个不重要了。我也慢慢习惯和你做会谈。我怎么样才能够去认识另外一个工作人员呢？

选择最恰当的回应。

会谈者：尽管我代表法庭来给你做会谈，但是你逐渐信任我了。或许我们能够再安排一下，以便你能够继续和我会谈。（请阅读 13.42）

会谈者：你逐渐信任我了。你现在在想，处理我们的会谈要对法院公开的这个问题是不是比不得不学习信任另一个人要更好一些。（请阅读 13.43）

会谈者：看起来你的想法改变了很多。我不可能在处理这些事情时和法院变来变去。你到底想要什么？（请阅读 13.44）

13.42 你的回应： 尽管我代表法庭来给你做会谈，但是你逐渐信任我了。或许我们能够再安排一下，以便你能够继续和我会谈。

尽管这个结果可能会加强你此刻的自信心，但从长期来看，来访者的抵触与你的双重责任是关联的，因此未来会再次浮现。既然双方同意的计划是合理的，你应该在尝试按原计划执行后，再考虑其他的计划选项。你需要面对来访者对终止会谈的抵触，并与她一起努力促进她与新的会谈者合作。请回到 13.41，再次选择。

13.43 你的回应： 你逐渐信任我了。你现在在想，处理我们的会谈要对法院公开的这个问题是不是比不得不学习信任另一个人要更好一些。

正确。你这里对来访者因终止会谈而感到的担心进行概述，这会帮助来访者处理因结束与你建立的会谈关系而造成的不适感。随着与保密性相关的抵触问题得以解决，来访者能够继续和新的会谈者讨论照顾孩子的困难。请阅读 11.45。

287 13.44 你的回应： 看起来你的想法改变了很多。我不可能在处理这些事情时和法院变来变去。你到底想要什么？

来访者已经表达了对终止会谈感到不舒服，这在会谈者提供了有效帮助的情况下并不少见。你表达的沮丧不能帮助解决来访者不愿意和新的会谈者合作的问题。在这个会谈过程的结束阶段，来访者需要理解和支持，以便能顺利过渡，去和另一位儿童护理员进行会谈。请回到 13.41，再次选择。

13.45

所有的来访者对会谈过程都会感到某种程度的不愿意和不舒服，这很正常。来访者参与会谈时会倍感压力，不管他（她）是自愿的还是非自愿的，是自己寻求会谈还是被强制会谈，是自己需要还是被要求参与，情况都是如此。甚至非常有动力的来访者也会抵触讨论某些话题。高效的会谈者会接受这种情况，使用在前面章节中学习的技巧，帮助来访者处理与这种不适感相关的情感，但不会给予不成熟的建议和虚假的安慰。

最近，我们已经看到，个人在生活中做出改变时要经历五个阶段。来访者来做会谈时可能正处于这五个阶段中的任何一个。识别来访者所处的阶段可以让会谈者能更有效的征求来访者的合作。表 13.3 中列出了改变的阶段，每一阶段对合作的挑战以及对每一阶段有用的目标与方法。

表 13.3　行为改变的五个阶段，合作面临的挑战，每个阶段的目标和方法

阶　　段	合作面临的挑战	每个阶段的目标和方法
前意向阶段：来访者不知道自己有问题；来访者知道有问题但不打算采取任何行动；或者来访者觉得别人改变行为后就能解决问题。	来访者不相信自己有问题。来参加会谈是因为他们有压力，其他人或机构要求他们寻求帮助。	通过鼓励来访者并与其讨论改变的基本依据和改变的积极作用，帮助来访者承认问题。
意向阶段：来访者开始承认他们自己有问题，但是仍然没有下定决心采取任何行动。处理这个问题的方法尚未形成。	来访者没有看到改变的紧迫性。他们明白需要做出改变，但是不相信自己也要参与解决问题。来访者常常在权衡改变的获益和付出的代价。	通过让来访者了解改变的过程，在质疑改变的不利因素的同时强调改变的益处，帮助来访者从问题讨论阶段走向解决问题的准备阶段。
准备行动阶段：来访者决定实现目标，积极制定行动计划。	来访者在制定可行的行动计划或从计划转向行动时有困难。	帮助来访者制定可行的行动计划，确保思考并评估过所有备选的行动方案。
采取行动阶段：来访者执行行动计划。	来访者无法执行行动计划，要么由于计划过于简单或过于复杂；要么由于不能根据自己的实际需要修改计划步骤。	帮助来访者使用学习过的技巧启动行动计划，监督计划的执行，并按要求修改计划。
保持阶段：来访者积极行动，巩固在采取行动阶段做出的改变。	来访者不能维持在行动阶段做出的改变。	帮助来访者建立一个计划以便让他们能够巩固已经做出的改变。

行为改变的阶段基于普拉查斯卡和迪克莱门特（Prochaska & DiClemente, 1984）的研究。

下一个序列的内容用于说明如何使用征求合作技巧来帮助来访者经历改变的每一个阶段。下面的小节聚焦于一名心理学家与一名金融机构高级经理之间的系列会谈。这名经理被转诊过来，因为他最近得了一次心脏病，一名**心脏病专家**(cardiologist)要求他改变自己的生活方式。来访者在做首次会谈时处于前意向阶段，这一点并不少见。因此，在首次会谈中，会谈目标常常是帮助来访者认识到有问题存在。

来访者：(愤怒的眼神，音调升高)我不知道为什么心脏病专家让我来见你。在再次出乱子之前，我必须回去工作。我没有时间浪费在看心理专家上。

选择最恰当的回应。

会谈者：我理解，对你而言，回去工作有多么重要，但是你这么专注于工作，对你而言不是好事。在生活中，你需要其他的兴趣。(请阅读13.46)

会谈者：不要担心你为什么来这里。我相信如果你能够接受这个转诊，你会对结果感到惊讶的。(请阅读13.47)

会谈者：听起来好像你是被迫到这里来，你也因此很生气。或许如果我们先谈一下你为什么会被转诊来这里，也许会有帮助。(请阅读13.48)

13.46 **你的回应：** 我理解，对你而言，回去工作有多么重要，但是你这么专注于工作，对你而言不是好事。在生活中，你需要其他的兴趣。

这个回应没有识别出来访者的情绪反应以及不愿意参与会谈的问题。会谈者根据对来访者生活方式的假设给出了建议，这个假设也许对也许不对。来访者回应时可能情绪更大，更加不愿意，因此，不能走出前意向阶段。请回到13.45，再次选择。

13.47 **你的回应：** 不要担心你为什么来这里。我相信如果你能够接受这个转诊，你会对结果感到惊讶的。

尽管你的经验可能会证明你说的是对的，但是，这对说服来访者相信和你会谈有好处没什么作用。你需要帮助来访者理解这个转诊的原因。请回到13.45，再次选择。

---

288 13.48 **你的回应：** 听起来好像你是被迫到这里来，你也因此很生气。或许如果我们先谈一下你为什么会被转诊来这里，也许会有帮助。

正确。通过使用内容反映和情感反映，你既承认了来访者不愿意参与会谈，也为来访者提供了支持，让其可以探索和处理与转诊相关的不适感。你的回应也给来访者提供了一个机会去思考这个转诊可能是有原因的。这将帮助来访者走出前意向阶段。请阅11.49。

13.49

当来访者不愿意或者不合作时，会谈者可能会经历意想不到的情感，包括迷惑、恐慌、敌视和拒绝。在会谈过程中任何一个阶段，特别是前意向阶段，管理这些情绪并关注来访者的抵触问题，对于会谈的成功很重要。

来访者：我当然生气了。我在这里是和你浪费时间。我得的是心脏病，不是脑袋有病。有什么理由让我来见你？

289 选择最恰当的回应。

会谈者：你的心脏病专家做了这个转诊决定。如果你不高兴来这里，你应该做其他安排。(请阅读13.50)

会谈者：你对转诊感到心烦，但是让我来回答你的问题，心脏有问题的人常常可以通过检查并改变生活方式而改善他们的健康状况。（请阅读 13.51）

会谈者：我发现和有心脏病的来访者一起工作很让人沮丧。你根本就不合作，你想的全是你没问题。（请阅读 13.52）

13.50　**你的回应：** 你的心脏病专家做了这个转诊决定。如果你不高兴来这里，你应该做其他安排。

在处理前意向阶段的抵触问题时，会谈者要意识到，来访者的回应可能引起自己意想不到的情绪。会谈者应该继续关注来访者，提防自己会说一些进一步强化来访者抵触情绪的话，这对会谈双方都没有帮助。请回到 13.49，再次选择。

13.51　**你的回应：** 你对转诊感到心烦，但是让我来回答你的问题，心脏有问题的人常常可以通过检查并改变生活方式而改善他们的健康状况。

正确。你提供了支持并鼓励来访者考虑这次转诊的好处。通过提供信息，你鼓励来访者走出前意向阶段，进入意向阶段。请阅读 11.53。

13.52　**你的回应：** 我发现和有心脏病的来访者一起工作很让人沮丧。你根本就不合作，你想的全是你没问题。

这个情感的表达对你而言是不恰当的，它可能会让你平静，但是没有尊重来访者的情感，对于解决来访者的抵触问题没有什么帮助。请回到 13.49，再次选择。

13.53

在会谈的某个特定阶段，不合作并不表明来访者没有积极性。高效的会谈者明白，抵触行为能够为来访者提供自我保护，也能让来访者的日常生活保持连续性。会谈者必须做的不是去责备来访者，而是有技巧地帮助来访者解决这些问题。会谈者通过这种方式能够建立一种合作的氛围，来访者也因此可以从一个会谈阶段走向下一个阶段。

来访者：我可能听起来在生气，但我不是生你的气。我只是不知道该怎么去处理所有的工作任务。我已经住院三周了，医生说我只能兼职工作，又要我来见你。我想应该要做出改变。但是我不太确定我能做多少改变，除非其他的事情都解决了。

选择最恰当的回应。

会谈者：突然生病让你的生活发生了很多改变。想到可能还有更多的改变，你觉得不知所措……这一切太难以承受了！（请阅读 13.54）

会谈者：尽管你生病了，也带来了很多麻烦，你看起来不太乐意做出任何改变来防止未来可能出现的问题。（请阅读 13.55）

会谈者：听起来好像不管我多么努力，我们都不可能取得多少进展，因为你太担心工作中的问题了。（请阅读 13.56）

13.54　**你的回应：** 突然生病让你的生活发生了很多改变。想到可能还有更多的改变，你觉得不知所措……这一切太难以承受了！ 290

正确。这个概述将会谈内容聚焦于导致来访者抵触会谈的源头，这些话让来访者明白你能够理解他不愿合作的原因，有利于讨论来访者做出改变所面临的困难，从而帮助他朝意向阶段前进一步。请阅读 13.57。

13.55 **你的回应：** 尽管你生病了，也带来了很多麻烦，你看起来不太乐意做出任何改变来防止未来可能出现的问题。

这种挑战在会谈晚些时候可能是合适的，然而在会谈早期，这样做对来访者提供的帮助或鼓励很少。此时，来访者要处理自己对改变的抵触情绪。请回到 13.53，再次选择。

13.56 **你的回应：** 听起来好像不管我多么努力，我们都不可能取得多少进展，因为你太担心工作中的问题了。

来访者已经经历了许多生活上的突然改变。来访者正在对现在和未来的改变可能造成的问题，表达着自己的不适感和不安。责备来访者在会谈中没有取得进展会造成来访者的疏远，使其不能朝着意向阶段前进。请回到 13.53，再次选择。

13.57

在意向阶段，来访者开始承认他们有问题要去面对，但是对于做出改变，他们表现出模棱两可或者是不愿意。在这个阶段，为了征求来访者的合作，会谈者要使用已经学习过的技巧鼓励来访者思考在生活中做出改变的益处。当来访者准备对一个问题采取行动而遇到困难时，面质和提供信息这类行动导向的技巧可以用来挑战他们的模棱两可。

现在，会谈者和来访者已经会谈过两次了，两次会谈的场合不同。在这次会谈中，来访者讨论了自己转诊和繁忙生活方式的原因。

来访者：自从来见你之后，我已经意识到我需要改变我的生活方式，包括我的许多工作职责，但是在我回去做全职工作之前，我什么也干不了。他们一直在问我什么时候能够回去全职工作。

选择最恰当的回应。

会谈者：这个想法很好。我相信只要你处理了堆积在你办公桌上的所有工作，你就会觉得压力小多了。（请阅读 13.58）

会谈者：我有点儿不能理解。一方面，你说你已经意识到在生活中做出改变的必要性，但是另一方面，你又说你希望尽快回去做全职工作。你能帮我理解这一点吗？（请阅读 13.59）

会谈者：我发现当我需要在生活中做出改变时，很重要的一件事是清理我的办公桌，找点时间充分思考这些改变。（请阅读 13.60）

13.58 **你的回应：** 这个想法很好。我相信只要你处理了堆积在你办公桌上的所有工作，你就会觉得压力小多了。

你的回应强化了导致来访者心脏问题的行为。你的任务是帮助来访者下决心做出改变，准备建立新的行为，选择更加健康的生活方式。请回到 13.57，再次选择。

---

291 13.59 **你的回应：** 我有点儿不能理解。一方面，你说你已经意识到在生活中做出改变的必要性，但是另一方面，你又说你希望尽快回去全职工作。你能帮我理解这一点吗？

正确。来访者现在已经认识到需要做出改变,但是表现出缺少决心真去这么做。你已经通过识别出来访者目标中的不一致向来访者发起了挑战,让他思考自己回应中的内在模棱两可,即,口头的改变需求与在改变优先顺序上延迟行动的决定。这会帮助来访者聚焦于更需要即刻完成的行动。请阅读 13.61。

13.60 **你的回应:** 我发现当我需要在生活中做出改变时,很重要的一件事是清理我的办公桌,找点时间充分思考这些改变。

这种自我表露会支持来访者的立场,对专注于此刻优先要做的改变,包括考虑目前许多工作职责的重要性,没有什么作用。此刻,会谈者重点要做的是使用习得的技巧帮助来访者在近期重点关注:改变优先要做的工作的顺序,以及改变生活方式。请回到 13.57,再次选择。

13.61

在准备行动阶段,来访者决定要实现某个目标,并积极计划要采取的行动。有些来访者可能会在制定可行的行动计划时遇到困难,而另一些来访者可能在执行计划时遇到困难。

来访者:如我所料,回去做全职工作就是自找麻烦。或许,更为重要的是重新安排我优先要做什么,并考虑我当前工作中某些事情到底是否重要。但我不知道如何下手。

选择最恰当的回应。

会谈者:从你不喜欢做的那些事情或者给你带来压力最大的事情开始做,怎么样?(请阅读 13.62)

会谈者:决定要做某件事但是不知道从哪里开始的时候,会让人不知所措,也会引起焦虑。也许我们应该谈谈你的焦虑。(请阅读 13.63)

会谈者:嗯,很多人发现有效的做法是写出实现目标的多种方式,评估这些方式,然后选择最可能有效的策略。我在想这一点是否对你有用。(请阅读 13.64)

13.62 **你的回应:** 从你不喜欢做的那些事情或者给你带来压力最大的事情开始做,怎么样?

如果你能让来访者为重新安排生活制定一个可行的计划,而不是由你来给出来访者未经评估的想法,来访者才能够得到最大的帮助。教会来访者为行动做好准备是一项重要的技能。请回到 13.61,再次选择。

13.63 **你的回应:** 决定要做某件事但是不知道从哪里开始的时候,会让人不知所措,也会引起焦虑。也许我们应该谈谈你的焦虑。

如果来访者对去制定行动计划表现出焦虑,这个情感反映就是恰当的。这里来访者表示了有兴趣做下去,只是不知道怎么去做。请回到 13.61,再次选择。

13.64 **你的回应:** 嗯,很多人发现有效的做法是写出实现目标的多种方式,评估这些方式,然后选择最可能有效的策略。我在想这一点是否对你有用。 292

正确。这个信息提供式回应为来访者提供了制定行动计划的必要信息。来访者和会谈者可以一起来制定、挑选并评估来访者要在行动阶段实施的策略。请阅读 13.65。

13.65

在行动阶段，来访者采取行动是为了实现他们的目标。很多人获得了成功，而有些人则需要情感支持和帮助来修改他们的计划。继续使用学习过的技巧能够让你在这个阶段帮助来访者。

来访者和会谈者已经讨论了许多行动计划，在对每一个计划仔细评估之后，来访者决定采取下列行动：

- 此时不回去做全职工作。
- 工作时，将任务分配给同事。
- 参加心脏病人的锻炼计划。
- 减少控制权。
- 安排一些放松休闲活动。

一周过去了。现在，会谈者和来访者在回顾行动计划的实施进展情况。

来访者：整个一周，我都在尽力做我们上次会谈时决定做的事情，但是我对这个计划考虑越多，就有越多的事情要做。我将工作中的一些任务分配给其他人，但是仅此而已。我对我的进展不太满意。

选择最恰当的回应。

会谈者：你在非常努力执行这个计划。你在工作方面取得了一些成功，但是发现很难执行你为自己制定的全部任务。这些是你设定的大目标。你觉得再设立一些子目标或确定一些优先要做的事情怎么样？(请阅读 13.66)

会谈者：你似乎对实现目标取得的进展很不满意。当你不能实现目标时，你是不是一直对自己很严厉？(请阅读 13.67)

会谈者：我非常高兴听到你说你非常努力，在工作方面取得了成功。重要的是你要继续尝试。我相信到下一周你就能够在其他目标上取得成功了。(请阅读 13.68)

13.66 你的回应： 你在非常努力执行这个计划。你在工作方面取得了一些成功，但是发现很难执行你为自己制定的全部任务。这些是你设定的大目标。你觉得再设立一些子目标或确定一些优先要做的事情怎么样？

正确。在这个回应中，你使用了情感反映、内容反映和开放式问题，帮助来访者考虑修改行动计划。你的回应让来访者能设定一系列步骤去实现整体目标，并让来访者能加强合作，实现改变。请阅读 13.69。

13.67 你的回应： 你似乎对实现目标取得的进展很不满意。当你不能实现目标时，你是不是一直对自己很严厉？

在这个时间点上，聚焦于来访者的情感不太可能有作用。这是个关于对过去失败时会产生何种情绪的封闭式问题，不太可能帮助来访者修改行动计划，取得成功。请回到 13.65，再次选择。

---

293 **13.68 你的回应：** 我非常高兴听到你说你非常努力，在工作方面取得了成功。重要的是你要继续尝试。我相信到下一周你就能够在其他目标上取得成功了。

来访者已经告诉你，他在实现共同达成的目标过程中遇到了困难，也告诉你因为计划不成功，他自己很不满意。在这个阶段，你的任务是帮助来访者修改行动计划的步骤，让来访者获得成功。请回到 13.65，再次选择。

13.69

尽管对于来访者而言，在生活中做出改变常常是困难的，但是成功改变所带来的回报也是让人非常满意的。或许对一些来访者而言，维持他们已经做出的改变则更加困难。一些来访者在维持现有的变化上没有任何困难，而另一些来访者则可能要求你帮助他们制定策略才可以做到这一点。

几次会谈后，来访者已经明确了要在行动阶段做出的改变。来访者继续兼职工作，开始将任务分配给其他人，经常锻炼，参加一些放松活动。有时，来访者发现将新任务分配给其他同事有困难，他更倾向于保持对这些任务的全部掌控。

来访者：我很高兴我能够在生活中做出这些改变；然而，我仍然很难将工作分配给其他人。新任务常常是有挑战性的，我觉得不愿意把这些任务交给其他人，他们可能不像我这样高效，或者可能对其他工作伙伴的职业生涯造成危害。

选择最恰当的回应。

会谈者：你在实现你的目标方面取得了很好的进展。或许我们现在可以终止我们的会谈，三个月后再来回顾一下你的状况。到那时你可能已经成功实现了你的全部目标。（请阅读 13.70）

会谈者：非常高兴听到你已经确立并保持了你计划中的大部分新行为。将有价值的任务分配给其他人看起来很困难，这将一直是你要处理的难题。你认为将新任务分配给其他人的时候，怎么做能够让你觉得更舒服一些？（请阅读 13.71）

会谈者：你实现了你大部分目标，取得了很好的进展。然而，我在想是什么让你认为你比其他人在工作中更有效率呢？（请阅读 13.72）

13.70　**你的回应：**　你在实现你的目标方面取得了很好的进展。或许我们现在可以终止我们的会谈，三个月后再来回顾一下你的状况。到那时你可能已经成功实现了你的全部目标。

这个结构化回应表明，你已经决定忽视来访者在做一个重要改变时遇到的困难。你重点要做的不是忽略这个困难，而是帮助来访者制订计划，维持将新任务分配给其他人的这个做法。请回到 13.69，再次选择。

13.71　**你的回应：**　非常高兴听到你已经确立并保持了你计划中的大部分新行为。将有价值的任务分配给其他人看起来很困难，这将一直是你要处理的难题。你认为将新任务分配给其他人的时候，怎么做能够让你觉得更舒服一些？

正确。你的情感反映和内容反映支持了来访者已经做出的改变。这个开放式问题可以让来访者讨论他在改变中很难处理的一个方面。在改变过程的这个阶段，你重点要做的是维持来访者已经做出的改变。来访者和会谈者现在要继续去制定计划，保持来访者分配任务的能力。请阅读 13.73。

13.72　**你的回应：**　你实现了你大部分目标，取得了很好的进展。然而，我在想是什么让你认为你比其他人在工作中更有效率呢？ 294

这个回应为会谈提供了一个有趣的方向，但是其表达方式可能被来访者认为是负面的。当来访者感到被会谈者轻视的时候，他们就不太可能配合完成本阶段的任务，即，发展策略来维持新行为。请回到 13.69，再次选择。

13.73

接受会谈时，每个人都会经历某种不愿意、抵触和不适应。在生活过程中，我们都会形成一些偏见和价值观，导致了对会谈本能的抵触行为。高效的会谈者意识到导致这些抵触行为的可能源头，用支持性、创造性的工作来解决这些源头问题。有强烈抵触情绪的来访者对会谈者来说是一种特别的挑战。高效的会谈者要谨慎，不要和来访者争吵，要尽力将抵触问题转变成有利因素。尽管使用本章教授的技巧会帮助会谈者面对大多数有抵触情绪的来访者，但是有强烈抵触情绪的来访者可能需要高级会谈和/或者干预技巧的帮助。

294

▶ 文化考量

1. 单一的描述无法囊括非洲裔美国人文化的全部内容。他们人口众多，具有多样性。然而有一些建议可以用于增加为这个文化群体提供会谈的有效性，但是，正如一直强调的那样，我们必须要对每一位来访者的独特性保持敏感。

2. 我们要对至少四个最重要的因素保持敏感，它们影响了非洲裔美国人经常关注的内容：

a. 对种族压迫的反应。

b. 主流文化的冲击。

c. 非洲裔美国人文化的冲击。

d. 个人经历和能力。

3. 下面这些在家庭治疗中对非洲裔美国来访者保持文化敏感性的补充策略对于一般性会谈也有效：

a. 了解他们的历史和当前经历。

b. 认识到你个人的价值观和文化可能和非洲裔美国人有什么样的不同，认识到你个人的视角会如何影响你会谈的方式。

c. 在制定目标的过程中，考虑来访者的价值体系，特别是精神信仰、家庭和教会等内容。

d. 非洲裔美国人的家庭规范有所不同，这一点可能是对压力的正常适应，对此要保持敏感并予以接受。

e. 学习并接受非洲裔美国人的英语。

f. 学习对来访者的种族身份保持敏感并适应它，不要被那种身份威胁(记住，你也有自己的种族身份)。

4. 认识到来访者产生抵触的原因因文化而异，与来访者文化适应水平一致。

5. 在征求合作时，讨论文化和文化适应问题很重要。

13.74

你是佐治亚州亚特兰大市某中心的志愿者，主要工作是帮助退伍老兵解决他们回归平民生活时所面临的众多问题。你受训并非为了在会谈时要做咨询，而是要支持、帮助老兵解决实际问题。

马尔科姆·史密斯，48岁，非洲裔美国人，服役28年。他升至上士，承担了很多的职责。你25岁，与马尔科姆种族不同。你刚开始攻读人际关系专业硕士。你很聪明，承认了你们两人之间的年龄差异，但他看上去仍然有抵触情绪，不愿与你一起会谈。

来访者：好的，我已经说了，你比我年轻，没有什么经验。你怎么能帮助我呢？

选择最恰当的回应。

会谈者：嗯，马尔科姆。我来这里有四个月了，已经帮助好几个人找到工作。给我一个机会，我们一起看看情况会怎样发展。(请阅读13.75)

会谈者：史密斯先生，你的生活经历比我丰富。我能理解，你在顾虑是否有必要和我讨论。我已经研究过亚特兰大市的就业市场，成功地帮助几个大龄的老兵找到了好工作。或许你可以先问几个关于我经验和知识的问题。(请阅读13.76)

会谈者：史密斯先生，你是一个聪明的人，但是我也发现把从军的经验迁移到亚特兰大的很多工作中并不容易。事实让人挺难受，雇主并不重视军队里的领导能力，尽管他们本应如此。不过，我想我是能帮上忙的。(请阅读13.77)

13.75 **你的回应：** 嗯，马尔科姆。我来这里有四个月了，已经帮助好几个人找到工作。给我一个机会，我们一起看看情况会怎样发展。

会谈者不应该对一位年长男性或女性直呼其名，尤其是存在着种族或者民族差异的时候。一些机构已经开始先问来访者更喜欢的称呼方式：称呼名字还是姓。这是一个尊重年龄和文化差异的问题。说“我来这里已经4个月了”是防御性的，很可能让仅存的一点信任再次减少。使用这种自我保护性的话语通常是不明智的。但说到“给我一个机会”的确有些道理，在判断来访者是否愿意和你合作方面，这句话作为最后一刻的尝试还是有用的。请回到13.74，再次选择。

13.76 **你的回应：** 史密斯先生，你的生活经历比我丰富。我能理解，你在顾虑是否有必要和我讨论。我已经研究过亚特兰大市的就业市场，成功地帮助几个大龄的老兵找到了好工作。或许你可以先问几个关于我经验和知识的问题。

正确。此处成功的关键是尊重并承认老兵的经验。提及过去类似来访者的成功例子也可能有帮助，但是，这类话语要尽可能简洁，因为它们可能会变成一种防御。为史密斯先生提供机会向你提问，是一个非常好的方式，有助于建立信任。

296 13.77 **你的回应：** 史密斯先生，你是一个聪明的人，但是我也发现把从军的经验迁移到亚特兰大的很多工作中并不容易。事实让人挺难受，雇主并不重视军队里的领导能力，尽管他们本应如此。不过，我想我是能帮上忙的。

会谈者提供了重要信息，但是为时过早。雇主的确有不公正的歧视行为，他们很少重视并承认在军队中获得的经验。这句话或许是准确的，但是应该等到第一次会谈的后半段，或许更晚一些再说。如果你发现一名雇主的确因为种族或其他原因有歧视行为，你可能需要寻求帮助来支持并见证来访者得到公正的对待。请回到 13.74，再次选择。

参考资料

Cheboud, E., & France, M. H. (2004). Counselling African-Canadians. In M. H. France, M. Del Carmen Rodriquez, & G. G. Hett (Eds.), *Diversity, culture and counselling* (pp. 161–173). Calgary, AB: Detselig Enterprises.

Pedersen, P. B., Draguns, J. B., Lonner, W. J., & Trimble, J. E. (Eds.). (2008). *Counseling across cultures* (6th ed.). Thousand Oaks, CA: Sage.

Sue, D. W., & Sue, D. (2012). *Counseling the culturally diverse: Theory and practice* (6th ed.). New York: Wiley.

West, C., & Conwell, W. (2010). *Counseling and Diversity.* San Francisco: Cengage.

▶ 伦理考量

库彻和科思-斯皮格尔(Koocher & Keith-Spiegel, 2008)列举了很多例子来说明来访者为同样的问题同时见两个会谈者可能产生的困难。你要先得到来访者的同意，然后告知他正在定期见面的会谈者，你打算正式为该来访者提供专业服务，这么做至少是一种专业礼节。更好的做法是先获得来访者的同意，然后去告知另外一个会谈者两方面的信息，一是为了通知那名专业人士，二是你想和他建立一个积极合作的专业关系。不能与这名专业人士建立合作关系意味着，与来访者做会谈时，你们两位专业人士互不理解对方。这里有几条专业伦理标准可以为专业人士提供指导，在你与其他专业人士合作时，你可以思考类似的问题。

有其他会谈者服务的来访者

1. 在为来访者提供服务之前，来访者已经从其他专业机构或专业人士处获得了类似的服务。会谈者要仔细考虑相关专业问题和未来的来访者的需要。

2. 为了将可能的困惑和冲突最小化，会谈者应与未来的来访者讨论他/她目前与其他类似服务提供者之间关系的性质，并讨论他/她与一名新的会谈服务提供者建立关系会带来什么样的影响，包括可能的利益或风险。

3. 如果来访者目前正在从其他专业人士那里接受类似的会谈服务，则会谈者只 297
有得到了来访者的知情同意，对其他专业人士有所了解，并同其进行协商后，才能开始给来访者提供专业服务。

4. 当会谈者了解到来访者与另一名专业人士有类似的专业关系时，会谈者要得到来访者的允许去通知那个专业人士，并尽力与其建立积极、合作的专业关系。

13.78

你是大学生服务中心的心理专家，在服务中心里与一名大三的学生见面。你们讨论了为治疗她的抑郁症而进行会谈的可能性。作为一个常规问题，你问这个可能的来访者，她针对其抑郁症已经做了哪些事情。她的回应如下。

来访者：上个学期我被转诊到史密斯医生那里，他是那个医院的精神病专家。他让我服用抗抑郁的药物，并在过去的3个月中一直在监测我的进展。尽管药物有点作用，我还是在寻找能帮助我控制抑郁症的更好方式。我从朋友那里得知，你采用认知行为疗法治疗抑郁症。我上心理课时了解过认知行为疗法，对其效果印象很深刻。

选择最恰当的回应。

会谈者：你去看史密斯医生很好。在认知行为疗法的早期阶段，如果你服用一些药物，治疗会更好。如果你想要的就是这一点，我会很高兴与你做会谈。（请阅读13.79）

会谈者：我想，药物并不是像你期待的那样起作用。我很高兴和你开始会谈，如果这就是你想要的。我们开始之前，你必须联系史密斯医生，并终止在他那里的治疗。你完成这件事之后，打电话给我的秘书，然后预约在这里开始治疗。（请阅读13.80）

会谈者：我非常高兴开始与你会谈，如果这是你想要的。我们开始之前，对我而言，重要的是得到你的允许去联系史密斯医生，让他知道你将和我进行会谈，我和他一起解决我们如何配合的问题，将你的药物治疗和这里的认知行为治疗结合在一起。你能接受这一点吗？（请阅读13.81）

13.79 **你的回应：** **你去看史密斯医生很好。在认知行为疗法的早期阶段，如果你服用一些药物，治疗会更好。如果你想要的就是这一点，我会很高兴与你做会谈。**

不通知史密斯医生就开始和来访者会谈是不恰当的。你应该获得来访者的允许通知史密斯医生，告知他你计划开始为来访者做会谈，并与他互动，制定一个综合计划，同时进行药物治疗和认知行为疗法治疗。请回到13.78，再次选择。

298 **13.80　你的回应：** 我想，药物并不是像你期待的那样起作用。我很高兴和你开始会谈，如果这就是你想要的。我们开始之前，你必须联系史密斯医生，并终止在他那里的治疗。你完成这件事之后，打电话给我的秘书，然后预约在这里开始治疗。

你用这种方式干预来访者与史密斯先生的关系是不恰当的。得到来访者的允许后，你需要与史密斯先生互动，制定行动方案，维护来访者的最大利益。请回到13.78，再次选择。

13.81　你的回应： 我非常高兴开始与你会谈，如果这是你想要的。我们开始之前，对我而言，重要的是得到你的允许去联系史密斯医生，让他知道你将和我进行会谈，我和他一起解决我们如何配合的问题，将你的药物治疗和这里的认知行为治疗结合在一起。你能接受这一点吗？

正确。在同意和来访者会谈之前，你寻求他或她的许可去联系史密斯医生，让他了解你开始和来访者进行会谈的计划，并为了来访者的利益，制定计划管理你们各自的治疗。

文献来源

American Association of Pastoral Counselors. (2012). *AAPC Code of Ethics*. Principle VI A.

American Counseling Association. (2014). *ACA Code of Ethics*. A.3. (p. 4).

American Psychological Association. (2010). *Ethical Principles of Psychologists and Code of Conduct*. 10.04 (p. 14).

Koocher, G. P., & Keith-Spiegel, P. (2008). *Ethics in psychology and the mental health professions* (3rd ed., pp. 348–350). New York: Oxford.

National Association of Social Workers. (2014). *Code of Ethics*. 3.06 (a.-b.), (p. 13).

▶ 复习问题

判断下列陈述是否正确：

1. 抵触行为可以为来访者提供自我保护。

2. 当来访者因产生抵触情绪而提出问题时，恰当使用信息提供式回应能够帮助取得来访者的合作。

3. 给予大段回应的来访者绝不会有抵制情绪。

4. 当会谈者感受到敌视情绪时，把这种情绪表达出来对于会谈的成功很重要。

5. 来访者对会谈有某种程度的不适感或者感到不愿意很正常。

6. 探索阶段、澄清阶段和行动阶段的结构化技巧不能用于征求来访者的合作。

7. 当信任感建立后，行动导向的技能能够用于解决抵触情绪问题并征求来访者的合作。

8. 来访者可能通过他们沟通的方式来表示他们不愿意合作。

9. 在行动阶段，很多来访者需要得到支持以修改他们的行动计划。 299

答案见本章结束处。

▶ 记忆要点：征求合作

1. 当识别来访者的不合作时：

a. 要聚焦于来访者给予的信息量。

b. 要聚焦于来访者的讨论是否是有意义的或者是受限制的。

c. 要聚焦于来访者互动的方式。

d. 要聚焦于来访者是否遵守或违反正式的或非正式的会谈约定。

e. 要聚焦于来访者的变化阶段。

2. 在征求合作时：

a. 要预见到所有来访者都有某种程度的不愿意。

b. 要监测并管理你自己的情绪。

c. 不要混淆抵触与缺乏动力。

d. 要识别来访者的变化阶段并给予相对应的回应。

3. 为了征求合作：

a. 要在讨论会谈目标之前，聚焦于抵触的问题。

b. 要广泛使用基本会谈技巧和行动导向技巧。

c. 要使用结构化技巧来解决难以应付的来访者所表现的抵触情绪。

d. 要帮助来访者经历各改变阶段。

▶ 13.1　活动单元

和另外两个已经阅读过本章内容的人一起，进行简短会谈的角色扮演。你们轮流扮演来访者、会谈者和观察者的角色。使用录音/录像设备对每次简短会谈进行记录。本练习的会谈至少需要五个会谈者回应。但如果扮演的角色是一个非常有抵制情绪的来访者，可能需要更多的会谈者回应。

会谈者的角色　面对一位有抵制情绪的来访者，练习使用征求合作技巧。

来访者角色　表现出不合作(但是不要太不合作)以便会谈者使用会谈技巧征求你的合作。来访者可能想使用表 13.1 中列出的来访者抵制原因中的任何一个，扮演一个有问题需要解决的朋友或家庭成员，也可以扮演下列角色之一：

1. 一名因偷窃而违法的青少年，在保释期内正在见他的保释官员。
2. 一名酗酒的孕妇，因为饮酒问题被她的医生转诊过来。
3. 一名受虐待的妻子，无法谈论她的丈夫。
4. 一名被推荐去人事处的职员，其目前工作岗位即将被淘汰。

观察者角色　操作录音/像设备，完成会谈练习检查表。(见表 13.4)

300　*表 13.4　会谈练习检查表*

活动	会谈者回应[a] 1	2	3	4	5
恰当的非言语行为					
保持话题					
征求合作的回应					
言语回应					
有效回应[b]					

[a] 检查体现每个回应特点的活动。

[b] 在表格中对回应的有效性从 1～5 进行 5 级评分，1 表示有效性最低，5 表示有效性最高。

会谈后讨论　参与者使用会谈记录和会谈练习检查表的数据，讨论会谈者的表现。所有的参与者都要从讨论中学习，讨论应该是客观的，既要关注有效的回应，也要关注不太有效的回应，并鼓励所有人改善会谈表现。

▶ 13.2　活动单元

使用**活动单元** 13.1 中的会谈记录或者其他会谈练习的录音/像记录，在下面“原来的回应”的空格处写下这些练习中征求来访者合作的会谈者回应。然后，做出更好的回应替代它们，写在“更好的回应”的空格处。

原来的回应 1____

____

____

更好的回应

原来的回应 2

更好的回应

原来的回应 3

更好的回应

原来的回应 4

更好的回应

原来的回应 5

更好的回应

▶ 13.3 活动单元

小组练习

1. 选择一名志愿者扮演来访者，按照**活动单元** 13.1 中来访者的角色要求做。

2. 组成一个/几个小组，小组成员轮流或自愿扮演会谈者；按照会谈者角色的要求做，尽可能地做出回应。

3. 使用会谈练习检查表作为参考，讨论回应的有效性。

记住，本活动对所有人而言都是一次小组学习经历，讨论应该是非评价性的，相互鼓励的。还要记住，你是在学习新的行为，学习不是瞬间能完成的。显性或隐性的练习是必要的。

▶ 复习问题答案

1. **正确**。如果你的答案是“错误”，请回到 13.53 复习。
2. **正确**。如果你的答案是“错误”，请回到 13.21 复习。
3. **错误**。如果你的答案是“正确”，请回到 13.1 复习。
4. **错误**。如果你的答案是“正确”，请回到 13.49 复习。
5. **正确**。如果你的答案是“错误”，请回到 13.17 复习。
6. **错误**。如果你的答案是“正确”，请回到 13.29 复习。
7. **正确**。如果你的答案是“错误”，请回到 13.25 复习。
8. **正确**。如果你的答案是“错误”，请回到 13.9 复习。
9. **错误**。如果你的答案是“正确”，请回到 13.65 复习。

如果你的回应中有六个及以上的答案不正确，你应该回到 13.1，复习本章内容。

第四阶段

有效沟通：促进探索、澄清和行动

在最后一章即第十四章中，你需要将你所学技巧整合成为连贯的会谈方式了。 303
本章将带你学习一个简短但完整的心理会谈系列，包括探索来访者的问题，澄清这些问题，将问题转变成为目标，促进来访者采取行动实现这些目标以及终止会谈。本章内容让你可以使用探索阶段、澄清阶段和行动阶段的许多方法来解决来访者的问题。在此过程中，你将能够理解，在使用这些技巧时以及在会谈各阶段中，你需要保持灵活性。在实际的心理会谈中，你可能发现并非所有的会谈阶段都必须经历，你也可能发现你要在不同的会谈阶段中间来回往返，你还可能发现随着问题的变化，某个来访者也会随之进入会谈不同的阶段。经过练习取得经验后，你将学会使用下面的三阶段模型及其相关技巧，将它们作为有效沟通的手段来与你的来访者互动。

探索阶段

- 贯注行为
- 提问
- 内容反映
- 情感反映

澄清阶段 304

- 面质
- 情感沟通与即时化
- 自我表露
- 解释

行动阶段

- 提供信息
- 结构化
- 征求合作

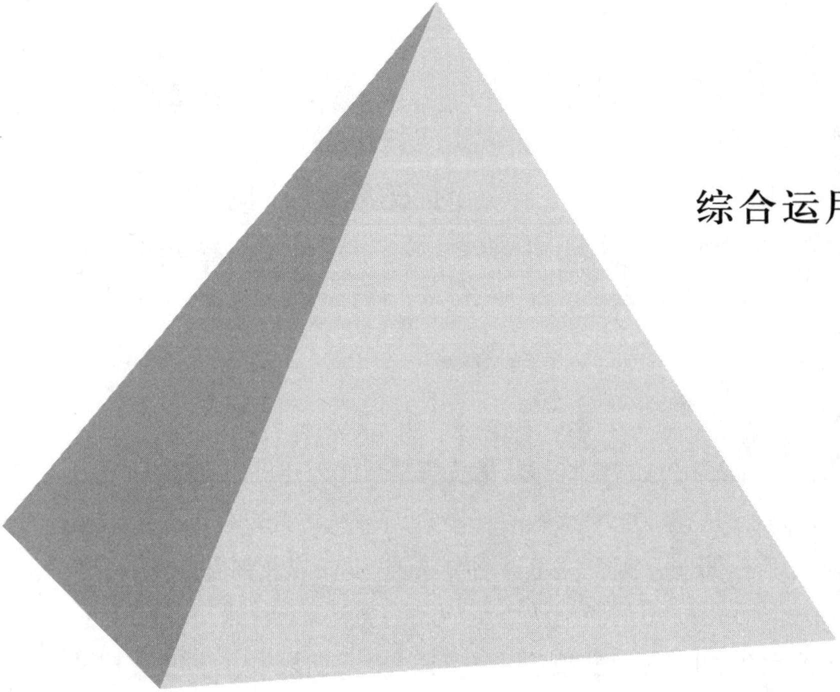

第十四章

综合运用所学技能

305 本章材料旨在帮助你综合运用你在本书中已经学过的技巧。学完本章后，你将能够：

1. 以系统的、综合的方式使用本书中呈现的技巧。
2. 展示你可以判断何时适合使用某个给定技巧。

本章内容聚焦于一名失业男性和一名危机中心咨询师之间的心理会谈。自从6个月前来访者和他家人搬家以后，他就一直没有工作，现在面临严重的经济问题。这是他第一次和别人讨论他的问题。

由于本章有几条不同的发展路径，每一小节中正确的回应可能不止一个。

306 **14.1**

会谈者：今天，有什么我能帮助你的吗？

来访者：我不确定你能不能帮我，但是我必须和人讨论这个问题……我就是找不到工作。我已经找了6个月。每天，我都细看招聘广告，但是什么工作也没找到。我们有3个孩子，我妻子现在不能工作，我们的积蓄也快用光了。

选择恰当的回应。

会谈者：你会经常去失业办公室吗？（请阅读14.2）

会谈者：你听起来非常着急。你能帮助我更好地理解一下你的处境吗？你在找什么类型的工作呢？（请阅读14.3）

会谈者：你的经济状况很严峻，你在想下一步该怎么做。（请阅读14.4）

14.2 你的回应： **你会经常去失业办公室吗？**

这个封闭式问题分散了来访者的注意力，阻碍了他去探索自己的问题。这个封闭式问题示范的是糟糕的贯注行为。在会谈的这个时刻，你应该鼓励来访者和你一起探讨他的问题。请回到 14.1，再次选择。

14.3　**你的回应：**　**你听起来非常着急。你能帮助我更好地理解一下你的处境吗？你在找什么类型的工作呢？**

正确。这个情感反映和随后的开放式问题，让来访者可以放心地和你讨论他的问题。请阅读 14.6。

14.4　**你的回应：**　**你的经济状况很严峻，你在想下一步该怎么做。**

正确。这个重述表明你正在倾听来访者，邀请他继续与你讨论他的问题。请阅读 14.5。

14.5

来访者：找到工作对我真的很重要。我相信肯定有办法让我回到房地产行业，肯定有我能做的事情。

选择恰当的回应。

会谈者：听起来似乎你的压力很大。对你而言，找到工作是最重要的。这类压力很难应对。（请阅读 14.7）

会谈者：你的处境听起来真的是压力很大。（请阅读 14.8）

会谈者：你可以照顾孩子，你妻子出去工作。你考虑过那么做吗？（请阅读 14.9）

14.6

来访者：我快急死了。我 6 个月前丢了工作，所以那时我想，我要到这里来，再回到房地产行业工作。我更新了我的工作执照，去了所有的公司，但就是没有任何空缺的职位。我必须尽快找到工作。我已经快没钱了。

选择恰当的回应。

会谈者：你考虑过自己开公司吗？这可能是一种解决你问题的合理方式。（请阅 14.10）

会谈者：所以，你在尽力利用你自己的技能，但是到目前为止还没有成功。（请阅读 14.11）

会谈者：你试图通过搬家来改善你的处境，但是事情变得更糟糕了。（请阅读 14.12）

14.7　**你的回应：**　**听起来似乎你的压力很大。对你而言，找到工作是最重要的。这类压力很难应对。** 307

正确。这个情感反映和内容反映表明：你正在倾听来访者，很感兴趣；来访者正在告诉你他目前的压力很大。请阅读 14.15。

14.8　**你的回应：**　**你的处境听起来真的是压力很大。**

正确。这个情感反映表明，你正在倾听来访者，鼓励他进一步探讨他目前的处境。请阅读 14.16。

14.9　**你的回应：**　**你可以照顾孩子，你妻子出去工作。你考虑过那么做吗？**

这个回应表明，你没有倾听来访者。他已经告诉你他妻子不能工作。请回到 14.5，再次选择。

14.10　**你的回应：**　**你考虑过自己开公司吗？这可能是一种解决你问题的合理方式。**
这或许是一个合理的解决办法，但是在会谈的早期，你需要了解更多关于来访者的信息。请回到 14.6，再次选择。

14.11　**你的回应：**　**所以，你在尽力利用你自己的技能，但是到目前为止还没有成功。**
正确。你的重述表明，你正在关注来访者，让他可以继续谈。请阅读 14.13。

14.12　**你的回应：**　**你试图通过搬家来改善你的处境，但是事情变得更糟糕了。**
正确。这个内容反映向来访者表明，你已经听到了他的叙述，你在鼓励他继续讨论目前的困难。请阅读 14.14。

14.13

来访者：我曾在工业领域工作过，但是我真的不想回到工厂工作了。我想要一份清静的工作，周围没有一直开着的嘈杂机器，我能见到人，和人在一起。但是我真的很着急。现在我什么都愿意做。我想我现在有两个大问题：我找不到工作，我又没有钱了。

选择恰当的回应。

会谈者：因此，你面临两个紧急问题。哪一个问题更要紧，你能帮我理解一下吗？（请阅读 14.17）

会谈者：现在每个人的处境好像都差不多。你能从别人那里借到钱吗？（请阅读 14.18）

会谈者：我总感觉你没有真的在尽力去找工作。刚才你说，到目前为止，你做过什么工作来着？（请阅读 14.19）

14.14

来访者：是的，我们情况更糟糕了。我们租了一个小房子，又冷又潮湿，我妻子和我不能出去，因为我们请不起人来照看小孩。但是和没钱与失业相比，这都是小问题。我想我现在最大的问题是付不起账单。

选择恰当的回应。

会谈者：根据你的叙述，你有两个主要问题。或许我们应该首先讨论一下你付不起账单的问题。（请阅读 14.20）

308 会谈者：你有两个紧急问题要解决：找工作和付账单。付账单看起来是你更担心的问题。在多大程度上你觉得我们应该先讨论这个问题呢？（请阅读 14.21）

会谈者：首先考虑最容易的问题通常比较好。或许我们应该寻找方法让你和你妻子能够出来参加一些社交活动。（请阅读 14.22）

14.15

来访者：因为失业，我面临很多困难。如果我有工作，我的大部分问题就解决了。我真的希望回到房地产行业，但是没有人愿意雇用我。

选择恰当的回应。

会谈者：现在房地产行业发展缓慢。你必须进入那个行业吗？（请阅读 14.23）

会谈者：你看起来真的下定决心要进入房地产行业。或许我错了，但是我有种感觉，对你而言，你很难考虑任何别的工作选项。（请阅读 14.24）

会谈者：听起来似乎因为某种原因你丢失了工作执照。或许这就是为什么你现在很难回到房地产行业的原因吧。（请阅读 14.25）

14.16

来访者：这就是为什么我来联系你。我不能再像这样下去了。我的债务成堆，都是必须要还的。这已经开始让家里出问题了。我相信如果我找到工作，我的问题就解决了。工作是关键。

选择恰当的回应。

会谈者：听你所讲，似乎你有点反应过度了。你没有必要如此不安。(请阅读 14.26)

会谈者：因为你有很多债务，或许你应该去见一个债务方面的咨询师。(请阅读 14.27)

会谈者：如果你想让一切不垮掉的话，找工作是关键。你认为，要找到工作，你还有其他什么能做的事吗？(请阅读 14.28)

14.17 **你的回应：** 因此，你面临两个紧急问题。哪一个问题更紧要，你能帮我理解一下吗？

正确。这个内容反映和随后的开放式问题，构成一个结构化回应，帮助来访者按照优先性顺序来识别他的问题。请阅读 14.33。

14.18 **你的回应：** 现在每个人的处境好像都差不多。你能从别人那里借到钱吗？

来访者在危机中寻求你的帮助，需要你的理解和支持。他可能已经用完了所有可能暂时解决问题的方式，包括借钱。你的回应否定了他在联系你之前所做的努力。请回到 14.13，再次选择。

14.19 **你的回应：** 我总感觉你没有真的在尽力去找工作。刚才你说，到目前为止，你做过什么工作来着？

你斥责来访者没有尽力去找工作，然后你暗示你没有记住他在这方面做过的事情。你也忽略了另外一点，即，和来访者讨论应该用什么样的顺序来思考他的问题。请回到 14.13，再次选择。

14.20 **你的回应：** 根据你的叙述，你有两个主要问题。或许我们应该首先讨论一下你付 309
不起账单的问题。

正确。你的重述表明你在倾听来访者。另外，你还与来访者核实了先关注他的经济问题是否恰当。请阅读 14.32。

14.21 **你的回应：** 你有两个紧急问题要解决：找工作和付账单。付账单看起来是你更担心的问题。在多大程度上你觉得我们应该先讨论这个问题呢？

正确。你的释义向来访者表明，你已经听到了他说的话，你以开放式问题对他的处境进行了结构化，让他考虑应该以什么样的顺序来检查他的问题。请阅读 14.31。

14.22 **你的回应：** 首先考虑最容易的问题通常比较好。或许我们应该寻找方式让你和你妻子能够出来参加一些社交活动。

来访者已经说了，如果他能找到工作，问题就解决了。来访者缺少社交生活是间接提及的，仅仅是他主要问题的附带影响。在危机时刻，主要问题是需要关注的焦点。在其他时刻，会谈者和来访者可以一起决定应该以怎样的顺序来考虑问题。请回到 14.14，再次选择。

14.23 **你的回应：** 现在房地产行业发展缓慢。你必须进入那个行业吗？

这个封闭式问题让你要去负责会谈的方向。你的回应应该让讨论保持开放性，并让来访者为此负起责任。请回到 14.15，再次选择。

14.24　你的回应： 你看起来真的下定决心要进入房地产行业。或许我错了，但是我有种感觉，对你而言，你很难考虑任何别的工作选项。

正确。来访者需要找到工作，但他又不愿意考虑扩大选择工作的范围。你正在用这二者之间的不一致与来访者面质。请阅读 14.30。

14.25　你的回应： 听起来似乎因为某种原因你丢失了工作执照。或许这就是为什么你现在很难回到房地产行业的原因吧。

关于丢失执照，来访者没有给你任何信息。在做出解释时，你必须确认你对来访者隐含信息的识别是正确的，然后再去试着给出解释。请回到 14.15，再次选择。

14.26　你的回应： 听你所讲，似乎你有点反应过度了。你没有必要如此不安。

你的回应否认了来访者有权表达并探索自己的情感，这可能会让他觉得你不能理解他的问题。请回到 14.16，再次选择。

14.27　你的回应： 因为你有很多债务，或许你应该去见一个债务方面的咨询师。

在会谈中，提供信息是一个重要技巧，但是信息提供的时机必须恰当。来访者主要担心的是工作。请回到 14.16，再次选择。

14.28　你的回应： 如果你想让一切不垮掉的话，找工作是关键。你认为，要找到工作，你还有其他什么能做的事吗？

正确。你已经准确反映了来访者关于找到工作的急迫情感，并将其转化为一个合理的目标。你的开放式问题是结构化回应，将会帮助来访者进入会谈的准备行动阶段。请阅读 14.29。

310 **14.29**

来访者：嗯，正如我提到的，房地产行业是有的，但就是没有任何职位空缺。我讨厌在工厂工作，我不能眼睁睁看着自己再做这样的工作。我妻子建议我寻找一些新的工作，即使这意味着要再就业培训。我对此想了很多，看起来这似乎是我能有的最佳选择了。

选择恰当的回应。

会谈者：当你去看自己可以做哪些选择时，再就业培训似乎是最可行的。（请阅读 14.34）

会谈者：仅仅因为是你妻子的建议，你就认为再就业培训是明智之举吗？（请阅读 14.35）

会谈者：我感觉很难相信房地产行业没有任何职位空缺。（请阅读 14.36）

14.30

来访者：我真的想从事房地产行业的工作，但是不太成功。我只能看其他的选择了。我可以回到工厂工作，但我讨厌那么做。我希望能做可以四处走动、与人打交道的工作。但我觉得除了房地产业以外，我没能力做其他的任何工作。这整个情况很让人害怕。

选择恰当的回应。

会谈者：你尝试过申请户外工作吗？你或许能够找到像园丁这样的工作。在这个领域有很多的绿化苗圃和草坪养护公司。（请阅读 14.37）

会谈者：人在考虑要做什么的时候，都会有一定的恐惧。你能做的工作看起来不太可能找到，而其他工作又代表着未知领域。（请阅读 14.38）

会谈者：如果你能控制住自己的恐惧，你更有可能找到一份工作。（请阅读 14.39）

14.31

来访者：嗯，我想我们先讨论这个吧。如果我不能够付这一周的账单，我真不愿想会发生什么。我已经考虑过很多选择，但是看起来唯一合理的选择是去领取失业保险。但是我不确定，你这里能不能帮助我解决这个问题。

选择恰当的回应。

会谈者：你这么快就排除掉借款这个选择，我觉得有点儿担心。这是你现在唯一的解决办法。（请阅读 14.40）

会谈者：现在你对领取失业保险似乎有所保留。你能告诉我你对此的想法吗？（请阅 14.41）

会谈者：你在问我是否能够帮助你看看有没有可能申请到失业福利吗？（请阅读 14.42）

14.32

来访者：是的，我真的应该做点什么。到下周末，我需要弄到足够的钱付房租和水电煤气费，买食品，为孩子们买鞋子和衣服。然后还有下个月。

选择恰当的回应。

会谈者：你还没有告诉我任何关于你家人的情况。你现在能给我讲讲吗？（请阅读 14.43）

会谈者：我想，我没有办法在一个星期内解决你的问题。（请阅读 14.44）

会谈者：你似乎有了一个合理的目标，但是这个目标肯定会给你造成很大的压力。你觉得，你能为实现这个目标做些什么？（请阅读 14.45）

14.33

来访者：这两点都重要，但是我来和你会谈是因为我连足够付下周的房租的钱 311
都没有了。

选择恰当的回应。

会谈者：你最紧急的问题是缺钱。你能告诉我你是否正在买房子？（请阅读 14.46）

会谈者：根据你刚才所说，我们应该首先考虑缺钱的问题。为了解决你的财务危机，你能做什么？（请阅读 14.47）

会谈者：我们需要首先处理你缺钱的问题。或许你应该去投奔亲戚解决食宿问题。（请阅读 14.48）

14.34 **你的回应：** **当你去看自己可以做哪些选择时，再就业培训似乎是最可行的。**

正确。这个重述让你和来访者能够核实或修改正在成型的计划。请阅读 14.54。

14.35 **你的回应：** **仅仅因为是你妻子的建议，你就认为再就业培训是明智之举吗？**

来访者告诉你，在他妻子建议再就业培训之后，他对这件事仔细考虑过。你忽视了来访者提供的这部分信息，没有能够使用贯注这一最基本的会谈技巧。此外，你的封闭式问题让你担负起恢复讨论的责任。请回到 14.29，再次选择。

14.36 **你的回应：** **我感觉很难相信房地产行业没有任何职位空缺。**

如果你觉得讨论这个话题很重要，你应该使用开放式问题或内容反映来开启这个讨论。然而，由于来访者已经非常强调再就业培训的可能性，你应该继续讨论这个话题。请回到 14.29，再次选择。

14.37 你的回应： 你尝试过申请户外工作吗？你或许能够找到像园丁这样的工作。在这个领域有很多的绿化苗圃和草坪养护公司。

在会谈的这个时候提出这个封闭式问题和随后的建议是不合适的。你要帮助来访者探讨一系列的行动计划，并选出最恰当的一个。你的回应应该能鼓励来访者探讨他可以有哪些选择。请回到 14.30，再次选择。

14.38 你的回应： 人在考虑要做什么的时候，都会有一定的恐惧。你能做的工作看起来不太可能找到，而其他工作又代表着未知领域。

正确。这个情感和内容反映鼓励来访者讨论他的担心，将担心置于可控状态，继续探讨他可以有哪些选择。请阅读 14.53。

14.39 你的回应： 如果你能控制住自己的恐惧，你更有可能找到一份工作。

这类好心的建议通常是没有效果的。来访者已经告诉你他害怕。他需要你的理解和支持来培养他的能力，以应对他的恐惧，找到合适的工作。请回到 14.30，再次选择。

---

312 **14.40 你的回应：** 你这么快就排除掉借款这个选择，我觉得有点儿担心。这是你现在唯一的解决办法。

你的任务是帮助来访者探索他的问题，选择他能接受的行动计划。你独自指定解决方案的任何尝试都是不恰当的。请回到 14.31，再次选择。

14.41 你的回应： 现在你对领取失业保险金似乎有所保留。你能告诉我你对此的想法吗？

正确。你已经反映了来访者对申请失业福利的顾虑，你在邀请他与你一起探索这个顾虑。请阅读 14.51。

14.42 你的回应： 你在问我是否能够帮助你看看有没有可能申请到失业福利吗？

正确。这个即时化沟通与解释识别了来访者对他与你的关系的担心。这个回应将帮助他觉察他的担心，帮助他努力解决这个问题。请阅读 14.52。

14.43 你的回应： 你还没有告诉我任何关于你家人的情况。你现在能给我讲讲吗？

来访者正在尽力解决一个主要的经济困难；你的回应分散了他对这个任务的注意力。你没有关注来访者，这表明你对他讨论的问题不感兴趣。来访者在解决问题上取得的进步有可能被你的回应阻止了。请回到 14.32，再次选择。

14.44 你的回应： 我想，我没有办法在一个星期内解决你的问题。

此处你表示出担心是不合适的，也不能帮助来访者解决问题。你要通过与来访者讨论可能的解决方案，与他共同制定其他行动计划。请回到 14.32，再次选择。

14.45 你的回应： 你似乎有了一个合理的目标，但是这个目标肯定会给你造成很大的压力。你觉得，你能为实现这个目标做些什么？

正确。你用支持性的态度确认了来访者目标的**合理性**(legitimacy)，并且对情境进行了结构化回应，以便来访者能够考虑解决他问题的可能方法。请阅读 14.50。

14.46　**你的回应：**　*你最紧急的问题是缺钱。你能告诉我你是否正在买房子？*

尽管你在处理来访者问题的先后顺序方面同意了来访者的意见，你的封闭式问题却改变了话题。此刻你需要使用更加开放性的回应，鼓励来访者参与目标制定过程。请回到14.33，再次选择。

14.47　**你的回应：**　*根据你刚才所说，我们应该首先考虑缺钱的问题。为了解决你的财务危机，你能做什么？*

正确。这个结构化回应表明，你同意来访者的意见。你以开放式问题鼓励他将问题转变成目标。请阅读14.49。

14.48　**你的回应：**　*我们需要首先处理你缺钱的问题。或许你应该去投奔亲戚解决食宿问题。* 313

尽管你与来访者就优先解决来访者的经济问题达成一致意见，你还是试图靠你自己来解决他的问题，而且这个尝试也为时过早。你忽视了制定目标——这才是解决问题的先决条件。请回到14.33，再次选择。

14.49

来访者：我下周需要足够的钱付房租和水电煤气费，买食品，给孩子们买鞋子买衣服。每个月都是同样的事儿。

会谈者：听起来很合理……这些都是生活必需品。你认为你能做什么来付这些钱？

来访者：嗯，如果我有个工作，情况就会好转。但是我怀疑我能不能马上找到工作。我可以申领失业保险金，但是这样做就是要依靠社会福利。我能去贷款，但是我不知道什么时候能还。

选择恰当的回应。

会谈者：领取失业保险金也没有什么错。你只要去失业办公室申请领取就可以了。（请阅读14.55）

会谈者：即使你的经济处境让你很着急，你还是很不愿意申请失业福利。似乎申请失业福利和你的价值观相违背。（请阅读14.56）

会谈者：你说你能够贷款。你的信贷记录好不好？（请阅读14.57）

14.50

来访者：嗯，如果我有个工作，情况就会好转。但是我怀疑我能不能马上找到工作。我可以申领失业保险金，但是这样做就是要依靠社会福利。我能去贷款，但是我不知道什么时候能还。

选择恰当的回应。

会谈者：即使你的经济处境让你很着急，你还是很不愿意申请失业福利。似乎申请失业福利和你的价值观相违背。（请阅读14.58）

会谈者：或许你应该申请一笔为期一个月的小款子，然后在当月尽力去找份工作。（请阅读14.59）

会谈者：你贷过款吗？（请阅读14.60）

14.51

来访者：我不知道那是不是真的算是个问题。我就是不能让自己依靠失业保险金过活。这有点像依靠社会福利费生活。

选择恰当的回应。

会谈者：因为对这一点你有很强的情绪，我们得另做选择。（请阅读14.61）

会谈者：按你的处境，你几个月前就应该去领取失业保险金了。（请阅读 14.62）

会谈者：即使你的经济处境让你很着急，你还是很不愿意申请失业福利。似乎申请失业福利和你的价值观相违背。（请阅读 14.63）

314 **14.52**

来访者：嗯，那不是我真正的担心。我知道你能帮助我。我就是不想谈领取失业保险金。它就像领取社会福利费。

选择恰当的回应。

会谈者：因为你对我有这么大的信心，我相信你会接受我的建议，尽快去申请失业保险。（请阅读 14.64）

会谈者：即使你的经济处境让你很着急，你还是很不愿意申请失业福利。似乎申请失业福利和你的价值观相违背。（请阅读 14.65）

会谈者：我必须强调，你有权利申请失业保险金，那和领取社会福利费是不一样的。（请阅读 14.66）

14.53

来访者：但是我不是什么工作都要。我受够了这种不确定感。我想要的是一份安定的工作，这就意味着我必须再培训。我只是不知道我应该进哪个领域或者我能做什么工作。

会谈者：（概述并提供信息）我听到你说的是，你觉得你在工作方面已经到了一个转折点，在你做任何决定之前，你需要非常认真地思考自己有什么工作技能以及找到工作的可能性有多大。参与职业规划不是我工作的一部分，但是我可以将你转诊到职业咨询师那里。可以预约明天会谈。

来访者：我逃避这样做已经很长时间了，但是我知道我应该做。我需要重新开始。不管你说的是什么时间，我都会去的。

选择恰当的回应。

会谈者：那么，概述一下，你已经决定和职业咨询师一起探索你的职业可能性，你明天早上会去见他。我想在我们结束之前，你还有没有别的事情要讨论的。（请阅读 14.67）

会谈者：那么，概述一下，你已经决定和职业咨询师一起探索你的职业可能性，你明天早上会去见他。我想我们已经谈完所有的事情了。现在我确信你的问题将会得到解决的。（请阅读 14.68）

会谈者：那么，概述一下，你已经决定和职业咨询师一起探索你的职业可能性，你明天早上会去见他。或许我们应该讨论一下你可能感兴趣的工作种类。（请阅读 14.69）

14.54

来访者：我越来越有这样的感觉，我最大的问题是，我不知道该怎么样进行再就业培训。

会谈者：（释义并提供信息）因此，在安排再就业培训项目方面，你需要帮助。看起来你有必要尽快去见一名职业咨询师。如果你同意，我能够安排你们明天早晨见面。

来访者：我觉得预约明天挺好的。

选择恰当的回应。

会谈者：嗯，我想我们已经处理了你所有的问题。你要确定明天早晨的预约一定到场哦。（请阅读 14.70）

会谈者：那么，概述一下，你已经决定和我们的职业咨询师一起探索你的职业可能性，你明天早上会去见他。我想在我们结束之前，你还有没有别的事情要讨论一下。（请阅读 14.71）

会谈者：你失业有一段时间了，你在以前的职业领域里找不到工作。你妻子说你应该尝试一下新的工作。你想维持你的婚姻，因此你要接受这一点。我想现在一切尽在掌控中。我们此刻可以结束会谈了。（请阅读 14.72）

14.55　**你的回应：** 领取失业保险金也没有什么错。你只要去失业办公室申请领取就可以了。 315

来访者此刻需要不是建议和指导，而是帮助他去面对自己的感受，即面对可以利用的经济资源时的感受。请回到 14.49，再次选择。

14.56　**你的回应：** 即使你的经济处境让你很着急，你还是很不愿意申请失业福利。似乎申请失业福利和你的价值观相违背。

正确。你把来访者的经济需求与可用的资源拿来同他面质，以此帮助他检查自己对于申请失业保险的感受。请阅读 14.74。

14.57　**你的回应：** 你说你能够贷款。你的信贷记录好不好？

你的封闭式问题阻止了双方继续讨论这个选择。为了探索该方案的可能性，你的回应方式应该要引导来访者进行开放式讨论。然而，来访者的经济处境与他不愿意申请失业保险之间存在着不一致，这就要求你在此刻使用面质。请回到 14.49，再次选择。

14.58　**你的回应：** 即使你的经济处境让你很着急，你还是很不愿意申请失业福利。似乎申请失业福利和你的价值观相违背。

正确。你把来访者的经济需求与可用的资源拿来同他面质，以此帮助他检查自己对于申请失业保险的感受。请阅读 14.74。

14.59　**你的回应：** 或许你应该申请一笔为期一个月的小款子，然后在当月尽力去找份工作。

来访者已经提出了许多可选的行动方法。你需要用他话语中不一致的地方与他面质，然后再讨论每个方法的相对优点。请回到 14.50，再次选择。

14.60　**你的回应：** 你贷过款吗？

这个封闭式问题不仅只需要用“是”或“不是”来回答，还将讨论的责任放在你自己的身上。来访者正在寻找解决其经济问题的方案；你的回应应该鼓励他继续解决问题。请回到 14.50，再次选择。

14.61　**你的回应：** 因为对这一点你有很强的情绪，我们得另做选择。

因为来访者强烈的情感可能建立在误解或者假想的基础之上，你应该针对他的情绪与其进行面质，以便他能够加以探索和处理。请回到 14.51，再次选择。

14.62　**你的回应：** 按你的处境，你几个月前就应该去领取失业保险金了。

这个面质太直接了。它要么会让来访者产生防御性心理，要么就会让他完全避开这个话题。面质应该是尝试性的，而不是攻击性的。当你做尝试性的面质时，来访者更有可能探索情感和行为并解决问题。请回到 14.51，再次选择。

316 **14.63　你的回应：** 即使你的经济处境让你很着急,你还是很不愿意申请失业福利。似乎申请失业福利和你的价值观相违背。

正确。你把来访者的经济需求与可用的资源拿来同他面质,以此帮助他检查自己对于申请失业保险金的感受。请阅读 14.74。

14.64　你的回应： 因为你对我有这么大的信心,我相信你会接受我的建议,尽快去申请失业保险。

对你而言,用你的权威和职位影响来访者是不恰当的。相反,你应该帮助来访者讨论他对于申领失业保险金有何感受。请回到 14.52,再次选择。

14.65　你的回应： 即使你的经济处境让你很着急,你还是很不愿意申请失业福利。似乎申请失业福利和你的价值观相违背。

正确。你把来访者的经济需求与可用的资源拿来同他面质,以此帮助他检查自己对于申请失业保险金的感受。请阅读 14.74。

14.66　你的回应： 我必须强调,你有权利申请失业保险金,那和领取社会福利费是不一样的。

通过强调你自己的观点,你否认了来访者有权拥有自己的感受。只有在你帮助他探讨他的情绪感受及其背后的假设后,他才可能改变他关于失业保险的观点。请回到 14.52,再次选择。

14.67　你的回应： 那么,概述一下,你已经决定和职业咨询师一起探索你的职业可能性,你明天早上会去见他。我想在我们结束之前,你还有没有别的事情要讨论的。

正确。你重述了你和来访者已经做出的决定,为来访者即将到来的预约进行了结构化安排,另外,你也提供了讨论其他问题的机会。请阅读 14.73。

14.68　你的回应： 那么,概述一下,你已经决定和职业咨询师一起探索你的职业可能性,你明天早上会去见他。我想我们已经谈完所有的事情了。现在我确信你的问题将会得到解决的。

你的重述是恰当的,但是尝试结束会谈有点过早。来访者刚开始会谈时就告诉你他有缺钱的问题。你的最后一句话做了一个假设:当来访者被转诊给职业咨询师之后,所有的问题都解决了。这或许是事实,但在结束会谈之前,你需要和来访者核实这一点。请回到 14.53,再次选择。

14.69　你的回应： 那么,概述一下,你已经决定和职业咨询师一起探索你的职业可能性,你明天早上会去见他。或许我们应该讨论一下你可能感兴趣的工作种类。

因为你已经把来访者转诊给职业咨询师,你做重述是恰当的,但是你再尝试讨论来访者的工作状况就不合适了。你或许可以请来访者与你一起探讨其他方面的问题。如果他拒绝,你就应该终止会谈了。请回到 14.53,再次选择。

14.70　**你的回应：**　**嗯，我想我们已经处理了你所有的问题。你要确定明天早晨的预约一定到场哦。** 317

你回应得过早，也太突然。在结束会谈之前，你应该给来访者机会讨论他可能还有的其他问题。如果来访者没有其他的问题要讨论，你应该终止会谈。请回到 14.54，再次选择。

14.71　**你的回应：**　**那么，概述一下，你已经决定和我们的职业咨询师一起探索你的职业可能性，你明天早上会去见他。我想在我们结束之前，你还有没有别的事情要讨论一下。**

正确。你重述了你和来访者已经做出的决定，为来访者即将到来的预约进行了结构化安排，另外，你也提供了讨论其他问题的机会。请阅读 14.73。

14.72　**你的回应：**　**你失业有一段时间了，你在以前的职业领域里找不到工作。你妻子说你应该尝试一下新的工作。你想维持你的婚姻，因此你要接受这一点。我想现在一切尽在掌控中。我们此刻可以结束会谈了。**

来访者已经告诉过你，再就业培训的决定是他做的。你的概述不准确，还转移了他的注意力，让他不能够聚焦于他正尝试做出的职业计划。另外，你和来访者两个人必须决定什么时候结束会谈。请回到 14.54，再次选择。

14.73

来访者：嗯……有个问题。我们怎样才能付下周的账单呢？我们一点儿钱也没剩下。

选择恰当的回应。

会谈者：你的经济处境很危急，但是你不知道怎么解决。（请阅读 14.75）

会谈者：找到工作之前，你能不能先贷款还你的账单？（请阅读 14.76）

会谈者：对你而言，这肯定让事情变得很困难。（请阅读 14.77）

14.74

来访者：在你那样说的时候，我想我已经知道为什么我应该申请。只不过因为，以前我们家很瞧不起这种事情。但是，那时我家没有人处在这种状况。我父亲一直有个好工作，所以他怎么可能知道呢？我想我最好还是申请一下。我妻子会高兴的。但是如果我那样做的话，我要尽快找到工作就更重要了。

选择恰当的回应。

会谈者：我有一种感觉，你和你妻子之间有矛盾。这种感觉对吗？（请阅读 14.78）

会谈者：你决定申请失业保险金解决了你目前的财务危机，但这让你找工作的愿望变得更加强烈。（请阅读 14.79）

会谈者：很高兴听你说你会去申请。这个问题就变得可控了。现在让我们接着谈工作问题。对解决工作处境，你有什么想法？（请阅读 14.80）

14.75　**你的回应：**　**你的经济处境很危急，但是你不知道怎么解决。**

正确。通过重述来访者提供的信息，你核实了自己对来访者理解的是否准确，促进了对他问题的进一步讨论。请阅读 14.83。

318　14.76　你的回应：　找到工作之前，你能不能先贷款还你的账单？

在会谈的此刻，这个封闭式问题是不合适的。在来访者开始谈论一个问题的时候，你需要做出回应来促进讨论开展。开放式问题或反映式回应能够成为这种讨论合适的**刺激**(stimulus)源。请回到 14.73，再次选择。

14.77　你的回应：　对你而言，这肯定让事情变得很困难。

正确。你通过情感反映鼓励来访者告诉你他的困难，并为他提供支持。请阅读 14.84。

14.78　你的回应：　我有一种感觉，你和你妻子之间有矛盾。这种感觉对吗？

来访者和他妻子之间或许有矛盾；然而他没有把这当作主要问题提出来。这个解释即使准确，也会让来访者的注意力偏离了他现在问题的主线，显示你没有很好应用贯注技能。另外，一旦他回答“是”或“不是”，你的封闭式问题就要求由你来引导讨论的方向。请回到 14.74，再次选择。

14.79　你的回应：　你决定申请失业保险金解决了你目前的财务危机，但这让你找工作的愿望变得更加强烈。

正确。这句话准确地重述了来访者对自己处境的感受，表现出你对他讲述的内容感兴趣。请阅读 14.81。

14.80　你的回应：　很高兴听你说你会去申请。这个问题就变得可控了。现在让我们接着谈工作问题。对解决工作处境，你有什么想法？

正确。你的情感表达是恰当的，你结构化会谈的方式让来访者的另外一个担心，找到工作，成为讨论的重点。请阅读 14.82。

14.81

来访者：我现在必须找工作了。我打电话给你的时候，我原想你可能会帮助我做出一些计划。我考虑的事情之一是参加再就业培训，在另外一个的领域找工作，但是我不知道该怎么做或者如果真那样做了，我该怎么生活？你能帮助我吗？

选择恰当的回应。

会谈者：考虑到你的年龄和家里的负担，我想再就业培训是不是真的很恰当。可能找一份你已经接受过培训的工作更好一些。(请阅读 14.85)

会谈者：你认为应该接受再就业培训吗？对此你妻子是怎么想的？(请阅读 14.86)

会谈者：你已经考虑过这件事。或许我们应该为你预约，你明天早上过来和职业咨询师谈一下。你觉得这个想法怎么样？(请阅读 14.87)

14.82

来访者：嗯，这真的是一个问题。我想当我联系你的时候，你给了我一些想法。我把接受过培训并能找到的工作列出来仔细看了个遍，可在房地产行业什么职位都没有。这儿也没有重工业，不是那种我想再次进入的行业。你认为如果我接受了再就业培训，我能在另外一个行业找到工作吗？我已经尽力想过我能做什么。

选择恰当的回应。

会谈者：你说你已经把接受过培训并能找到的工作列出来仔细看了个遍。我认为这是不可能的。肯定有一些工作你甚至都不知道。我知道这很困难，但是你要继续尝试。（请阅读 14.88） 319

会谈者：我相信你在另一个领域找到工作的机会非常小。找工作的人很多，也就有很多申请者可供雇主选择。你肯定也相信有经验的人会被优先录取。（请阅读 14.89）

会谈者：看起来似乎你已经认真考虑过这件事了，而这似乎也是一种选择。见见职业咨询师可能会帮助你更好地澄清这一点。你觉得呢？（请阅读 14.90）

14.83

来访者：这很重要。就我的理解而言，要做的事只有一件——申请失业保险。但是直到现在，我一直拒绝那样做。我认为只要我接受些再就业培训，情况都会好的。

选择恰当的回应。

会谈者：既然你已经决定采取措施找工作，你对申请失业保险会感觉好一点。重要的是要去工作赚钱。（请阅读 14.91）

会谈者：我不知道为什么你会那样感觉。我们都交过失业保险金，我们都有权利得到保险金，包括你在内。我不知道为什么你现在还没有领失业保险金。（请阅读 14.92）

会谈者：我认为，你拒绝申请失业保险，对你家人来说，这是很残酷的，很过分的。你也应该考虑他们。（请阅读 14.93）

14.84

来访者：是的，这让事情很难办。我想一部分是因为我对申请失业保险的固执看法。我一直看不起领取失业保险金的人。我认为他们懒惰。但是，现在是我自己，我很难承认一直以来我都是错的……我真的需要这笔钱。

选择恰当的回应。

会谈者：我曾经认为领取失业保险金的人有点懒。（请阅读 14.94）

会谈者：你哪来的这种想法？每个人都有权利领取失业保险金。（请阅读 14.95）

会谈者：直到现在，你还是将领取失业保险金和懒惰联系在一起。改变看法很难，即使自己也身涉其中。（请阅读 14.96）

14.85 你的回应： 考虑到你的年龄和家里的负担，我想再就业培训是不是真的很恰当。可能找一份你已经接受、培训过的工作更好一些。

如果做出了这个决定，接下来做的应该是仔细探索来访者的能力和工作潜质。建立在有限信息的基础之上的观点不应该成为做出决定的依据。请回到 14.81，再次选择。

14.86 你的回应： 你认为你应该接受再就业培训吗？对此你妻子是怎么想的？

你接连问来访者问题，又不给他机会进行回应。此外，你还改变了话题。如果这个信息对来访者很重要，他会在他觉得相关的时候再提出来。请回到 14.81，再次选择。

14.87 你的回应： 你已经考虑过这件事。或许我们应该为你预约，你明天早上过来和职业咨询师谈一下。你觉得这个想法怎么样？ 320

正确，你以这个总结句表明你已经知道来访者花了多大的精力思考。接着，你对情境做了结构化安排，可以给来访者提供信息和恰当的行动计划。最后。你又邀请来访者讨论他的反应。请阅读 14.100。

14.88　你的回应： 你说你已经把接受过培训并能找到的工作列出来仔细看了个遍。我认为这是不可能的。肯定有一些工作你甚至都不知道。我知道这很困难，但是你要继续尝试。

因为来访者觉得他已经穷尽了所有的可能，你的话给他留下的印象是你不理解他的处境。这会导致他从与你的关系中退出。为了帮助他，你需要与他一起探讨他的问题，以便你能理解他的处境。请回到 14.82，再次选择。

14.89　你的回应： 我相信你在另一个领域找到工作的机会非常小。找工作的人很多，也就有很多申请者可供雇主选择。你肯定也相信有经验的人会被优先录取。

在会谈的此刻，这个悲观的回应是不恰当的。如果你觉得讨论来访者行动计划的结果很重要，你应该让他去探讨这些结果。在这种情况下很适合使用开放式问题。然而，因为工作情境复杂，这个讨论最好留到另外一次会谈再做。请回到 14.82，再次选择。

14.90　你的回应： 看起来似乎你已经认真考虑过这件事了，而这似乎也是一种选择。见见职业咨询师可能会帮助你更好地澄清这一点。你觉得呢？

正确。你对来访者讲过的话做了简单的重述，然后给来访者提供信息，并提出行动计划，这会帮助来访者处理他的问题。此外，你让来访者对你的建议进行回应，来访者也因此可以参与制定解决方案。请阅读 14.99。

14.91　你的回应： 既然你已经决定采取措施找工作，你对申请失业保险会感觉好一点。重要的是要去工作赚钱。

正确。这个情感反映和内容反映识别出了来访者问题的一个重要方面。你在鼓励来访者进一步探讨他的问题。请阅读 14.98。

14.92　你的回应： 我不知道为什么你会那样感觉。我们都交过失业保险金，我们都有权利得到失业保险金，包括你在内。我不知道为什么你现在还没有申领失业保险金。

对你而言，将你的偏见强加给来访者是不恰当的。你应该鼓励讨论这个问题，以便来访者可以得出自己的结论。请回到 14.83，再次选择。

321 **14.93　你的回应：** 我认为，你拒绝申请失业保险，对你家人来说，这是很残酷，很过分的。你也应该考虑他们。

这句话是评判性的，会破坏了你和来访者之间的良好关系。这个回应不会帮助来访者探讨他的情感或解决他的问题。请回到 14.83，再次选择。

14.94　你的回应： 我曾经认为领取失业保险金的人有点懒。

这个自我表露不恰当，会强化来访者的偏见。自我表露应该促进而不是阻止来访者的行动。请回到 14.84，再次选择。

14.95　**你的回应：**　**你哪来的这种想法？每个人都有权利领取失业保险金。**

考虑到来访者对失业保险的看法，将你的观点强加给他是不恰当的。你的回应应该表明你意识到了来访者遇到的困难，并鼓励他继续讨论这个话题。请回到14.84，再次选择。

14.96　**你的回应：**　**直到现在，你还是将领取失业保险金和懒惰联系在一起。改变看法很难，即使自己也身涉其中。**

正确。你准确反映了来访者担心的问题，识别出了来访者困难的源头，鼓励他尽力解决这些问题。请阅读14.97。

14.97

来访者：要改变一个人的观点很难。我不想现在还在犯错误。我想以前我可能错了，现在是该承认这一点了。接下来我就能够去申领我的失业保险金。这么做，我就能够解决我当前的问题。我明天就去见职业咨询师。

选择恰当的回应。

会谈者：听起来似乎你心里还矛盾重重。你的观念还给你带来过哪些问题，你能告诉我其他的例子吗？（请阅读14.101）

会谈者：你对你做出的决定感到满意，你觉得你可以接着这一点继续前进。现在你有计划了，我想这个时候结束会谈是不错的。（请阅读14.102）

会谈者：非常高兴看到你采取行动。在我们结束之前，我需要强调，按照这些计划一步步完成很重要。我们不可能再次做这类事，所以一定要按计划做完。（请阅读14.103）

14.98

来访者：是的。我赚到钱的时候我会更满意。我想还有其他更重要的事，比如照顾我的家人，付账单。我马上去申请失业保险，然后这个事儿就解决了。

选择恰当的回应。

会谈者：在你这样做之前，或许我们应该再多谈谈你的家人。（请阅读14.104）

会谈者：这个主意不错。一旦你申请了，你会感觉好极了。我相信，到时你就会发现自己以前太大惊小怪了。（请阅读14.105）

会谈者：这会很困难，但一切终归会结束的。现在我们来回顾一下你的计划，你早上会去见职业咨询师，然后马上去申请失业保险。可能我们现在结束会谈刚刚好。如果出现了任何其他问题，回来找我，不要拘束。（请阅读14.106）

14.99

来访者：我想我更愿意和你详细讨论这件事，但是如果你觉得我应该去见职业 322
咨询师，我会去的。

选择恰当的回应。

会谈者：我有种感觉，你觉得与人交往有困难。你真的不应该让你的问题把你搞得那么低落。（请阅读14.107）

会谈者：一切重头再来是很困难。我也会犹豫，就像你一样。但是职业咨询师比我更能帮助你。我会帮你预约一下。在此期间，如果你有任何担心，回来找我，不要拘束。（请阅读14.108）

会谈者：请不要误会。我愿意和你讨论问题，但是你应该去见职业咨询师。我现在要见另一位来访者了。（请阅读14.109）

14.100

来访者：嗯……如果我要解决这个问题，我想我要好好地做。我不想再像这次这样将事情混在一起了。你帮我预约，我会去的。

选择恰当的回应。

会谈者：我们简单地回顾一下你的计划。你要尽快领取失业保险金，你明天去和职业咨询师讨论你的工作状况。如果你有任何其他问题，回来找我，别拘束。(请阅读 14.110)

会谈者：混在一起？你说的“混在一起”是什么意思？我原以为你的问题现在已经都解决了。还有别的事情吗？(请阅读 14.111)

会谈者：做出了这些决定，你肯定觉得轻松了。如果以后再出现这种情况，你认为你应该怎么做？(请阅读 14.112)

14.101 你的回应： 听起来似乎你心里还矛盾重重。你的观念还给你带来过哪些问题，你能告诉我其他的例子吗？

来访者已经告诉你，他的处境已经可控了，对你们两个人制定的行动计划他也感到很满意。你在这个时间又开始讨论他过去的经历是不合适的。你应该聚焦于来访者让你关注的相关问题——终止会谈。请回到14.97，再次选择。

14.102 你的回应： 你对你做出的决定感到满意，你觉得你可以接着这一点继续前进。现在你有计划了，我想这个时候结束会谈是不错的。

正确。你的重述准确地反映了来访者的信息，你的结构化回应表明你同意现在是终止会谈的恰当时机。

到了这一点时，你已经使用了一系列的会谈技巧。现在请回到 14.1，选择另外一个恰当的回应。你已经选择了 14.4，所以不要再选那个回应。如果你已经完成了第二轮回应，请阅读 14.113。

14.103 你的回应： 非常高兴看到你采取行动。在我们结束之前，我需要强调，按照这些计划一步步完成很重要。我们不可能再次做这类事，所以一定要按计划做完。

来访者没有表明他不会按照他的决定完成计划。此刻你的回应的应该用于结束会谈。请回到 14.97，再次选择。

---

323 **14.104 你的回应：** 在你这样做之前，或许我们应该再多谈谈你的家人。

这个回应没有给来访者的回答提供结构化安排，来访者不能在安排的范围内做出回答。因此，这个回应可能让来访者感到迷惑不解。在回应来访者时，要关注他的信息并提供连贯的结构化安排。请回到14.98，再次选择。

14.105 你的回应： 这个主意不错。一旦你申请了，你会感觉好极了。我相信，到时你就会发现自己以前太大惊小怪了。

在来访者找到合适的工作之前，他很可能会继续感觉到不舒服。你需要识别并准确反映情感。请回到 14.98，再次选择。

14.106 你的回应： 这会很困难，但一切终归会结束的。现在我们来回顾一下你的计划，你早上会去见职业咨询师，然后你马上去申请失业保险。可能我们现在结束会谈刚刚好。如果出现了任何其他问题，回来找我，不要拘束。

正确。在简短的反映性陈述之后，你概述了你和来访者已经做过的决定。你还为来访者提供了一个支持系统，以便他需要时可以使用。

至此，你已经使用了一系列的会谈技巧。现在请回到 14.1，选择另外一个恰当的回应。你已经选择了 14.4，所以不要再选那个回应。如果你已经完成了第二轮回应，请阅读 14.113。

14.107　**你的回应：**　**我有种感觉，你觉得与人交往有困难。你真的不应该让你的问题把你搞得那么低落。**

你应该仔细倾听来访者，只关注相关信息，而不是随便假设或提供建议。来访者没说他在更换会谈者方面的困难与人际交往问题有关。情况更可能是他发现难以开口谈论他的问题，这个困难对应的是他不得不再次要解释他的情况。请回到 14.99，再次选择。

14.108　**你的回应：**　**一切重头再来是很困难。我也会犹豫，就像你一样。但是职业咨询师比我更能帮助你。我会帮你预约一下。在此期间，如果你有任何担心，回来找我，不要拘束。**

正确。通过准确的情感反映和自我表露，你帮助来访者处理了更换会谈者时面临的困难。你的结构化回应为这个转换提供了解释。你也为来访者提供了一个支持系统。

到了这一点时，你已经使用了一系列的会谈技巧。现在请回到 14.1，选择另外一个恰当的回应。你已经选择了 14.3，所以不要再选那个回应。如果你已经完成了第二轮回应，请阅读 14.113。

14.109　**你的回应：**　**请不要误会。我愿意和你讨论问题，但是你应该去见职业咨询师。我现在要见另一位来访者了。**

这个突然的回应表明，来访者给你带来了负担。让会谈关系保持开放性，如果来访者以后需要你的帮助，在他联系你的时候，不会感到拘束。这个回应会在他要再次联系你的时候犹豫不决。请回到 14.99，再次选择。

14.110　**你的回应：**　**我们简单地回顾一下你的计划。你要尽快领取失业保险金，你明天去和职业咨询师讨论你的工作状况。如果你有任何其他问题，回来找我，别拘束。**　324

正确。这个结构化回应简短地回顾了在会谈过程中发生的事情，为来访者提供了选择机会，让他可以再回来见你。

到了这一点时，你已经使用了一系列的会谈技巧。现在请回到 14.1，选择另外一个恰当的回应。你已经选择了 14.3，所以不要再选那个回应。如果你已经完成了第二轮回应，请阅读 14.113。

14.111　**你的回应：**　**混在一起？你说的“混在一起”是什么意思？我原以为你的问题现在已经都解决了。还有别的事情吗？**

以不充分的信息为依据来做出假设是不恰当的。相反，在会谈中，你应该帮助来访者探讨问题，以便获取更多的信息。然而，由于你现在正要终止会谈，此刻使用这个策略是不合适的。如果来访者担心另外一个问题，做出安排再见他一次。请回到 14.100，再次选择。

14.112 **你的回应：** 做出了这些决定，你肯定觉得轻松了。如果以后再出现这种情况，你认为你应该怎么做？

在结束会谈时，这个开放式问题会引发讨论。此刻，你的回应应该是对会谈进行概述，然后结束会谈。请回到 14.100，再次选择。

14.113

本章内容旨在帮助你综合运用本书中的技巧。正如你观察到的，很多技巧可以用于任何一种情境之中。你如何调整和发展这些技巧会反映你个人的会谈风格，并帮助你做出不同选择以满足来访者的各种不同需求，这些来访者的关注点、问题和文化背景都各不相同。为了获得一种放松、自然、有助他人的会谈风格，你必须练习这些技巧。为了保持你的能力，你必须定期回顾你的会谈，其方式之一是录下会谈，然后识别你自己使用了哪些回应类型并评估其效果。随着经验的不断增长，你会培养新的技巧来补充在本书中所学的内容，建立你自己有效的会谈风格。

▶ 文化考量

1. 和拉丁裔联系在一起的常常是语言、宗教信仰、价值观和受压迫的经历。拉丁裔经常因移民、极普遍的刻板印象和歧视而受到压迫。要预计到来访者会有各种各样的世界观。来自古巴、墨西哥和中、南美洲的人生活经历不同，对你这个会谈者的看法也会不同。例如，最近来自中美洲的移民刚刚逃脱危险，他们和迈阿密的古巴人、新墨西哥州和科罗拉多州的西班牙人以及墨西哥人的后裔非常不同；而同为墨西哥人后裔，非法移民的生活和已经在得克萨斯州生活过几代的人又不一样，后者经济上和政治上已经获得了成功。

325 2. 会谈有这类文化身份的来访者时，下列建议或许有用。读这些建议的同时，也要在心里记住这些不同的视角：

a. 聚焦于来访者的期待、偏好、价值观和态度。

b. 学习让来访者感到最舒服的语言，如有需要，请一个熟悉会谈情境的口译员一起参与。亲自学习那门语言，参加文化活动，并且至少要了解诸如“家族”(*familia*)和“尊敬”(*respcto*)这种关键词的重要性。

c. 了解来访者来自哪里以及他或她的国籍。不断学习、成长。

d. 不要根据来访者的名字就做出对他或她的语言、民族身份或传统的假设。

e. 找到提供给某个具体文化群体成员的正式或非正式的社区服务。

f. 承认**相互依赖性**(interdependence)是健康的和必需的。为许多少数族裔人士做咨询时，会谈者可能会过多地关注独立性和个人决定，却对家庭和情境考虑不足。

g. 认可家庭是重要的支持、学习和身份的来源。如果全家人一起参与会谈，不要觉得奇怪。有时，邀请代表“家族”(*familia*)的家人和朋友是很重要的。要一直记得“尊敬”(*respcto*)和“尊严”(*dignidade*)的重要性。

h. 认识到分享个人隐私问题可能很困难，因为这可能会反映出家庭的负面信息。

i. 注意，说话坦诚直接可能不是某个来访者的典型行为，他/她与你的文化不同。

j. 记住，自来熟不是一个受欢迎的方式——人们认为礼节表示尊敬和尊重。

k. 来访者的过往经历很重要，会影响他们当下的情感和行为，要理解这一点。

3. 会谈者有必要以尊重文化差异的方式综合使用本书的技巧。

4. 在为来自其他文化的来访者做会谈时，了解来访者的文化以及会谈者自己的文化是很有必要的。

参考资料

Guzman, M., & Carrasco. N. (2011). *Counseling and Diversity: Latino Americans*. San Franciso, CA: Cengage.

Pedersen, P. B., Draguns, J. B., Lonner, W. J., & Trimble, J. E. (Eds.). (2008). *Counseling across cultures* (6th ed.). Thousand Oaks, CA: Sage.

Rodriquez, M. Del Carmen. (2004). *Counselling Hispanics: A multicultural approach*. In M. H. France, M. Del Carmen Rodriquez, & G. G. Hett (Eds.), *Diversity, culture and counselling* (pp. 147–159). Calgary, AB: Detselig Enterprises.

Sue, D. W., & Sue, D. (2012). *Counseling the culturally diverse: Theory and practice* (6th ed.). New York: Wiley.

326

▶ 伦理考量

伦理标准与法律之间的冲突

正如纳普、戈特利普、伯曼和汉德尔斯曼(Knapp, Gotlieb, Berman, Handelsman, 2007)所指出的，大部分影响会谈者专业实践的法律和会谈者伦理准则是相一致的。为了本次讨论的目的，这里的法律包括州的、省的、联邦的法律以及法规，相关的判例法，行政法规或者法庭指令。然而，有时候法律也会和会谈者准则中包含的伦理原则相冲突。当法律和个人伦理准则出现冲突时该如何做，各种职业准则中并没有一致意见。这一点与本书中我们考虑过的其他领域的伦理不同，因此，我们将列出三个明显的例子。

1. 美国咨询协会：伦理准则

“伦理与法律之间的冲突

如果伦理责任与法律，法规和/或其他应遵循的法律依据相冲突，咨询师应该告知（来访者）他们会遵守美国咨询协会（ACA）的伦理准则，并采取措施解决冲突。如果使用这种方式不能解决冲突，咨询师应该维护来访者最大的利益，遵守法律、法规和/或其他应遵循的法律依据的要求。p.19”

2. 美国心理协会：心理学家伦理原则和行为准则

“伦理和法律、法规和/或其他应遵循的法律依据之间的冲突

如果心理学家的伦理责任与法律，法规和/或其他应遵循的法律依据相冲突，心理学家应该澄清冲突的性质，明确告知（来访者）他们将遵循伦理准则，并按照伦理准则的一般原则和伦理标准要求，采取合理措施解决矛盾。p.4”

3. 美国全国社会工作者协会：伦理准则

“社会工作者的伦理责任可能会与机构的规定或相关的法律法规相冲突。当这种冲突出现时，社会工作者必须负起责任，努力解决冲突，解决方式要符合本准则中的价值观、原则和标准的要求。如果合理解决冲突的方法是不可能的，社会工作者在做出决定之前应寻求恰当的咨询。p.4”

伦理标准和组织需求之间的冲突

各个不同准则对于本情境的意见基本上是一样的，所以可以合并起来一起予以说明。

1. 会谈者如果是通过合同或其他方式受雇于某一机构，而该机构的要求与会谈者的伦理准则之间起了冲突，会谈者则应该明确冲突的性质并且向他们的督导或其他负责官员承诺会遵守伦理标准，并在可能的情况下通过恰当的渠道解决冲突。

法律、伦理和管理准则的知识

1. 大多数伦理准则都要求会谈者负起责任，认识并理解影响他们工作实践的法律、伦理和标准的要求。

2. 会谈者应该了解并遵守管理他们职业活动的法律、伦理以及职业标准。

327 ## 文献来源

American Association for Marriage and Family Therapy. (2015). *Code of Ethics*. Preamble (p. 2).

American Association of Pastoral Counselors. (2012). *AAPC Code of Ethics*. Principle I I.

American Counseling Association. (2014). *ACA Code of Ethics*. I. 1c. (p. 19).

American Psychological Association. (2010). *Ethical Principles of Psychologists and Code of Conduct*. 1.02 (p. 4).

Knapp, S., Gottlieb, M., Berman, J., & Handelsman, M. M. (2007). When laws and ethics collide: What should psychologists do? *Professional Psychology: Research and Practice*, *38*, 54–59.

Koocher, G. P., & Keith-Spiegel, P. (2008). *Ethics in psychology and the mental health professions* (3rd ed., pp. 348–350). New York: Oxford.

National Association of Social Workers. (2014). *Code of Ethics*. Preamble (p. 4).

▶ 记忆要点：综合运用技巧

在会谈中使用技巧时：

a. 要在使用每个技巧时发挥你最大的能力。

b. 要对会谈进行合理的结构化。

c. 回应的方式应该是既能帮助来访者，也能让他们感到舒适自在。

d. 要按要求综合使用技巧。

e. 不要过度使用单个技巧。

f. 不要只使用某些技巧。

▶ 14.1　活动单元

和另外两个已经阅读过本章内容的人一起，进行简短会谈的角色扮演。你们轮流扮演来访者、会谈者和观察者的角色。使用录音/录像设备对每次简短会谈进行记录。本练习需要一次 35～45 分钟的会谈。

会谈者角色　在会谈过程中，练习使用恰当的言语和非言语技巧。记住，使用技巧构建良好的关系，在回应来访者时，随时按要求使用多种技巧。单个或综合回应都可以使用。

来访者角色　和会谈者合作，为会谈者练习提供足够的信息。你可以扮演一个有问题需要解决的朋友或者家人，也可以扮演下列角色之一：

1. 某个性格活跃的人，因为心脏病刚发作过而被告知凡事都要慢下来。

2. 某新员工，不能理解他的新工作，在工作中很难与人交朋友。 328

3. 某人欠了很多债，却觉得为了保住工作，必须保持当前的生活方式。

4. 某个年轻人，很清楚教育的重要性，但就是对上学很厌倦，没有兴趣。

观察者角色 操作录音/录像设备，完成会谈练习检查表。(见表 14.1)

表 14.1 会谈练习检查表

活 动	会谈者回应[a]																	
	1	2	3	4	5	6	7	8	9	10	11	12	13	14	15	16	17	18
有效的非言语行为																		
保持话题																		
开放式问题																		
封闭式问题																		
最小鼓励																		
释义																		
概述																		
情感反映																		
面质																		
情感沟通																		
即时化沟通																		
自我表露																		
解释																		
提供信息																		
结构化																		
征求合作																		
有效回应[b]																		

[a] 检查体现每个回应特点的活动。

[b] 在表格中对回应的有效性进行 5 级评分，1 表示有效性最低，5 表示最有效性最高。

会谈后讨论 参与者使用会谈记录和会谈练习检查表的数据，讨论会谈者的表现。所有的参与者都要从讨论中学习，讨论应该是客观的，既要关注有效的回应，也要关注不太有效的回应，并鼓励所有人改善会谈表现。

329

▶ 14.2 活动单元

使用**活动单元** 14.1 中的会谈记录或者其他会谈练习的录音/录像记录，在下面"原来的回应"的空格处写下这些练习中 5 个有效性最低的会谈回应。然后，做出更好的回应替代它们，写在"更好的回应"的空格处。

原来的回应 1____

____

____

更好的回应____

____

____

原来的回应 2____

____

____

更好的回应____

____

____

原来的回应 3____

____

____

更好的回应____

____

____

原来的回应 4____

____

____

更好的回应____

____

____

原来的回应 5____

____

____

更好的回应____

____

____

330

▶ 14.3　活动单元

小组练习

1. 选择一名志愿者扮演来访者，按照**活动单元** 14.1 中来访者的角色要求做。

2. 组成一个/几个小组，小组成员轮流或自愿扮演会谈者；按照会谈者角色的要求做，尽可能地做出回应。

3. 使用会谈练习检查表作为参考，讨论回应的有效性。

记住，本活动对所有人而言都是一次小组学习经历，讨论应该是非评价性的，相互鼓励的。还要记住，你是在学习新的行为，学习不是瞬间能完成的。显性或隐性的练习是必要的。

▶ 对青少年进行心理会谈的技巧

与青少年进行心理会谈本身是一门技巧。对会谈者而言，这是一个有挑战性的任务。而对于青少年而言，会谈中他们既不会被看成是孩子，也不会被视为是成年人，所以会谈是一件让人害怕的任务。青少年常常感到自己被成年人评价和批评。他们会迅速觉察到不赞同，如果他们认为自己受到了负面评价，他们不太可能向会谈者敞开心扉。在关注来访者时，会谈者需要意识到他们自己对青少年的反应。如果因为必须与青少年会谈而感到害怕、焦虑或胆怯，会谈者有责任在会谈开始之前理解并关注自己的这些反应。毋庸赘言，会谈者应该对青春期的发展和各种问题有所了解。

对青少年而言，来做心理会谈可能让他们感到是有威胁性的，因为会谈要求对个人的情感和问题做自我表露。帮助青少年敞开心扉的重要一点是来访者在说话时要将青少年的发展水平和认知水平考虑在内，不要使用技术或专业术语。还有一点也要记住，要意识到心理发展年龄比实际年龄更重要。一般来说，在青春期早期，个体的思维更加具体；在青春期中期，抽象思维开始发展；而在青春期后期，个体会成为更加稳定的抽象思维思考者。

对处于青春期的个体而言,保密和隐私非常重要,当青少年不愿意跟会谈者讲话时,会谈者不用感到惊讶。因此,和青少年讨论保密性和隐私的边界也相当重要。如果没有在这些方面进行讨论,会谈者和青少年之间起冲突的可能性就会增加。讨论这些问题会比较复杂,不仅仅涉及青少年和他们的父母,也包括讨论法律问题、伦理问题、与保密性及其边界有关的责任问题。因为青少年正处于尝试控制他们自己的生活并成为独立个体的人生发展阶段,成功地处理这些问题有利于心理会谈的进展。在首次会谈时,让青少年和家人一起来参加是一个不错的想法。但是,一般而言,限 331
制父母参与讨论会增强十几岁孩子的自主性和自我身份感。

让青少年直接、积极地参与会谈过程是很必要的。记住,青少年可能会把对权威人物的敌视迁移到会谈者身上。如果青少年表现出不愿参与,不要催促他们讲话,因为这样做会破坏信任。记住,控制会谈的节奏很重要。有时候,明智的做法是主动让或允许会谈跑题,先讨论一个感兴趣而不具威胁性的话题,然后再回到会谈的主要内容。

一般而言,用于成人的会谈技巧做一些修改之后也适用于青少年,现概述如下:

- 确保会谈的内容对青少年是友好的。
- 有可能的话,尊重青少年想要和同性会谈的愿望。
- 称呼青少年和他们的父母时,要保持尊重。
- 明确说明哪些行为在会谈中是可接受的。
- 和对成年人一样,使用符合文化要求的眼神接触,温和的音调,适当的肢体语言。声音强度和面部表情应该和正在讨论的内容相吻合。还要记住,说话方式可能比说话的内容更重要。
- 学会从聊天开始会谈,避免表现出过于想要帮助青少年、太过机敏或者以居高临下的方式说话。
- 在会谈中保持尊敬的态度,并尽快让青少年知道你对他/她有所了解,以此来建立开放性的披露策略。
- 当青少年认识到会谈者是真的对他或她所想的或感受的内容感兴趣的时候,开放式问题对于建立信任就非常有用。
- 在对青少年使用反映式回应时,要点是不能过度使用这个技巧,而是要以轻松的或者有限制性的方式使用反映式回应,以便让青年人感觉舒服,觉得自己被理解了,而不是被人晾在一边,默默地坐着,不确定要说什么。很多青少年不会在日常生活语言中使用反映技巧,所以会谈者要用让青少年感觉舒服的口语化方式来使用这个技巧。

- 面质的使用要点是，其使用方式不能冒犯别人。面质的目的是让青少年检查他们所说过的话、所相信的内容或者正在做的事情。有时青少年借助于非言语行为而不是言语行为来进行回应，为了有利于会谈过程的发展，这种类型的沟通需要被转变成言语反应。例如，在回应青少年一系列耸肩动作时……"我知道你尽力想告诉我一些事情，但是我不能理解你的意思。"

- 帮助青少年做自我表露很重要，这样才能让他们能够澄清过去的经历并且培养一种对事情的控制感。在一定程度上，如果与讨论的问题有关，并且自我表露的程度得到了明确限制，那么会谈者的自我表露会很有用。这种披露绝不应该用于满足会谈者自己的需要。

- 一般而言，尽管并不是所有的情况都是如此，但对青少年提供建议是没有用的，除非是他们自己直接要求的。给出的建议应该简短，更多是作为讨论内容被提出来。给青少年的建议也包括观点分享和信息提供，告知他们一些解决问题的可能方
332 向或方法而不是一个应该要遵守的公式。青少年获得了信息，其后的讨论就有可能得出令人满意的解决方案。

要欢迎青年人的观点并对其保持积极的态度，这一点很重要。保持客观的立场。记住，尊重青少年，参与会谈过程和支持青少年的自主性都是重要的。不要忘记尊重青少年的长处。恰当使用幽默能够帮助培养积极的关系。记住，总体上，青少年正在经历从孩子转变为成人的成长痛苦，他们的生活常常反映了这一点。

▶ 最后的想法

本书以心理会谈的单项技巧为基础。为了培养你的会谈技巧，你要首先学习贯注行为的单个技巧，然后逐渐获得探索阶段、澄清阶段和行动阶段的全部技巧。你如何去使用这些技巧将会影响来访者思考、解释和解决争议与问题的方式。尽管现在你已经拥有一系列技巧可以开始心理会谈，记住，掌握这些技巧也只是会谈过程的开始。来访者、情境、问题的性质以及性别和文化问题对于你何时以及怎样使用技巧都是重要的决定性因素。有效使用会谈技巧能够增强另一个人的行动能力，而无效的会谈技巧则具有破坏性。还要记住，不管有多少经验，技巧多么熟练，寻求咨询和督导的能力是一个优秀会谈者的标志。本书为你提供了一些心理会谈入门的基本原则，为你未来的成长奠定了基础。剩下的路就靠你自己走了。

补充资源

心理会谈涉及“你‘为什么’在做你在做的事情”与“你用什么方式在做这件事情” 333
这两类知识之间的微妙互动。本书的主要焦点是关于如何进行心理会谈。教师可能希望在使用本书时，也同时使用本书第一章里推荐用书中的任何一本，或者希望使用以下推荐的任何一本书。下面这些是关于心理会谈理论方面的书籍。读者可能希望通过参考这里面的某些书来补充他们在本书中所获得的信息。

Chang, V. N., Scott, S. T., & Decker, C. L. (2013). *Developing helping skills: A step-by-step approach* (2nd ed.). Belmont, CA: Brooks/Cole, Cengage Learning.

Corey, G. (2013). *Theory and practice of counseling and psychotherapy* (9th ed.). Belmont, CA: Brooks/Cole, Cengage Learning.

Cormier, S., Nurius, P. S., & Osborn, C. J. (2013). *Interviewing and change strategies for helpers* (7th ed.). Belmont, CA: Brooks/Cole, Cengage Learning.

Egan, G. (2014). *The skilled helper: A problem-management and opportunity-development approach to helping* (10th ed.). Belmont, CA: Brooks/Cole, Cengage Learning.

Hill, C. E. (2014). *Helping skills: Facilitating exploration, insight, and action* (4th ed.). Washington, DC: American Psychological Association.

Ivey, A. E., D'Andrea, M. J., Ivey, M. B. (2012). *Theories of counseling and psychotherapy: A multicultural perspective* (7th ed.). Thousand Oaks, CA: Sage.

Ivey, A. E., Ivey, M. B., & Zalaquett, C. P. (2014). *Intentional interviewing and counseling: Facilitating client development in a multicultural society* (8th ed.). Belmont, CA: Brooks/Cole, Cengage Learning.

Ivey, A. E., Ivey, M. B., & Zalaquett, C. P. (2016). *Essentials of intentional interviewing: Counseling in a multicultural world* (3rd ed.). Belmont, CA: Brooks/Cole, Cengage Learning.

McClam, T., & Woodside, M. (2010). *Initial interviewing: What students want to know*. Belmont, CA: Brooks/Cole, Cengage Learning.

Murphy, B. C., & Dillon, C. (2015). *Interviewing in action in a multicultural world* (5th ed.). Stamford, CT: Cengage Learning.

Nelson-Jones, R. (2012). *Basic counseling skills* (3rd ed.). Thousand Oaks, CA: Sage.

Nelson-Jones, R. (2013). *Introduction to counseling skills* (4th ed.). Thousand Oaks, CA: Sage.

Okun, B. F., & Kantrowitz, R. E. (2015). *Effective helping: Interviewing and counseling techniques* (8th ed.). Stamford, CT: Cengage Learning.

334 Prochaska J. O., & DiClemente C. C. (1984). *The transtheoretical approach: Towards a systematic eclectic framework*. Homewood, IL: Dow Jones Irwin.

Sommers-Flanagan, J., & Sommers-Flanagan, R. (2007). *Tough kids, cool counseling: User friendly approaches with challenging youth* (2nd ed.). Alexandria, VA: American Counseling Association.

Sommers-Flanagan, J., & Sommers-Flanagan, R. (2014). *Clinical interviewing* (5th ed.). Hoboken, NJ: Wiley.

术语表

抽象的(Abstract)表达一种品质或一个观点,不需要提及具体的人或事情。 335

抽象奖励系统(Abstract Reward System)一种奖励体系,包含让个人感到高兴的非物质奖励。

情感成分(Affective Component)个人对待某个物体、人、事件或情境的感觉或情绪。

渴望(Aspiration)一种要做成某件事情的期望或抱负。

假定(Assumption)假设事实或陈述为真。

贯注行为(Attending Behavior) 包括使用言语和非言语行为关注来访者。

边界(Boundaries)设定的指导原则、规定或范围,让人能够识别那些合理、安全的前进路线。

心脏病专家(Cardiologist)研究心脏及其功能的医生。

时间顺序的(Chronological)按时间或发生的顺序排列。

封闭式问题(有固定答案的问题)(Closed Question (Close-ended question))可以用"是""不是"或简单事实来回答的问题。

认知部分(Cognitive Aspects)事实性知识内容。

集体(Collective)强调群体中全体成员的重要性,与强调群体中个人的重要性相反。

方言用语(Colloquialism)某地的或某个地区的语言表达。

情感沟通和即时化(Communicating Feelings and Immediacy)这种情况出现在会谈者坦率地谈论当下发生的事情时,如一个言语或非言语交流的内容、一个过程或一个行为。

沟通(Communication)通过言语消息、书面文字或不易察觉的非言语信号传递信息的行为。

关系融洽(Compatibility)能够愉快地在一起相处。

能力(Competence)让人能够有效从事专业活动的才能、知识和技能。

多元文化的会谈能力(Competencies in Multicultural Interviewing)为来自其他文化的来访者做会谈时必需的知识、技能和态度构成的能力。

概念框架(Conceptual Framework)某个领域(如多元文化会谈)一组重要的相互关联的概念和理论,可以对实践、教学和研究进行指导。

保密(Confidentiality)保管信息,不向外泄露的行为,对信息披露的时间和方式有限制。通常保密信息的披露需要获得来访者的同意。

利益冲突(Conflict of Interest)在一个情境中,被委以重任的专业人士与来访者在利益上有矛盾或者从来访者那里获取个人利益。

面质/挑战(Confrontation/ challenging)让来访者能够识别、考虑并处理其观点、行为和情感中不一致的地方或矛盾之处。

考量(Consideration)仔细思考的行为。

构念效度(Construct Validity)某个方法在实践中有效的程度。

咨询(Consultation)为寻求帮助而和专家的会谈。

资格证书(Credentials)证明持有者能力的证书。

可信度(Credibility)可让人们相信或接受为真实、符合事实或诚实的品质。

文化偏见(Cultural Bias)当依据某人所属文化中内在的标准作出判断和解释时,文化偏见就会出现。

文化封闭(Culturally Encapsulated)对另外一个人的文化缺乏理解或者不理解另外一个人的文化对自己世界观的影响。

防御性(的)(Defensive)以保护某人或某事不受攻击的方式采取行动。

依赖性(Dependency)一个人过度依靠另外一个人。

缓解(Diffuse)广泛分布或分散开来,减少影响的程度。

不一致(Discrepancy)本应该相同的两件事之间的不同。

歧视(Discrimination)对待某人/某群体时,因为肤色、阶级、年龄、性别、性取向、身材、能力、种族、民族或宗教等原因而做出的消极行动或决定。

主张平等的(Egalitarian)相信所有人都是平等的。

情感因素(Emotional Aspect)对某事的感觉。

征求合作(Enlisting Cooperation)培养一种工作关系。

要点(Essence)来访者信息中主要部分或关键点。

分居的(Estranged)夫妻不再友好,彼此疏离不再住在一起的。

伦理责任(Ethical Responsibility)走道德正确道路的责任。会谈者对来访者有伦理责任,后者依靠前者确保做正确的事情。这常常要求遵守一套伦理或专业标准。

伦理标准(Ethical Standards)一套解释专业行为的申明。专业行为确定了会谈者、来访者以及会谈者同事的权利和责任。 336

恼怒(Exasperated)反应时很生气。

言明的(Explicit)表述的完整、清楚,对意思没有疑问。

利用(Exploitation)为了自己获取利益而对他人不公正的行为。

探索(Exploration)深入交谈,收集与来访者故事相关的想法和情感的信息,使用贯注行为、提问、内容反映和情感反映等等技巧。

表达出来的(Expressed)用言语或书面形式让别人知道。

眼神接触(Eye Contact)两个人目光接触,进行有意义的非言语交流。

好开玩笑的(Facetious)不是要认真对待的,也不是字面意思的。

观念体系(Frame of Reference)一套决定行为的假设。

一般的(Generic)描述的或相关的,是整组的或某类事情,不是某个特别的事情。

遗传疾病(Genetic Disorder)因为基因缺失、基因缺陷或染色体异常导致的一种疾病。

异质性(Heterogeneity)同一个群体内的文化、社会、生理以及其他差异。

(语言)风格(Idiom)某个民族特有的语言、方言或说话方式。

僵局(Impasse)因为意见不一致、陷入僵持或停顿状态而无法取得进展的情况。

隐含的(Implicit)尽管没有直接或明确说出来,但却是可以理解的。

暗指的(Implied)尽管没有直接或明确说出来,但是暗示出来了。

不协调(Incongruous)(和周围)不调和或步调不一致。

个人主义(Individualism)一种信念,认为个人的利益比集体的利益更重要,这和集体主义的观点相反。

让人费解的(Inexplicable)没有办法解释清楚来让人理解的。

推断(Inference)在证据或推理的基础上得出的结论或观点。

知情同意(Informed Consent)来访者的同意,即在知道干预的目的、方法、程序、可选方案、优点和风险之后,来访者同意接受由专业人士(如护士、社会工作者、律师)提供的干预。知情同意的核心标准是:来访者已经知道,也已经理解;来访者同意时没有受到威胁或不当影响;要向来访者清楚说明来访者有权随时撤销知情同意。

相互依赖性(Interdependence)彼此相互依靠的状况。

解释(Interpretation)对来访者面临的问题所做的一种假设。这个假设超出了来访者所说出的内容,以便可以用一种新的方式看待来访者的问题。

解释式回应(Interpreting)一种回应,聚焦于来访者未说出的言下之意,以便帮助来访者从不同角度看待问题,从而促进来访者做出改变。

无关的(Irrelevant)对于讨论的内容而言是不重要的。

行业术语(Jargon)某个群体特有的词汇。

值得称赞的(Laudable)值得表扬的。

引导性问题(Leading Question)一种提示来访者按照特定方式回答的问题。

合法性,合理性(Legitimacy)合法的或合理的状态或性质。

线性思维(Linear Thinking)一种思考过程,思考时逐步推进,在对一个步骤的回应完成之后才会考虑下一步。

倾听(Listening)关注另外一个人,以便听到并理解交流中的言语和非言语信息。

最小鼓励(Minimal Encouragement)使用非语言的声音或简单的词语,如"嗯""那么""啊"和"当然"等等,表明你在听,并鼓励其他人继续讲。

缓和(Mitigates)调整、减少力量或强度。

道德责任(Moral Imperative)因为是正确的而必须发生的事情。

道德观(Moral Vision)对某人而言是其生来就值得做的事情。

多元文化的(Multicultural)反映了几个不同群体或种族的文化或与这些文化有关的。

不服从(Noncompliance)拒绝或不愿顺从。

客观的(Nonjudgmental)表示一种保持开放性的态度或方法,不会以这种或那种方式进行评价或批评。

非言语行为(Nonverbal Behavior)行为中诸如动作、走动、姿势和面部表情等方面,不包括言语交流的内容,但是包括语言的非言语部分(口音、音调、语速等)。

目标(Objectives)对要实现的具体成果的陈述。

开放式问题(Open Question)需要详细回答的问题,答案不仅仅只是"是""不是"或简单事实。

过度依赖(Overdependent)过分依靠某人或某物以求得帮助或支持。

过度解释(Overinterpretation)对某事意义的解释过度了,超出了已知内容的范围。

释义(Paraphrase)反映了所说的内容。

机械模仿(Parroting)重复已经说过的内容。

视角(Perspective(s))某人看待事情的方式。

姿势(Posture)某人身体的位置或姿态。

预测效度(Predictive Validity)一个方法在多大程度上可以预测技巧未来的发展。

不成熟的(Premature)在合适的时间之前发生。

全神贯注(Preoccupation)你的全部或部分注意力放在别的事情上。

必要条件(Prerequisite)在继续做下去之前你必须有的某个东西或做过的某件事情。

优先性排序(Prioritization)按照重要性从高到低排列。

隐私(Privacy)来访者的权利,对和来访者自己有关信息的使用以及此类信息的披露条件进行控制。

职业标准(Professional Standards)界定恰当职业行为的标准。 337

滥交的(Promiscuous)任意的或不加节制发生性关系的。

提示(Prompt)会谈者的回应鼓励来访者继续讲他们正在说的事情或者对已经说过的内容进行补充。

提问(Questioning)向来访者问问题的行为。

良好关系(Rapport)一种友好和谐的关系,特征是沟通容易、相互理解。

依据(Rationale)做某事的原因或对某事的解释。

内容反映(Reflecting Content)是一种回应,会谈者要仔细倾听来访者,然后用自己的话更简洁地对来访者所说的内容做出反馈。

情感反映(Reflecting Feeling)是一种回应,包括识别来访者的情感,并对来访者的情感因素进行反馈。

重构(Reframe)用不同的方式或从不同的视角呈现某事。

不愿意(Reluctance)考虑观点或行动时遇到困难。

抵触(Resistance)来访者对观点或行动的反对。

重组(Restructuring)对某个体系、组织、企业或社会进行根本性的改变。

自我表露(Self-Disclosing)有目的地向另外一个人披露个人信息,以期对其有帮助。

排列有序(Sequential)按顺序发生的。

沉默(Silence)会谈者和来访者都不说话的一段时间,可作为话题间的自然间歇,或作为沉思的时间。

社会价值观(Social Values)让人们感觉、思考、相信、希望、消费、体验和分享的原则。

刻板印象(Stereotypes)对一群人的概括,将一套界定的特点赋予该群体。

刺激(Stimulus)引起回应的事情。

结构化(Structuring)在会谈过程中遵循系统性框架的行动。

概述(Summarize)对来访者一些话的反映,包含的内容更多,时间段更长。

表面的(Superficial)既不深刻也不彻底的。

句法(Syntax)对合乎语法句子的构成规则的研究。

系统整合(Systematic Integration)将一系列单个技巧有序的整合到一个连贯的会谈之中。

迟到(Tardiness)迟,晚。

主题(Theme)主要的或总的观点。

创伤(Trauma)对可怕事件的情感回应,紧随其后的是震惊和否认。

普遍性(Universality)适用于所有人。

自愿的(Voluntary)根据某人自由意愿做的或承担的。

世界观(Worldview)某人用于看待世界和解释世界总的看法。

索　引

A

B

C

D

E

F

G

H

I

K

L

M

N

O

Q

R

S

T

V

W

Y

心理治疗师在治疗你的心理问题?——不,是你在治疗他。

“你为何而来?”来访者的治疗通常开始于这个问题。那么驱使治疗师选择这一职业的真正动机是什么?请带着疑问与猜想,翻开本书,寻找答案。

心理治疗师的动机(第二版)

(美)迈克尔·B.萨斯曼　著
李利红　译

65个咨询技术,总有你想要的!

这是一本由一群心理咨询师共同编写的关于心理咨询技巧的书,每篇中作者都非常清晰地告诉你该如何操作这种技术,该注意些什么。

最受欢迎的心理咨询技巧(第二版)

(美)霍华德·G.罗森塔尔　著
陈曦　等译

揭秘“我所欲”。

本书悉心甄选了众多日常生活中的案例,从自我经历谈起,为读者清晰描绘了各种典型的动机行为。通过对情境激励的分析,逐步过渡到经典动机心理学理论。

动机心理学(第七版)

(德)法尔克·莱茵贝格　著
王晚蕾　译

用最翔实的案例告诉你,心理的“变态”是如何悄然发生的。

本书是异常心理学研究领域的经典著作,美国300多所院校均采用本书作为教材。任何一个想让自己的未来更加美好、生活更加快乐的人,都应一读本书。

变态心理学(第九版)

(美)劳伦·B.阿洛伊
约翰·H.雷斯金德
玛格丽特·J.玛诺斯　等著
汤震宇　邱鹤飞　杨茜　等译

一天最多看一篇,看多容易得精分。——豆瓣书友

本书通过丰富的案例对成人心理疾病的本质进行了生动描述,分析心理疾病是如何影响受精神困扰的人及其周围人的生活。

成人变态心理案例集

(美)欧文·B.韦纳　主编
张洁兰　王靓　译

家庭,你最熟悉有时却最陌生的地方,你真的了解吗?

作者全面回顾了20世纪50年代至今系统化理论发展历程中出现的核心概念和思想,囊括了该领域最新的研究和发展,让读者对家庭疗法有了一个全方位的认识。

家庭疗法:系统化理论与实践

(英)鲁迪·达洛斯
罗斯·德雷珀　著
戴俊毅　屠筱青　译

重温精神分析之父弗洛伊德经典之作。

本书精选弗洛伊德笔下的五个最为著名的案例：小汉斯、“鼠人”、“狼人”、施雷伯大法官和少女多拉，细致且精辟的描述和分析展现了精神分析理论和临床的基石。

弗洛伊德五大心理治疗案例

(奥)西格蒙德·弗洛伊德　著
李韵　译

成为一名合格的心理治疗师，你需要越过这些障碍。

作者尝试从心理咨询/治疗学员的“角度”，探索专业的和个人的困难、焦虑、情感困惑和缺陷，帮助学员学会控制和改善这些困难。

如何成为心理治疗师：成长的漫漫长路

(英)约翰·卡特　著
胡玫　译

北美地区广受欢迎的心理学导论教材。

本书系统介绍了心理学基本原理，涵盖认知心理学、发展心理学、人格心理学、临床心理学、社会心理学等领域，同时联系实际生活，带领读者走进引人入胜的心理学世界。

心理学的世界(第五版)

(美)塞缪尔·E.伍德
埃伦·格林·伍德
丹妮斯·博伊德　著
陈莉　译

是性格决定命运，更是人格决定命运。

玛丽安·米瑟兰迪诺女士向读者介绍了人格心理学领域的基础和最新研究成果，向读者娓娓道来个体差异研究及每个人是如何成为这样的人。

人格心理学：基础与发现

(美)玛丽安·米瑟兰迪诺　著
黄子岚　刘昊　译

当自己或身边亲人受困于酒精成瘾，该如何找到重获清醒的方法？又该如何找回生活乐趣？本书取材自作者戈梅兹医生同法国酒精病学临床研究与互助协会超过 20 年的合作实践，向读者展示了一条全新、可行的酒精成瘾治疗道路。

如何帮助酒精成瘾者：酒精相关障碍者陪护指南（第二版）

（法）亨利·戈梅兹　著
何素珍　译

《理解与治疗厌食症》向读者展示了如何带着希望陪伴一种痛苦，而这种痛苦往往在很久之后才能找到意义。事实上，治疗的目的不仅仅在于治愈症状，它首先关注的是这些患者生存困境的变化，让他们可以摆脱被他人控制的恐惧，从而迎接与他人的正常互动，乃至亲密互动与交往。

理解与治疗厌食症（第二版）

（法）柯莱特·孔布　著
俞楠　译

《理解与治疗暴食症》解答了暴食症的起源和治疗等主要问题。 暴食欲望的起源是什么？这种饮食障碍是怎么发生的，又是怎么迅速发展的？它对精神生命有什么影响？暴食行为似乎是用来保护私密空间的一种方式。暴食症有可能会揭露其他秘密的存在，把我们引向情感以及人类体验的最初起源。

理解与治疗暴食症(第二版)

(法) 柯莱特•孔布　著
华淼　译

以心理学和社会学视角，重新探究“年少轻狂”

本书立足文化背景和个体成长视角，着重探讨出现在青少年向成人过渡阶段的冒险行为问题，并对病理性冒险行为的预防与诊治给出现实而积极的建议与指导。

青少年期冒险行为

(法)罗贝尔・库尔图瓦　著
费群蝶　译

何处磨砺的刻刀，要在少年的身上留下疼痛的徽章？

越来越多的青少年出现自残行为，这些行为的根源往往在于家庭，而不是社会。本书建议以心理治疗结合药物治疗，制定多渠道的完整治疗方案。

青少年期自残行为

(法)卢多维克・吉凯尔
里斯・科尔科　著
赵勤华　译

用正确的方法，带领孩子在游戏与网络中收获快乐与成长。

本书分析了电子游戏与网络本身的特点，从精神病学角度揭示网络成瘾的原因，详细介绍以青少年为主的各类人群的网络成瘾评估方法和治疗方案。

青少年电子游戏与网络成瘾

(法)卢西亚・罗莫　等著
葛金玲　译

每一个来自星星的弗朗索瓦，都应遇见方法与温情并重的艾米女士。

作者用12年时间潜心为一位自闭症儿童提供咨询、治疗、训练服务，理论结合实践，向读者展示了如何实施治疗、如何与家长合作，从而帮助自闭症儿童发展、成长。

如何帮助自闭症儿童：心理治疗与教育方法(第三版)

(法)玛丽-多米尼克・艾米　著
姜文佳　译

过度忧虑不仅无助于问题的解决，还会影响我们的身体健康、社会功能和整体生活质量，而这又会进一步导致我们更加忧虑。本书系统应用认知行为疗法的技术和理念，带我们深入了解忧虑产生和发展的心理过程，有针对性地制定打破忧虑循环的办法。

克服忧虑(第二版)

(英) 凯文・莫里斯
马克・弗里斯顿　著
扈喜林　译

克服完美主义

（英）罗兹·沙夫曼
莎拉·伊根
特蕾西·韦德 著
徐正威 译

一本系统运用应用认知行疗法帮助深陷消极完美主义的人们走出困境的自助手册。本书内容的精华不在于传授具体方法和技术，而在于帮助读者根据自身特点，打造个性化、系统性的改变计划，并针对改变之旅各个阶段容易出现的问题，给予对应的支持和指导。

克服压力

（英）李·布萝珊
吉莉安·托德 著
信乔乔 王非 吴丽妹 译

本书运用认知行为疗法的理念和技术，从改变我们对压力的认知和应对方式入手，帮助读者建立了一套系统的训练计划，从根本上改变我们与压力的相处方式。书中的观点不是简单地说教，而是帮助读者在了解自身情况的基础上，建立自己个性化的技巧和策略，并及时进行训练和巩固。

你，会回来吗？
——心理治疗师与你对话生死

黄蘅玉 著

黄蘅玉博士将几十年心理咨询和治疗时的生死自由谈记录在此，希望与大家一起探讨生死难题。该书分三个部分，儿童篇、青年篇、成人篇。生死是所有人迟早会面对的事实，耸立在人生终点的死亡界碑不该是令人焦虑或恐惧的刺激物，而是提示我们要更好地珍惜当下之乐的警示牌。

对话孩子：我在加拿大做心理咨询与治疗

黄蘅玉 著

本书记录了黄蘅玉博士在加拿大从事儿童（按加拿大法律，指未满19周岁者）心理治疗工作18年所积累的丰富经验，以生动的个案展示了儿童心理治疗的规范化、人性化、团队化以及儿童特性化的工作方式。

心理辅导个案：示例与启迪

郭正 李文玉清 主编

香港教育学院讲师与一线教师、辅导人员和社会工作者携手合作的心血结晶。收录了15个主题下的49例个案，围绕学校、家庭、环境和创伤介绍实用的青少年辅导技巧。